岭南建筑文化与美学丛书·第二辑

唐孝祥 主编

岭南地区与马来半岛现代建筑创作比较

谢凌峰 著

中国建筑工业出版社

图书在版编目（CIP）数据

岭南地区与马来半岛现代建筑创作比较 / 谢凌峰著
.—北京：中国建筑工业出版社，2023.11
（岭南建筑文化与美学丛书 / 唐孝祥主编．第二辑）
ISBN 978-7-112-29193-9

Ⅰ．①岭… Ⅱ．①谢… Ⅲ．①建筑—对比研究—岭南
、马来半岛 Ⅳ．① TU

中国国家版本馆CIP数据核字（2023）第186348号

本书立足于大量的实地调研，从文化商贸交往、华侨族群关联、气候地理相近等多层面，论析了岭南建筑和马来半岛建筑在1950～1970年代推进现代主义建筑地域化进程中的可比性，从而建立起共时性比较的研究框架，并在空间上分别以中国和东南亚作为宏观背景，同时聚焦在广州、新加坡与吉隆坡这三个现代建筑实践丰富的城市。通过比较研究，总结1950～1970年代两地现代建筑发展的历史经验，形成对新时代海上丝绸之路建设的支持，归纳两地建筑创作真实朴素的价值观与设计策略，形成对当代岭南建筑发展的启示。

责任编辑：唐　旭
文字编辑：陈　畅
书籍设计：锋尚设计
责任校对：张　颖

岭南建筑文化与美学丛书·第二辑
唐孝祥　主编
岭南地区与马来半岛现代建筑创作比较
谢凌峰　著
*
中国建筑工业出版社出版、发行（北京海淀三里河路9号）
各地新华书店、建筑书店经销
北京锋尚制版有限公司制版
北京中科印刷有限公司印刷
*
开本：787 毫米×1092 毫米　1/16　印张：14¼　字数：295 千字
2023 年 12 月第一版　　2023 年 12 月第一次印刷
定价：**65.00** 元
ISBN 978-7-112-29193-9
（41758）

序

岭南一词，特指南岭山脉（以越城、都庞、萌渚、骑田和大庾之五岭为最）之南的地域，始见于司马迁《史记》，自唐太宗贞观元年（公元627年）开始作为官方定名。

岭南文化，历史悠久，积淀深厚，城市建设史凡两千余年。不少国人艳羡当下华南的富足，却失语于它历史的馈赠、文化的滋养、审美的熏陶。泱泱华夏，四野异趣，建筑遗存，风姿绰约，价值丰厚。那些蕴藏于历史长廊的岭南建筑审美文化基因，或称南越古迹，或谓南汉古韵，如此等等，自成一派又一脉相承；至清末民国，西风东渐，融东西方建筑文化于一体，促成岭南建筑文化实现了从“得风气之先”到“开风气之先”的良性循环，铸塑岭南建筑的文化地域性格。改革开放，气象更新，岭南建筑，独领风骚。务实开放、兼容创新、世俗享乐的岭南建筑文化精神愈发彰显。

岭南建筑，类型丰富、特色鲜明。一座座城市、一个个镇村、一栋栋建筑、一处处遗址，串联起岭南文化的历史线索，表征岭南建筑的人文地理特征和审美文化精神，也呼唤着岭南建筑文化与美学的学术探究。

建筑美学是建筑学和美学相交而生的新兴交叉学科，具有广阔的学术前景和强大的学术生命力。“岭南建筑文化与美学丛书”的编写，旨在从建筑史学和建筑美学相结合的角度，并借鉴社会学、民族学、艺术学等其他不同学科的相关研究新成果，探索岭南建筑和聚落的选址布局、建造技艺、历史变迁和建筑意匠等方面的文化地域性格，总结地域技术特征，梳理社会时代精神，凝练人文艺术品格。

我自1993年从南开大学哲学系美学专业硕士毕业，后来在华南理工大学任教，便开展建筑美学理论研究，1997年有幸师从陆元鼎教授攻读建筑历史与理论专业博士学位，逐渐形成了建筑美学和风景园林美学两个主要研究方向，先后主持完成国家社会科学基金项目、国际合作项目、国家自然科学基金项目共4项，出版有《岭南近代建筑文化与美学》《建筑美学十五讲》等著（译）作12部，在《建筑学报》《中国园林》《南方建筑》《哲学动态》《广东社会科学》等重要期刊公开发表180多篇学术论文。我主持并主讲的《建筑美学》课程先后被列为国家级精品视频课程和国家级一流本科课程。经过近30年的持续努力逐渐形成了植根岭南地区的建筑美学研究团队。其中在“建筑美学”研究方向指导完成40余篇硕士学位论文和10余篇博士学位论文，在团队建设、人才培养、成果产出等方面已形成一定规模并取得一定成效。为了进一步推动建筑美学研究的纵深发展，展现团队研究成果，以“岭南建筑文化与美学丛书”之名，分辑出版。经过统筹规划和沟通协调，本丛书第一辑以探索岭南建筑文化与美学由传统性向现代性的创造性转化和创新性发展为主题方向，挖掘和展示岭南传统建筑文化的精神内涵和当代价值。第二辑的主题是展现岭南建筑文化与美学由点连线成面的空间逻辑，以典型案例诠释岭南城乡传统建筑的审美文化特征，以比较研究揭示岭南建筑特别是岭南侨乡建筑的独特品格。这既是传承和发展岭南建筑特色的历史责任，也是岭南建筑创作溯根求源的时代需求，更是岭南建筑美学研究的学术使命。

“岭南建筑文化与美学丛书·第二辑”共三部，即谢凌峰著《岭南地区与马来半岛现代建筑创作比较》，李岳川著《近代闽南侨乡和潮汕侨乡建筑审美文化比较》和赖瑛著《惠州建筑文化与美学》。

本辑丛书的出版得到华南理工大学亚热带建筑科学国家重点实验室的资助，特此说明并致谢。

是为序！

唐孝祥

教授、博士生导师

华南理工大学建筑学院

亚热带建筑科学国家重点实验室

2022年3月15日

前言

岭南与马来半岛地区作为海上丝绸之路的起点与重要支点，自古以来文化互动频繁。第二次世界大战后的1950～1970年代，虽然受到经济拮据、社会因素复杂多变和建筑技术还不发达等条件的限制，两地建筑师仍然创作了大量诚实朴素、感人至深的建筑作品，凸显了现代主义建筑地域化的探索，对其重新审视和深入研究具有重要的学术价值和现实意义。

本书立足于大量的实地调研，从文化商贸交往、华侨族群关联、气候地理相近等多层面，论析了岭南建筑和马来半岛建筑在1950～1970年代推进现代主义建筑地域化进程中的可比性，从而建立起共时性比较的研究框架，并在空间上分别以中国和东南亚作为宏观背景，同时聚焦在广州、新加坡与吉隆坡这三个现代建筑实践丰富的城市。

本书的研究目标在于通过比较研究，总结1950～1970年代两地现代建筑发展的历史经验，形成对新时代海上丝绸之路建设的支持，归纳两地建筑创作真实朴素的价值观与设计策略，形成对当代岭南建筑发展的启示。研究的核心内容在于借鉴建筑适应性理论，将岭南与马来半岛地区1950～1970年代现代建筑创作的比较从自然适应性、社会适应性和人文适应性这三个维度展开。

在自然适应性维度，运用比较和归纳等研究方法，对两地在适应湿热气候、回应地理环境和运用本土资源这三方面的创作策略进行比较。本书总结了岭南建筑与自然和谐相融的环境理念，表现为重视平面布局的疏导通风、以借景使建筑内外环境紧密相联、自然元素与建筑环境融洽；马来半岛侧重于建筑空间主导自然环境，表现为塑造多层次空间，探索建筑外遮阳的艺术表现，利用阳光、植物等自然元素强化建筑的表现力。

在社会适应性维度，比较研究从建筑类型发展、成本控制和创作机制三方面展开：在社会变革促进下，两地的文化建筑、集体住宅和宾馆建筑基于社会需求的满足体现出各自的发展特色；在适应拮据经济方面，岭南建筑师从微观角度通过单体创作最大化控制造价，而马来半岛建筑师则从宏观层面采取模块化的类型设计来控制建设成本；在国家政策调控下，两地的国有设计机构都发挥了主导作用，岭南地区特色在于集体设计组长期持续的创作体制，而马来半岛的特色在于私人建筑师事务所发挥了积极作用。

在人文适应性维度，两地建筑创作基于文化多元的共性表现出各自特色：岭南地区强调生活尺度的人本主义理念，以岭南庭园空间表达民族文化意境，体现根植于世俗生活的文化和谐；马来半岛建筑则着重彰显新兴国家的独立自主精神，借助抽象提取符号形式来回应传统，并兼容表达多民族和多宗教的文化碰撞。

综合前述，本书归纳了两地建筑创作的共同特征：以适应自然气候环境彰显建筑的地域特征，通过尊重现实需求来表达社会的时代精神，并以多元文化价值的融合来体现对人文艺术的追求。同时，两地创作的共性和差异对当代岭南建筑发展在价值取向、理论体系和实践方法三方面都形成丰富的启示。

目 录

第1章 绪论

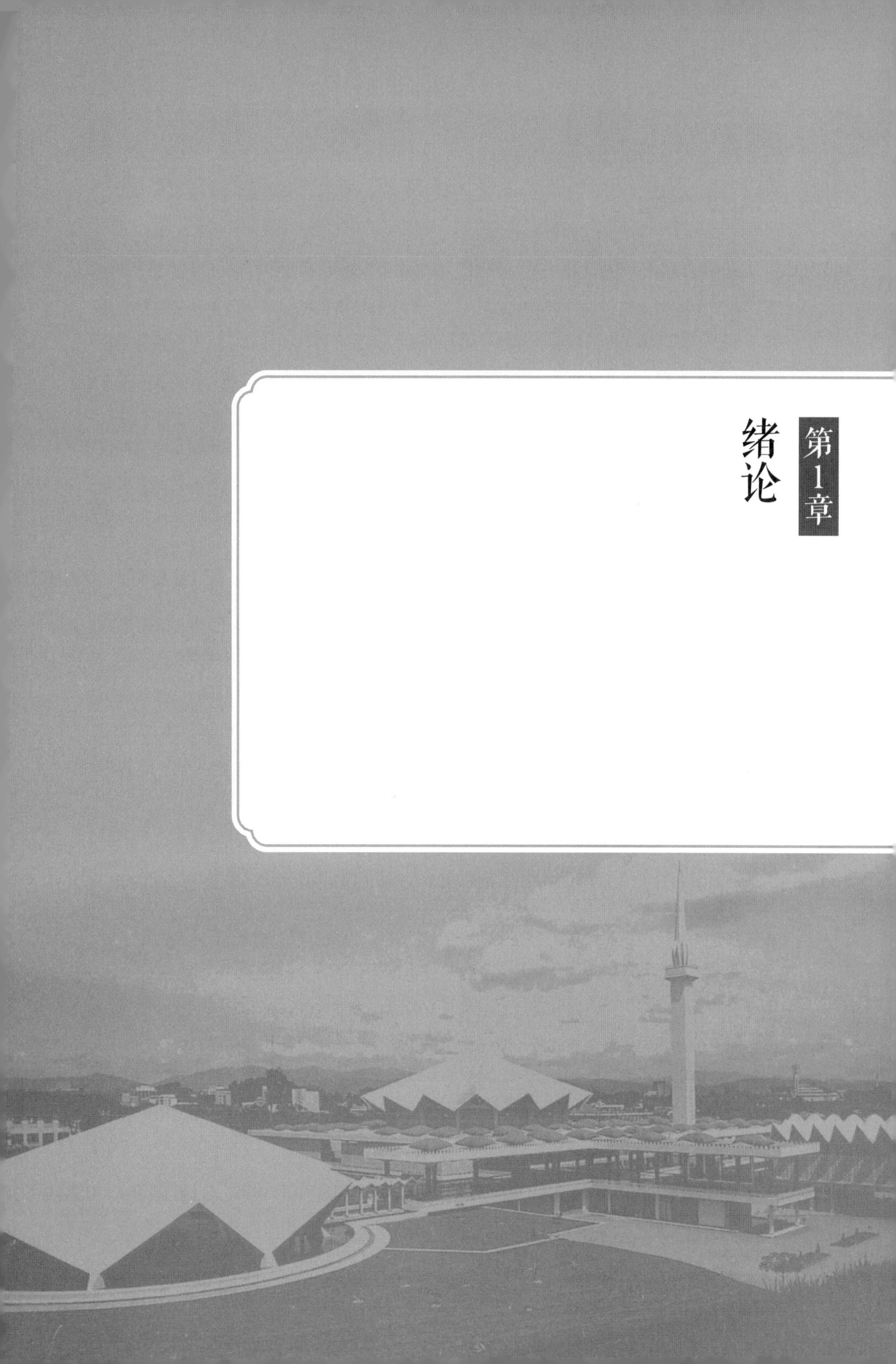

1.1 研究缘起与意义

1.1.1 研究缘起

岭南与马来半岛地区作为海上丝绸之路的起点与重要支点，自古以来文化互动频繁。第二次世界大战后的1950～1970年代，虽然受到经济拮据、社会因素复杂多变和建筑技术还不发达等条件的限制，两地建筑师仍然创作了大量诚实朴素、感人至深的建筑作品，凸显了现代主义建筑地域化的探索，对其重新审视和深入研究具有重要的学术价值和现实意义。

近年来，重新认识现代建筑和现代主义成为国内建筑界的一个热点话题，有关现代建筑地域化方面的研究也日益得到重视。在经历了第二次世界大战的创伤之后，大多数亚洲国家百废待兴，陆续开展了较大规模的城市建设，其中1950～1970年代是各国现代城市建设发展初现规模的一个关键时期。在此期间，岭南建筑师创作出了相当数量的佳作，不仅赢得了建筑界的诸多赞誉，还备受社会各界关注：1993年评选的“中国建筑学会优秀建筑创作奖”中，1960年代全国的6项获奖作品中，岭南地区有广州友谊剧场和广州畔溪酒家这2项①；1970年代的全国9项作品中也有4项位于广州，分别是白云山庄、矿泉别墅、双溪别墅和白云宾馆②。该时期的作品整体偏少，表明中国在那个时期的困难处境，而岭南作品所占比重之高，显示了该阶段岭南现代建筑所取得的成就。这个时期也正是现代主义在世界各地的旺盛发展期，将此期间的岭南与其他地区的现代建筑进行比较，是许多现有研究提出的期望。

马来半岛是东南亚现代建筑实践的核心范围，在现代建筑发展的社会背景、历史阶段和机遇挑战等方面与岭南有很多相似之处，而且两地区存在长期的族群互动、文化交融与社会交往。在建筑文化的交往与传播方面，岭南地区与马来半岛有着悠久丰富的历史，尤其在现代建筑的发展历程上，马来半岛地区所包含的新加坡与吉隆坡这两个主要城市与岭南的核心城市广州具有众多的相似性与可比较之处。因此，将岭南与马来半岛地区进行比较研究，在广度和深度方面都具有较大的发展空间。

两地区的现代建筑创作比较，既有助于对各地建筑特色更加深入地理解，也在研究视野上有更大的扩展，特别是在“一带一路”的国家战略背景下，此类建筑文化研究在地区交流中具有深远的意义。因此，笔者将本书内容确定为岭南与马来半岛地区现代建筑创作的比较研究。

---

① 另外4项：青岛一号俱乐部小礼堂、广西南宁体育馆、浙江体育馆、杭州西湖国宾馆。

② 另外5项：五台山体育馆、上海体育馆、斯里兰卡班达拉奈克国际会堂、黄山云谷山庄、杭州剧院。

1.1.2 研究意义

在新时代海上丝绸之路建设的时代背景下，关于岭南与马来半岛地区1950～1970年代现代建筑创作的比较研究，在学术理论和现实实践两方面都有重要价值和积极意义。

1.1.2.1 学术理论价值

通过两地现代建筑创作的共时性比较研究，既可以深化岭南现代建筑史论研究的广度和深度，同时也推进了国内对马来半岛地区现代建筑的研究。比较研究打破了常规的单一地域建筑史描述，使研究对象得以在一个更广阔的背景中呈现，通过历史与发展、现象与本质、有序与随机等一系列建筑创作现象予以整合，对两地建筑创作以相互比照的形式展开研究，更加清晰地展示出两地现代建筑创作的规律和特点。

通过借鉴建筑适应性理论，从自然适应性、社会适应性和人文适应性的维度展开研究，有助于揭示现代建筑创作思想的地域化发展特征，充分展示建筑创作与自然、社会、人文动因要素的关联，为总结创作经验和规律、深化创作理论提供依据，促进构建根植于本土的当代岭南建筑创作理论体系。

1.1.2.2 现实实践意义

作为海上丝绸之路的起点与重要支点，岭南与马来半岛地区现代建筑的比较研究将推动两地文化互动的进一步深化，并对新时代海上丝绸之路的沿线发展、建设与交流起到推动与示范的作用。本书所总结的1950～1970年代两地现代主义建筑地域化的经验以及在特殊限制条件下的精细化创造，对于当代岭南与马来半岛地区的建设发展与深入合作都有着积极的促进作用。

当今经济全球化的趋势正在消解地区文化的差别，导致建筑形式的标准化与城市景观的无差别，建筑作为地区文化载体的价值正在弱化。共时性的历史比较提供了研究某个特定历史时期建筑文化交流的手段，通过解读、归纳和总结这些文化碰撞，对于岭南在现代化与城市化进程中保持和发展本土文化传统具有重要的实践指导作用。

许多城市根深蒂固的历史已被抛弃和消除，建筑从熟视无睹到消逝不见只是一念之间。我们应从曾经对传统街区和建筑的盲目拆除、改建中汲取深刻的教训，过去的现代建筑作为城市历史遗产的一部分，对那个时代的社会、政治和经济环境提供了独特的参考，同样也将成为珍贵的“传统”，应该得到重视与保护。本研究将对岭南地区1950～1970年代优秀现代建筑遗产的保护和利用起到积极的促进作用。

1.2 两地现代建筑创作的研究现状

目前将岭南地区和马来半岛两地区现代建筑进行对比的研究很少，相关联的少量研究表现为中国与东南亚在传统建筑领域的比较。其中有代表性的是郭湖生1987年在东南大学开展的东方建筑比较研究，主要针对亚洲东方各国的传统建筑，杨昌鸣的《东南亚与中国西南少数民族建筑文化探析》①是其中的代表性成果，主要研究了东南亚早期建筑与中国西南少数民族建筑之间的渊源关系。梅青的《中国建筑文化向南洋的传播》②一书，主要是从文化传播上展开，探索了中国建筑文化对南洋的建筑和文化的影响，并对中国海上交通历史与向南洋移民的历史背景，马六甲海峡华人建筑的意蕴以及中国和东南亚文化交流的历史渊源进行了总结。

关于岭南与东南亚之间关联的研究还体现在社会学领域，代表性的成果有麻国庆主编的《山海之间——从华南到东南亚》③，作为教育部人文社会科学重大项目的最终研究成果，该研究认为在山地文明、河流文明和海洋文明三者对比的线索下，纵向的历时性相互影响与横向的跨区域碰撞交流，共同塑造了作为整体的华南与东南亚社会。

总体而言，对岭南与马来半岛地区现代建筑比较的现有研究还未展开，因此本书的文献综述主要从构成比较研究的主体——岭南与马来半岛地区的现代建筑研究展开。

1.2.1 关于岭南地区现代建筑创作的研究

关于岭南现代建筑1950～1970年代的研究已有较为广泛和深入的成果，现有研究主要集中在岭南现代建筑发展历程、岭南建筑创作特色、代表建筑师创作思想等方面，并逐步形成一个不断完善的研究体系。

1.2.1.1 关于岭南现代建筑的整体研究

关于岭南现代建筑创作研究的总体趋势表现为从浅层次的时期归纳和历程梳理，向深层次的内涵挖掘和体系建构发展。刘业的博士论文《现代岭南建筑发展研究》研究将1949～2000年间岭南现代建筑的发展过程划分为萌芽、早期、发展期和当代4个阶段，提出岭南现代建筑的特征是“有中国地域特色的现代主义”。《岭南近现代优秀建筑1949—1990》这部汇编对当代岭南建筑发展的重要时期进行了整理，收录并评述了不同时期的代表作品、关键人物与重要历史事件，展现了一个概览性的全貌。

---

① 杨昌鸣. 东南亚与中国西南少数民族建筑文化探析[M]. 天津：天津大学出版社，2004.

② 梅青. 中国建筑文化向南洋的传播[M]. 北京：中国建筑工业出版社，2004.

③ 麻国庆. 山海之间[M]. 北京：社会科学文献出版社，2015.

陆元鼎的《岭南人文·性格·建筑》[①]主要研究了岭南地区的自然条件与建筑、文化与性格特征、建筑特征与表现以及新建筑的发展。《20世纪世界建筑史》[②]《中国建筑60年（1949—2009）历史纵览》《中国现代建筑史》等建筑历史理论对岭南建筑都有所概述，包括对代表作品的分析和阐述，普遍重点关注的是1950～1970年代的岭南现代建筑。何镜堂将岭南建筑创作思想60年的发展特征总结为："始终强调技术理性和问题分析的方法，吸收西方现代主义建筑思想，关注中国历史文化，钻研地域文化，研究传统建筑、民居、园林，关注中国社会现实，针对地域性气候、环境，寻求综合解决问题的建筑创作方法"[③]。

探索岭南建筑理论体系的建构主要表现为一系列博士论文的研究。王扬的博士论文《当代岭南建筑创作趋势研究：模式分析与适应性设计探索》（2003）[④]对岭南传统建筑和当代建筑在显性模式和隐性模式两个层面进行分析，建立了岭南建筑适应性设计理论的研究框架。夏桂平的博士论文《基于现代性理念的岭南建筑适应性研究》（2010）[⑤]探究现代性的哲学思想同建筑创作思维的当代结合，提出社会、文化、当代特质、气候、生态五方面的适应性策略。刘宇波在博士论文《建筑创作中的生态地域观》中强调了地域特色表达与生态环境保护的重要性，倡导融合两种建筑设计模式于一体的生态建筑地域观，并提出了一系列适应岭南地区的特殊地域环境的设计模式。王国光的博士论文《基于环境整体观的现代建筑创作思想研究》（2013）[⑥]阐述了基于"自然环境、人文环境、技术环境"进行整体设计的六大原则，并将"环境整体观"理论应用于岭南建筑创作中。

1.2.1.2　岭南现代建筑创作特色的总结

岭南现代建筑在适应自然、社会、经济、文化等时代需求方面都形成了与众不同的特色，众多学者分别从适应岭南的亚热带气候、岭南庭园与现代建筑相结合、传承与表达地域文化等角度进行了专项研究。

由于岭南亚热带气候的特殊性，基于气候适应性的岭南建筑研究较为持续和深入。1950年代开始，夏昌世在肇庆鼎湖山教工疗养院、中山医学院第一附属医院的设计实践中，探索建筑的通风、隔热、遮阳等问题，并于1958年的《亚热带建筑的降温问题——遮阳、隔热、通风》[⑦]一文中，首次从气候的角度分析岭南建筑特色，归纳和总结相应

① 陆元鼎. 岭南人文·性格·建筑（第二版）[M]. 北京：中国建筑工业出版社，2015.
② （英）威廉J·R·柯蒂斯. 20世纪世界建筑史. [M]. 本书翻译委员会，译. 北京：中国建筑工业出版社，2011.
③ 何镜堂. 岭南建筑创作思想——60年回顾与展望[J]. 建筑学报，2009（10）：39-41.
④ 王扬. 当代岭南建筑创作趋势研究：模式分析与适应性设计探索[D]. 广州：华南理工大学，2003.
⑤ 夏桂平. 基于现代性理念的岭南建筑适应性研究[D]. 广州：华南理工大学，2010.
⑥ 王国光. 基于环境整体观的现代建筑创作思想研究[D]. 广州：华南理工大学，2013.
⑦ 夏昌世. 亚热带建筑的降温问题——遮阳·隔热·通风[J]. 建筑学报，1958（10）：36-39.

的技术处理对策。陈伯齐在1960年代明确提出华工建筑的办学方向应突出地域特色，在《南方城市住宅平面组合、层数与群组布局问题——从适应气候角度探讨》[①]和《天井与南方城市住宅建筑——从适应气候角度探讨》[②]等文章中，强调建筑应适应气候形成地方特色。林其标在专著《亚热带建筑气候·环境·建筑》[③]中，系统阐述建筑气候与热环境的关系，总结传统民居经验，剖析包括中国香港、台湾、岭南，以及新加坡在内的亚热带地区建筑。华南理工大学亚热带建筑研究室自1958年创立后，经过不断的发展与积累，于2007年成为国家重点实验室，其研究工作与岭南建筑师群体的设计实践互动发展，研究成果广泛运用于各类建筑作品，有力地支撑了“产、学、研”相结合的体系形成。

探索庭园与现代建筑的结合是岭南建筑的又一个鲜明特色。1950年代，夏昌世与莫伯治开始对传统园林进行调查与研究，并合作发表了多篇文章：《岭南庭园》一文系统总结了岭南庭园的类型、布局、装修与园景的艺术特点，并测绘了现存的典型案例；《漫谈岭南庭园》（1963）认为，相对于北方园林的“稳重雄伟”与江南园林的“明秀典雅”，岭南庭园的特色可称之为“畅朗轻盈”[④]，对三大园林气质的传神提炼得到广泛的认可和引用；《中国园林布局与空间组织》与《中国古代造园与组景》则重点总结了传统园林的空间布局与组景的手法。这些开创性的研究和大量测绘的基础工作，为岭南建筑的后续相关探索奠定了坚实基础。

将庭园研究的成果运用到现代建筑创作中，是岭南建筑创作的鲜明特色，在莫伯治的探索中表现尤为持续和突出。莫伯治在《广州北园酒家》（1958）中开启了鲜明的庭园特色探索，《山庄旅舍庭园构图》（1981）对照《园冶》的核心境界理念，对山庄旅舍的建筑创作进行了深入剖析。《广州建筑与庭园》（1977）与《庭园旅游旅馆建筑设计浅说》（1981）则及时地总结了庭园转化到具体实践中的成果，归纳了功能、空间、体型及风格等方面具体实用的手法。

关于岭南建筑风格的总结研究也一直持续未断，1961年举办了七次“南方建筑风格”座谈会，与会者侧重于从适应独特的地理、气候等环境的角度总结岭南建筑风格，影响了当时的广东建筑创作的主流。会议综合发言认为，南方建筑需反映南方的自然条件和人们的生活习惯，在平面和外形上体现为轻巧通透的特有风格[⑤]。《广州新建筑的地方风格》（1979）一文总结岭南建筑风格为“体型上轻快明朗、活泼简洁；布局上争取良好

---

① 陈伯齐. 南方城市住宅平面组合、层数与群组布局问题——从适应气候角度探讨[J]. 建筑学报，1963（08）：4.
② 陈伯齐. 天井与南方城市住宅建筑——从适应气候角度探讨[J]. 华南工学院学报，1965（04）：1-18.
③ 林其标. 亚热带建筑气候·环境·建筑[M]. 广州：广东科技出版社，1997.
④ 夏昌世，莫伯治. 漫谈岭南庭园[J]. 建筑学报，1963（03）：11-14.
⑤ 林克明. 关于建筑风格的几个问题——在“南方建筑风格”座谈会上的综合发言[J]. 建筑学报，1961（08）：1.

的风向，灵活而不呆板；庭园与建筑的结合”[①]。陆元鼎在1984年将之前二十年岭南建筑的地方特色总结为：“在平面布局上开敞，在空间处理上通透，在外观造型上轻巧、明朗”[②]。曾昭奋则认为岭南建筑的特色是“较为自由、自然和符合人们生活规律的平面安排；明快、开朗和形式多样的立面和造型；与园林、绿化和城市或地域环境有机结合”[③]。

总体而言，关于岭南建筑风格的探讨侧重于建筑对岭南自然环境的适应，主要将岭南建筑风格归纳为三点：平面布局自由开敞、建筑形体轻巧通透、庭园与建筑紧密结合。

1.2.1.3 对于岭南代表建筑师的研究

岭南建筑师创作的核心精神与内涵是岭南现代建筑发展的源动力，岭南现代建筑在1950～1970年代的代表建筑师，从早期的林克明、夏昌世到发展期的莫伯治、佘畯南，他们的创作思想、实践总结以及其他学者对他们的研究，都成为岭南现代建筑研究的重要内容。

林克明（1900—1999）在岭南现代建筑发展历程中具有开拓性，最先在岭南引进现代主义建筑思想，并主导了华南理工建筑教育体系的开创。其创作周期跨越六十余年，作品包含公共建筑、教育、商业、住宅等广泛的类别，如广州市府合署、广东科学馆、平民宫等。1995年发表的《建筑教育、建筑创作实践六十二年》一文是林克明对其从业历程与创作思想的精炼总结，他强调从现实出发、因地因时的整体观创作理念，认为创作应继承传统，但又不为传统所束缚，注重经济效益，注重建筑与环境的协调，注重功能合理和经济适用[④]。1995年出版的《世纪回顾——林克明回忆录》是林克明本人的忆述，较全面地记录了他的人生历程和思想观念，《中国著名建筑师林克明》（1991年版）较完整地汇集了林克明作品的图文。刘虹在其博士论文《岭南建筑师林克明实践历程与创作特色研究》中，将林克明的建筑创作观归纳为强调建筑的现代性、统一性、适用性、整体性与技术性这五个特色[⑤]。另外，有些观点认为林克明的创作在固有式风格和现代主义风格之间摆动，忽视了其创作所受到社会客观环境的强制性影响以及对时代背景的适应性内涵。

夏昌世（1905—1996）是岭南现代建筑的重要旗手，他将现代主义建筑思想与岭南地域的自然和社会现实相结合，以“夏式遮阳”开创了具有岭南气候特征的现代建筑形式，以庭园调研开启了后来的传统庭园创新运用。其代表作品集中在中华人民共和国成

① 莫伯治．林兆璋．广州新建筑的地方风格[J]．建筑学报，1979（04）：24-26.
② 陆元鼎．创新・传统・地方特色——略谈广东近几年建筑创作的发展[J]．建筑学报，1984（12）：70-74.
③ 曾昭奋．莫伯治与岭南佳构[J]．建筑学报，1993（09）：42-47.
④ 林克明．建筑教育、建筑创作实践六十二年[J]．南方建筑，1995（02）：45-54.
⑤ 刘虹．岭南建筑师林克明实践历程与创作特色研究[D]．广州：华南理工大学，2013.

立后的十年，如华南土特产交流大会水产馆（1951）、鼎湖山疗养所（1954）、中山医教学楼（1954）、中山医一附院（1956）等作品。由于其人生经历的坎坷，1970年代去往德国后，中断了其本可厚积薄发的创作生涯，所幸其后辈如莫伯治、何镜堂等建筑师将其创作思想传承发扬。夏昌世在其著作《园林述要》和《岭南庭园》中，强调建筑设计的适应性，包括对地形地貌、气候环境、经济社会和文化传统的适应[①]。

作为岭南建筑创作发展承上启下的重要代表人物，莫伯治（1914—2003）难能可贵之处在于，持续的系统思考与文字总结贯穿其创作历程，留下大量弥足珍贵的理论文献，《莫伯治文集》一书做了全面整理与收录。莫伯治总结其创作理念：在遵循现代功能主义的原则外，着重探索的是对自然的复归感与对历史文化的沟通[②]，将现代建筑文化与不同时间、不同空间的文化领域进行沟通，在它们的交汇点上找到内涵的共性[③]。

莫伯治的创作生命之长、作品影响之广及所获奖项之丰在中华人民共和国建筑史上位居前列[④]，从早期的庭园建筑系列如北园酒家（1957）和山庄旅社（1965），中期的高层宾馆系列如白云宾馆（1976）、白天鹅宾馆（1983），到后期的历史文化建筑系列如南越王墓博物馆（1993），以及晚期的多元综合建筑系列，如广州艺术博物院（1999）和长隆酒店（2000）等，其作品前后跨越近半个世纪。

对于莫伯治创作思想的研究较为丰富，研究者也颇广泛。曾昭奋主编的《岭南建筑艺术之光——解读莫伯治》汇集了国内建筑大家对莫伯治作品和思想的解读，如吴焕加认为，莫伯治将中国传统园林艺术与现代建筑结合起来，加上传统的室内装修，形成浓郁的民族性和地域性，开拓了大屋顶之外对于中国建筑的探索[⑤]。庄少庞的博士论文《莫伯治建筑创作历程及思想研究》研究较为系统和深入，提炼了莫伯治创作思想的四条发展脉络，分别是庭园研究与新用、地域化创作路径、审美构图和形式表现[⑥]。

佘畯南（1915—1998）与莫伯治在创作历程和理念方面有很多交集，两人共同作为“广州旅游设计组”的带头人，并一起主导了白天鹅宾馆和中山温泉宾馆别墅区等项目的创作。佘畯南擅长从哲学层面对建筑创作进行思考，强调建筑的时空性、整体性与对立统一，其文章与作品汇编于《佘畯南选集》一书。其中，《试谈提高设计水平问题》一文主张运用对立统一的法则，抓住主要矛盾和事物的本质，特别要从事物的“个性”和“共性”两方面切入[⑦]。《我的建筑观——建筑是为“人”而不是为“物”》则开宗明义地提出，“人”是万物的尺度，建筑创作必须以“人”为核心来思考一切事物。

---

① 夏昌世．园林述要[M]．广州：华南理工大学出版社，1995.
② 莫伯治．我的设计思想和方法．莫伯治文集[M]．北京：中国建筑工业出版社，2012：244-245.
③ 莫伯治．梓人随感．莫伯治文集[M]．北京：中国建筑工业出版社，2012：249-254.
④ 周榕，周南．《建筑学报》封面图像学研究[J]．建筑学报．2014（Z1）：32-39.
⑤ 吴焕加．解读莫伯治[J]．建筑学报，2002（02）：36-39.
⑥ 庄少庞．莫伯治建筑创作历程及思想研究[D]．广州：华南理工大学，2011.
⑦ 佘畯南．试谈提高设计水平问题[J]．建筑学报，1981（09）：46-48.

岭南建筑创作集体在岭南建筑发展的不同阶段发挥了积极重要的作用，《广州“旅游设计组”（1964—1983）建筑创作研究》《华南理工大学建筑设计研究院机构发展及创作历程研究》《广州市设计院的机构发展及建筑创作历程研究（1952—1983）》等硕士论文，分别梳理了这些创作集体的发展历程和创作理念①。岭南代表建筑师和创作集体的实践与理论探索是岭南现代建筑发展的重要组成部分，这些创作思想汇聚成为岭南建筑创作思想中的主体内容。

1.2.2 关于马来半岛现代建筑创作的研究

马来半岛作为东南亚的核心区域，主要包含新加坡和以吉隆坡为核心的西马来西亚。目前关于马来半岛现代建筑创作的相关研究，主要包括东南亚现代建筑整体研究、新加坡和马来西亚的现代建筑研究。

1.2.2.1 对东南亚建筑的整体研究

东南亚虽然拥有丰厚的现代建筑作品，但长期以来在现代建筑研究中未受足够重视。各种世界建筑史对东南亚建筑的介绍较为简略，例如丹·克鲁克香克主编的《弗莱彻建筑史》（2011）只对东南亚的古建筑史以及所受到的殖民历史、文化的影响做了简要概述。林少伟和J. 泰勒主编的《20世纪世界建筑精品集锦（1900年—1999年）（第10卷）：东南亚与大洋洲》（1999）②收录了东南亚现代建筑作品，其中1940～1959年5项，1960～1979年12项，作品数量有限且为简介的形式。

广西华蓝设计有限公司的“东南亚建筑与城市丛书”于2008出版，包括《居所的图景：东南亚民居》《热土的回音：东南亚地域性现代建筑》《神灵的故事：东南亚宗教建筑》《王权的印记：东南亚宫殿建筑》《文化的烙印：东南亚城市风貌与特色》与《转型的足迹：东南亚城市发展与演变》。丛书建构了将东南亚建筑作为一个整体研究的体系，并将东南亚建筑做了较全面的展开，是本文研究的重要资料。其中《热土的回音：东南亚地域性现代建筑》一书，引出了新乡土建筑、热带现代建筑两种典型的地域性现代建筑实践，探讨了东南亚地域性现代建筑的方向，并对1950～1970年代的东南亚现代建筑有专门论述。

在马来半岛当地，近来也出版了一些对本土建筑系统研究的著述，例如《热带亚洲

① 黄沛宁. 传承与发展——从夏昌世到何镜堂，岭南两代建筑师研究[D]. 广州：华南理工大学，2006.
② 林少伟，J. 泰勒，K·弗兰姆普敦. 20世纪世界建筑精品集锦（1900年—1999年）（第10卷）：东南亚与大洋洲[M]. 北京：中国建筑工业出版社，1999.

建筑的新方向》[①]一书反映了东南亚地区新兴国家的现代建筑探索与建筑师的全球意识，重新定义了私人住宅、公共住房、公共建筑和度假酒店的设计。

1.2.2.2 对新加坡现代建筑的研究

关于新加坡现代建筑的研究，主要从建筑历史，典型作品和代表建筑师这三方面展开。首先从新加坡建筑史的研究的角度看，1950～1970年代是新加坡现代建筑发展的重要时期，研究以时间为脉络，清晰展现出该时期在建筑发展过程中的前后联系，作品创作当时的具体的社会、经济、政治背景，以及作品与作品之间的继承关系等关键问题，对于这些问题的认识是比较研究的前提。简·比米什（Jane Beamish）和珍·费格逊（Jane Ferguson）在1985年著的《新加坡建筑史》[②]中，将新加坡1900年至1985年的建筑发展史划分为四个阶段：繁荣之城1900～1920年、转型1920～1940年、现代主义发展1940～1970年和当代建筑1970～1985年。《新加坡建筑50年：1963～2013年的故事》[③]是在新加坡建筑师学会（SIA）成立50周年之际出版，叙述了新加坡建筑界的发展历程，按时间顺序由历史、记忆和文档组成，采用直接引用，文章重印，以及参与者的陈述和个人回忆等形式。

除了关于建筑整体发展过程的论述，就具体类型建筑发展和城市规划发展等专题研究亦有相当的积累。蔡建恒（Chye Kiang Heng）的《新加坡50年城市规划》[④]概述了支撑新加坡城市规划的意识形态和策略，深入研究了新加坡城市规划体系中的关键土地利用部门，探讨未来新加坡规划的挑战和考虑，汇集了规划、建筑、城市规划和城市建设等专业和研究领域的从业者和学者的不同观点。

在加州大学伯克利分校的博士论文《热带建筑谱系：1830—1960年代英国（后）殖民时期的自然、技术科学和治理网络中的新加坡》[⑤]（2009）中，张嘉韦（Chang Jiat Hwee）通过将热带建筑作为一种话语来解决当前有争议的东南亚热带建筑话语的局限性，这种话语将热带自然作为建筑形式的主要决定因素，认为热带建筑不仅是一种自主的建筑话语，而且是一种异乎寻常的权力知识配置，与殖民统治的政治密不可分。哥伦比亚大学尤妮斯（Eunice Seng）的博士论文《新加坡居住与国家的创造1936—1979》[⑥]

① PHILIP GOAD, ANOMA PIERIS. New directions in tropical asian architecture[M]. Singapore: Periplus Editions (HK) ltd, 2014.

② JANE BEAMISH, JANE FERGUSON. History of Singapore architecture: the making of a city[M]. Singapore: Graham Brash (Pte.) Ltd, 1985.

③ SINGAPORE INSTITUTE OF ARCHITECTS. RUMAH-50 years of SIA 1963—2013 story of the Singapore architectural professio[M]. SIA Press, 2013.

④ CHYE KIANG HENG. Singapore 50 years of urban planning[M]. WSPC: 2016.

⑤ CHANG J H. A genealogy of tropical architecture: Singapore in the british (post)colonial networks of nature, technoscience and governmentality, 1830s to 1960s[D]. University of California, Berkeley, 2009.

⑥ EUNICE SENG. Habitation and the Invention of a nation, Singapore 1936—1979[D]. Columbia University, 2014.

（2014）通过提出公共住房作为制定民族认同的主要动力，探讨了新加坡居住建筑发展的历史。

其次是对该时期主要代表建筑作品的分析研究。黄云芝（Wong Yunn Chii）编著的《新加坡1：1　建筑与城市设计集合》①包括城市和岛屿两本作品集，对新加坡1965～2005年的现代建筑作品进行了较全面的收录，为论文甄选代表性建筑作品提供了基础材料。《我们现代的过去》②是对1920～1970年代新加坡建筑的视觉调查，旨在评估和提高对新加坡现代建筑作品作为重要历史标志的认识，该书评估各时期现代建筑中常见的建筑元素，成为空间类型，材料调色板和细节的视觉指南。《建筑与建筑师：新加坡的形象塑造》③以不同风格建造的四十幢建筑物为例，包括商场、办公室、机构空间、公共住房和私人住宅开发等类型，这些建筑物建于不同的十年，通过建筑来审视新加坡快速变化的景观，在集体思想中理解新加坡的形象。

针对该时期重要的单体建筑亦有详细论述，《建筑记忆》④记录了新加坡四个公共建筑的个人和集体记忆，分别是国家图书馆（1960）、国家剧院（1963）、新加坡会议厅和工会大厦（1965）以及国家体育场（1973），这些公共建筑参与塑造了这个国家。研究是对这些建筑最完整和最新的描述方式，使人们可以更好地了解那些连接建筑、市民和新加坡独立初期社会背景的关键主题。《在此之前，新加坡独立初期的建筑》⑤展示了新加坡独立初期的建筑，这次展览展示了新加坡独立初期的8个标志性建筑，这些建筑现在正在被拆除和重新开发。《新加坡消失的公共住宅区》⑥是关于这些早期建筑形式和生活空间，作为在当时具有重要历史意义和新兴地产首批住宅的图片记录，它们是了解新加坡1950年代及以后不断变化之住宅景观的宝贵窗口，书中收录的27个公共屋苑已被拆除。

还有是以代表建筑师为线索的相关研究。国内学者对新加坡建筑师有持续关注，《当代新加坡建筑回顾》⑦一文从整体上对新加坡当代建筑师的发展背景做了简要回顾，并将1960年以来的建筑发展做了阶段分期。《从主观表达到客观描述——新加坡新建筑》⑧从整体上概述了新加坡建筑师的作品。具体针对建筑事务所和代表建筑的研究，如

① WONG YUNN CHII. Singapore 1：1-city[M]. Singapore: urban redevelopment authority, 2005.

② WENG HIN HO, DINESH NAIDU, KAR LIN TAN. Our modern past: a visual survey of Singapore architecture 1920s—1970s[M]. Singapore: Copublished by Singapore Heritage Society and SIA Press Pte Ltd, 2015.

③ VIRGINIA WHO. Architecture and the architect: Image-making in Singapore[M]. ORO Editions, 2016.

④ LAI CHEE KIEN, KOH HONG TENG, CHUAN YEO. Building memories: people architecture independce[M]. Singapore: Achates 360 Pte Ltd, 2016.

⑤ DARREN SOH. Before it all goes arhcitecture from Singapore's early independence years[M]. Singapore: Dominie Press Pte Ltd, 2018.

⑥ KOH KIM CHAY, EUGENE ONG. Singapore's vanished public housing estates[M]. Singapore: Als Odo Minic, 2017.

⑦ 李晓东. 当代新加坡建筑回顾[J]. 世界建筑，2000（01）：26-29.

⑧ 李晓东. 从主观表达到客观描述——新加坡新建筑[J]. 世界建筑，2009（09）：18.

《DP建筑师：自1967年以来50年》[①]对事务所发展的全面了解，其发展阶段和新加坡现代建筑史紧密相联系。马裕华梳理了新加坡独立后的建筑实践，并以此为背景介绍了当代的设计组织和建筑师[②]。

1.2.2.3 对马来西亚现代建筑的研究

马来西亚现代建筑在历史研究方面有代表性的是杨经文的《马来西亚建筑》[③]，反映了马来亚—马来西亚建筑发展的历史，论述较为全面。恩吉姆（Ngiom）和莉莲·唐（Lillian Tag）编辑的《马来西亚建筑80年》[④]回顾马来西亚自1920年代以来的建筑作品，总结了80年的建筑历史，研究建筑所涉及的文化问题并探讨了马来西亚当代建筑的发展方向。

首先在理论研究方面，《现代性、民族与城市建筑形态——民族认同的动态与辩证VS热带城市的地域主义》[⑤]探讨了马来西亚作为一个多元文化的现代国家，如何处理民族主义和地区主义的问题，自后殖民时代以来，建筑师和政策制定者一直在努力实现并完善公共建筑的理论和实践成果，这些公共建筑能够有效地回应关于传统、国家和现代化的相关问题。《马来西亚新兴建筑理论》[⑥]通过对建筑师的采访和对他们作品的回顾，来阐述马来西亚当代建筑事务所中新兴哲学与设计思维的概念、发展与表现。它突出了理论、设计和实践之间的张力，这种张力构成了当前马来西亚建筑实践的背景。《复兴传统：当代建筑中的马来典故》[⑦]一书提出，马来乡土建筑本质上具有环保意识，体现了可持续发展的原则、设计理念和构造方案。建筑领域的文化响应策略可以与建筑可持续发展标准和当代城市发展相结合。

其次是关于马来西亚建筑师和作品分析的研究。《自由访谈：马来西亚独立时期的建筑师、工程师和艺术家》[⑧]一书对马来西亚独立期间为吉隆坡及其郊区景观作出贡献的建筑师、工程师、艺术家共17人进行了访谈，他们是马来西亚独立后十个最重要建筑的参与者，例如议会大厦、国家清真寺、苏邦机场和国家体育场等，探索了建筑与国家建设之间的重要关系，并试图呈现现代性的场景。阿扎伊迪·阿卜杜拉（Ar Azaiddy

① DP ARCHITECTS. DP architects 50 years since 1967[M]. Singapore: Artifice Books on Architecture, 2017.
② 马裕华. 新加坡建筑师及建筑实践介绍[J]. 世界建筑，2000（01）: 36-41.
③ KEN YEANG. The architecture of Malaysia[M]. Pepin Press, 1992.
④ NGIOM, LILLIAN TAY. 80 years of architecture in Malaysia[M]. PAM Publication, 2000.
⑤ SHIR KEN YEANG. The architecture of Malaysia[M]. Pepin Press, 1992. JAHN KASSIM, NORWINA MOHD NAWAWI. Modernity, nation and urban-architectural form——the dynamics and dialectics of national identity vs regionalism in a tropical city[M]. Palgrave Macmillan, 2018.
⑥ VERONICA NG FOONG PENG. Theorising emergent Malaysian architecture[M]. Malaysia: Pertubuhan Akitek.
⑦ SHIREEN JAHN KASSIM. The resilience of tradition: Malay allusions in contemporary architecture[M]. Malaysia: Areca Books, 2017.
⑧ CHEE KIEN LAI, CHEE CHEONG ANG. The merdeka interviews: architects, engineers and artists of Malaysia's independence[M]. Pertubuhan Akitek Malaysia, 2018.

Abdullah）的《生活机器：马来西亚的现代建筑遗产》[①]（2015）一书是关于30座杰出现代主义建筑的编年史，包含从1940年代马来西亚独立前到1980年代马来西亚的现代建筑作品。

林登英（Teng Ngiom Lim）的《现代马来西亚的塑造者》[②]（2010）主要介绍了马来西亚获得PAM奖的五位建筑师：1988年的金顿·路（Kington Loo）、1992年的希沙姆·阿尔巴克里（Ikmal Hisham Albakri）、1997年的林冲济（Lim Chong Keat）、2001年的希贾斯·卡斯图里（Hijjas Kasturi）以及2009年的巴哈鲁丁·阿布卡西姆（Baharuddin Abukassim），他们的建筑创作思想和作品记录，同样也是马来西亚现代发展形成的记录，为马来西亚的国家建设奠定了基础。《*Iversen: Architect of Ipoh and Modern Malaya*》[③]是艾弗森（Iversen）（1906—1976）的建筑师专辑，他将现代建筑引入马来半岛，其作品是马来西亚装饰艺术和现代主义建筑的象征，包括联邦之家和多家电影院。马来西亚泰莱大学的诺·哈雅蒂·胡赛因和维罗妮卡·吴的文章《马来西亚现代建筑发展史》反映了在新形象的发展时期表现出来的建筑思潮[④]，王受之在《建筑手记（马来西亚速写）》[⑤]（2002）中的速写和游记也涉及马来西亚较多的现代建筑作品。

1.2.3 相关研究评析

通过对上述研究现状成果的分析，岭南和马来半岛两地受现代建筑思潮的影响，在发展过程上有一定的相似性，1950～1970年代是两地现代建筑发展的关键节点，并取得丰富的创作成果。两地建筑研究在内容和范式上也有较大的相似性，两地建筑的发展历程、建筑特色以及代表建筑师思想研究，构成了两者对比的重要内容，对本书研究的对比框架也有一定借鉴作用。就目前研究而言，有以下问题需要解决或可做更为深入的研究。

整体上，两地主要集中在自身地域的研究，在宏观国际视野上的区域比较研究有所不足。首先由于以往地域和研究条件的限制，导致目前的研究主要针对国内，从岭南现代建筑研究来看，其研究范围较广，也较为深入，但侧重于纵向梳理，将岭南建筑作为一个相对封闭环境内的创作，对岭南与外部的关联未有足够的重视。其次区域建筑比较研究缺少统一的视角，不同区域由于地理、政治、文化有较大的不同，导致区域建筑研

① AR AZAIDDY ABDULLAH. The living machines: Malaysia's modern architectural heritage[M]. Kuala Lumpur: Pertubuhan Akitek Malaysia in Collaboration with Taylor's University, 2015.

② TENG NGIOM LIM. Shapers of modern Malaysia: the lives and works of the PAM gold medallists[M]. Kuala Lumpur: Malaysian Institute of Architects, 2010.

③ RUTH IVERSEN ROLLITT. Iversen: architect of ipoh and modern malaya[M]. Malaya: Areca Books, 2015.

④ 诺·哈雅蒂·胡赛因，维罗妮卡·吴. 马来西亚现代建筑发展史[J]. 世界建筑，2011（11）：16-21.

⑤ 王受之. 建筑手记（马来西亚速写）[M]. 北京：中国建筑工业出版社，2002.

究难以全面深入。岭南地区作为一个文化区域与马来半岛地区在地理气候条件和文化背景有一定的关联性，作为对等的区域建筑发展有较大的对比性，而两地建筑在第二次世界大战后都受到现代建筑思潮的影响，在此视角下，两地建筑发展出现1950～1970年代的转型发展期，相关的比较研究尚未有见。最后，目前的对比研究主要集中在建筑的个案对比，对比研究也主要体现为对建筑形式的介绍，缺乏经济、社会和文化等综合视角的比较。

总体看来，两地建筑的对比研究尚处于探索阶段，从研究对象来看，主要停留在个案对比研究，缺乏整体意识和系统性对比成果。因此两地现代建筑文化的研究应该拓宽学科视野，整合两地研究成果，由点到面，由局部向整体转变，形成系统性成果。

就各自区域而言，岭南地区建筑研究在特定的时期深入研究和区域对比研究有待加强，当前主要集中于对发展过程以及作品的研究，对于特定时期建筑的系统研究较为少见，岭南地区作为中国对外文化交流的门户，在建筑上的对外交流研究相对较少。马来半岛地区现代建筑的专项研究较少，由于国外建筑研究在调研条件、文献缺乏性等问题导致其研究相对困难，所以国内对马来半岛建筑的整体研究较少，缺少系统性研究成果。马来半岛现代建筑的相关研究，一个是在更大的范围，以东南亚建筑为整体研究对象，一个是在更小的范围，分别以新加坡和马来西亚建筑为研究对象，而且主要集中在21世纪的当代建筑创作。总体而言，马来半岛这个中观层次的研究较少，更缺乏与同等中观层次的岭南建筑的比较研究。

因此，本书以岭南与马来半岛地区1950～1970年代现代建筑创作进行比较研究，具有重要的价值和积极的意义。

1.3 相关基础理论与研究维度

1.3.1 建筑的适应性理论

建筑创作与其发展过程的历史背景是不可分离的，适应性在两者之间建立起联系，本书以适应性理论作为两地现代建筑创作比较研究的理论视角。适应性概念最早从生态学而来，达尔文于1859年在震动当时学术界的《物种起源》一书中，提出“适者生存，不适者淘汰”的进化论，生物对环境都有一定的适应性，而已形成的或遗传的适应一般要落后于环境条件的变化，则造成适应的相对性。由于适应性理论科学解释了事物发展的普遍规律，所以社会学、经济学等多个学科领域都引入了适应性理论，反映在建筑领域，适应性可理解为建筑在与其所处环境相互作用的过程中，改变自身条件以适应环境并对环境造成相应影响的过程。

适应性表现在建筑领域，建筑创作需要适应的因素繁多，一个建筑的建成需要经过很多程序，并经过业主方、行政决策者，到建设方再到最后使用者的层层意见参与，建筑师在这样的体系中步步为营。根据《国民经济行业分类》（GB/T 4754—2002）对国家三大产业的分类，第二产业包括采矿业，制造业，电力、燃气及水的生产和供应业，建筑业。建筑业是第二产业中的四个大类别之一，与包罗万象的制造业并列，这也从另外的角度反映出建筑业所涉及的方面之广，而建筑师以技术专家的身份对建设过程进行统筹，权利和责任之间的不对等是造成多数建筑创作困扰的主要原因。面对现实难以改变的状况，唯有积极地适应，综合建筑创作需要适应的因素，地域适应性较好地涵盖了物质和精神方面的需求，与建筑扎根于地方的显著属性也十分契合。

适应性也是建筑与绘画、雕塑、诗歌、音乐等众多艺术的重要区别，这些艺术大都可以凭借艺术家的个人意志而诞生，而建筑仅凭建筑师一己之力是不可能实现的，适应众多因素的要求是建筑得以诞生的前提。同时，这种适应并非被动和消极的，而是一个极大发挥建筑师主观能动性和创造性的过程，本书研究的适应性正是这样一种价值理念，贯穿于两地建筑创作的比较研究之中。因此，探索岭南与马来半岛两地建筑创作对所处时代背景的适应性是本书研究创作思想内涵的基本脉络，也是认识其发展历程的必要途径。

回顾现代主义建筑思想自萌芽至今，一直在最初革命性宣言的思想基础上不断调适与充实，最初的核心理念决定了其后的发展潜力，也预示了逐渐成长和丰富的思想内涵。柯布西耶于1923年出版《走向新建筑》[①]，在这20世纪具有重大影响的建筑著述中，他提倡设计向粮仓、厂房、轮船和飞机等学习，因为这些特定工程或工业产品很好地适应了功能需求，而不仅是标新立异的形式追求。在进入印度创作后，柯布西耶极为重视当地气候环境条件与传统建筑语汇的收集，深挑檐、柱廊、阳台、水池等成为设计中调节建筑小气候的手法，并逐渐演化为他晚期设计中的形式语汇。面对复杂的气候资料，柯布西耶还创建了“气候表格”的设计方法，并将被动式的遮阳方法在印度昌迪加尔的新城建设中广泛应用，柯布西耶为印度开拓出一条现代主义与特定地域相结合的适应性创作之路。

赖特则从开始就不追求设计的标准化和通用性，而是重视不同现实情况的具体分析，真实地体现建筑对基地环境和材料特性的适应，东、西塔里埃森及流水别墅等建筑都强调从特定环境中生长的特性，从整体布局到材料细部都表达了“有机建筑”的理念。阿尔瓦·阿尔托在进行建筑创作时首要考虑适应使用者的需求，以玛丽娅别墅为代表的建筑作品既满足人性化的使用功能，又展现芬兰民族的文化特质，将现实主义和北

① 勒·柯布西耶．走向新建筑[M]．杨至德，译．南京：江苏凤凰科学技术出版社，2014.

欧的浪漫主义融合在现代建筑中。

将现代主义建筑思想适应地域特色并不断注入新的时代内涵是当代建筑发展的主导趋势之一。现代主义建筑自1920年代起，在很多国家和地区都经历了地域化的过程，如印度、埃及、巴西、墨西哥和中国岭南外地区等，他们与岭南和马来半岛的适应性探索相平行，既有时代背景与思想渊源的一致共性，又有地域现实不同带来的差异特色。

其一，以适应特殊气候为特色的地区实践。与岭南和马来半岛的气候相似的热带、亚热带地区如印度，在建筑适应特殊气候方面做出很多探索。在柯布西耶与路易斯·康的实践引领之后，以柯里亚、多西为代表的印度建筑师群体植根于本土文化，走出了一条独特的现代建筑之路[①]。柯里亚采用“开敞空间”和“管式住宅”以解决干热气候下的遮阳和通风问题，采用水平展开、顶上篷架、大台阶的空间引导和自然轮廓线等手法来表达“形式追随气候”的理念。马来西亚的杨经文认为，除了地理条件之外，气候是自然环境中最具地方特征的因素，注重气候的建筑更能适应它的环境和文脉。

在中国除岭南外，东北地区的气候也较为特殊，虽然它的寒冷气候与亚热带气候反差很大，但对建筑创作的适应性要求是一致的。梅洪元基于东北的地域性实践，提出以植根寒地的适应性技术策略，包含适地与共生的环境适应性技术策略、适候与应变的气候适应性技术策略、适技与多样的经济适应性技术策略[②]。

其二，以适应独特地理环境为特色的地区实践。瑞士南部的“提挈诺建筑师群体”形成于1950～1960年代，基于对提挈诺山区环境的适应，建筑师群体建筑师擅长处理坡地环境，将等高线和边界等元素作为创作的重要前提。对于建筑与场所之间的关系，建筑师群体的代表建筑师斯诺兹（1932—）曾说：“我的兴趣并不在于建筑实体本身，而在于它与周围环境的关系里”，他的作品通过顺应地形、路径引导、光线控制和空间操作等方式，将建筑与场地形成契合的整体关系。建筑师群体的另一位代表马里奥·博塔（1943—）从瑞士南部优美的山区景色中树立了对人和自然关系的独到认识，采用纯粹的几何形体场地插入场地，却不会产生生硬之感，原因即在于深入挖掘地理因素和地区文化的特质[③]。

中国的重庆地区山形地势复杂，建筑以适应地形为首要任务，传统建筑如“洪崖洞民俗风貌区”通过分层筑台、吊脚、错叠、临崖等山地建筑手法，形成依山就势的吊脚楼风貌，在内在的理念上符合现代性原则。当代重庆地域建筑的发展也将山地作为主要特色，并扩展为山地建筑、山地道路、山地城市设计与规划的多领域特色发展。

其三，以适应短缺经济为特色的地区实践。哈桑·法赛在埃及的创作以现实可行的

① 印度现代建筑50年[J]. 世界建筑，1999（08）：74-76.

② 梅洪元，张向宁，林国海. 东北寒地建筑设计的适应性技术策略[J]. 建筑学报，2011（09）：10-12.

③ 马里奥·博塔，张利. 博塔的论著[J]. 世界建筑. 2001（09）：24-27.

低成本方式改善贫困地区的环境质量，其独到的方法吸取了当地乡土建筑的特点，利用传统的建筑材料和建造方法，如用泥灰、泥砖建造土坯建筑。法赛还在新古尔纳村的建设中，开创了一种建筑师、工匠和村民协力分工的建造模式，与正常的工程承包模式相比，新模式大幅度节省了建造成本①。这种自发合力的建造方式，在中国的地域实践中也得到广泛运用，西藏阿里苹果小学就采用了村民、建筑师自己动手建造的方法，既节约建设成本，又能增强使用者的参与性与情感投入。

在中国的西北地区，利用坚实土质形成的穴居和窑洞，在民居建筑中以其独特的生态性而别具特色，目前相关探索关注于节能和经济节约，例如西安建筑科技大学研究的“双零建筑”，综合使用掩土建筑技术、被动式太阳能技术和现代构造技术，实现常规性能源零消耗和绿化面积零损失。

其四，以适应深厚文化为特色的地区实践。文化是世界各地区之间的显著差别所在，对建筑创作产生深刻的影响。葡萄牙的阿尔瓦罗·西扎（1933—）在创作中重视建筑与地方文脉的结合，代表作加里西亚当代艺术博物馆以整个城市的历史和文脉为参照，在现代建筑与历史环境之间建立了深刻的联系，他认为在建筑与城市之间，从平衡中找到基调是一名建筑师最重要的任务。墨西哥的巴拉甘在创作中注重将传统建筑的精华与现代建筑结合，以光和色彩作为基本语汇形成富有情感的形体和肌理，使他的现代主义建筑深植于墨西哥传统中。

普利兹克奖作为“建筑界的诺贝尔奖”，西扎和巴拉甘分别于1992年和1980年获此殊荣，这是对他们为地区建筑文化所作贡献的充分认可。中国的建筑师王澍也于2012年获得普利兹克奖，他从富有人文底蕴的江浙地区挖掘出文人建筑的传统，注重表现中国传统的空间意象，利用旧有建筑材料创造出一种现在完成时态的时间体验，表达他所追求的“自然之道”。以杭州中国美术学院象山校区为代表的“文人建筑”和以2010世博会中国馆为代表的“事件建筑”相比较，显示了中国建筑师游离于体制内外的两种境界与追求，前者从个人层面对文化传统的认知入手，将历史悠久的过去与现在相连接，可谓以小映大，后者从国家层面对历史文化的责任进入，将厚重的文化主题以通俗化的方式表达，可谓举重若轻。

建筑文化符号的直白表达一般是不建议采取的，但当这种文化有足够的陌生感和新鲜感时，人们的接受度和包容度会大幅增强，新疆的伊斯兰建筑文化就是这样的典型例子。新疆国际大巴扎建筑群的创作采用了传统空间的转换和建筑符号的简化，将伊斯兰建筑与新疆文化传统相结合，形成具有明显地域标识性的独特风格，创作者认为建筑的地域性特征有着浓厚的历史文化基因，凝聚了民众长时间生产生活的智慧结晶，因此延

① 樊敏. 哈桑·法赛创作思想及建筑作品研究[D]. 西安：西安建筑科技大学，2009.

续的形式有着天然的和谐性与生态性[①]。

事实上，每个地域的探索都包含有气候、地理、经济和文化等方面的地域适应性探索，上述的分类论述在于强调不同地域最为鲜明的特色。与这些国家和地区的地域性探索相比，以岭南和马来半岛为代表的地域建筑发展需要适应经济拮据、社会背景复杂与技术落后的苛刻环境，尤其是在1950～1970年代这长约30年的时期内，岭南与马来半岛地区地域建筑的探索为现代主义建筑的发展贡献了可贵的现实性与丰富性。

1.3.2 建筑的地域性理论

"地域"较早是经济地理学和文化地理学中广泛运用的核心概念，通常是指一定的地域空间中自然要素与人文因素综合作用所形成的整体。每个地域都具有一定的特色、优势和功能，其内部表现出明显的相似性和连续性，而不同地域之间则形成明显的差异性。对建筑而言，地域是其存在的基本前提，不仅具有地理空间上的含义，还包含有经济、社会和人文的内涵，并反映时间和空间的特点。

在建筑学科领域，建筑的地域性自最早的建筑诞生起就一直存在，反映了建筑与所处地方的特定关联，世界各地区的传统建筑正是因为适应各自所在地域，才形成千姿百态的风格特色。1920年代，芒福德提出地域主义思想，并划定出地区主义建筑师这个群体。芒福德对地域主义进行全面的反思，并从5个方面重新定义了地域主义的前提[②]：拒绝绝对的历史主义，反对新建筑对旧有建筑形式上的模仿，应使地方适应新的建筑技术和材料；拒绝建立在血统、种族、地理限定上的单一文化，而是积极倡导建立多元文化的地域主义；平衡的地域主义将"本地"与"世界"平等看待，实现地方与全球的融合；拒绝浪漫的怀旧，地域主义的真实性表现在对人与自然的高度关怀；包容的地域主义主张先进技术与传统手工技艺的互补。针对现代主义的极速扩张和教条化的国际风格，芒福德进行了持续的论战，提出具有本土和人文的现代主义形式，倡导现代主义在地区中作出适应性的改变，继而在1970年代提出"现代建筑运动的核心就是地域主义[③]"。

"批判的地域主义"是地域主义在发展中的反省和提升，由当代希腊建筑学者A. 楚尼斯和L. 勒费夫尔在1981年首先提出。1983年弗兰姆普顿在他的《走向批判的地域主义》一文和《批判的地域主义面面观》[④]中正式将批判的地域主义作为一种明确和清晰的建筑思维来讨论。在1985年版的《现代建筑——一部批判的历史》一书中，弗

① 王小东. 新疆地域建筑的过去与现在[J]. 城市建筑. 2006（08）: 10-15.

② 王楠. 芒福德地域主义思想的批判性研究[J]. 世界建筑，2006（12）: 115-117.

③ 吴志宏. 芒福德的地区建筑思想与批判的地区主义[J]. 华中建筑，2008（02）: 35-36.

④ Kenneth Frampton, Towards a Critical Regionalism: Six Points foran Architecture of Resistance, in Charles Jencks and Karl Kropf Karleds. Theories and Manifestoes (Academy Editions, 1997): 97-100.

兰姆普顿总结了批判性地域主义的6种要素：虽然对现代主义持批判的态度，但它拒绝抛弃现代建筑遗产中有关进步和解放的内容；强调场址对建筑的决定作用；强调对建筑的建构要素的实现和使用；强调特定场址的要素如地形、地貌和光线；强调触觉，反对当代信息媒介时代那种真实的经验被信息所取代的倾向；选择性地借鉴地方和乡土要素注入建筑整体，并认为地方传统和现代性并没有对立，批判性地域主义是现代主义思想在当代条件下的发展和延续。

在中国而言，自古以来的传统建筑追求与环境的和谐，尤其以各地方的民居表现最为鲜明，“天人合一”是地域性表达的崇高境界。20世纪初，上海、广州、天津等城市相继引入现代主义思想，此后在各种坎坷波折的环境中，中国建筑师一直努力探索现代主义思想与地域特色的结合，并主要表现为四个历史时期：1920年代，在外来建筑与科学技术冲击下，寻求中国本土建筑的更新与转换；1950年代，在政策性的强制引导下，以“民族主义形式”表达民族性，而岭南建筑以庭园表达地域特色具有重要的开拓意义；1980年代，改革开放后地域特色再次成为建筑创作的焦点，受国外后现代主义思想的偏颇影响，多数创作停留在符号拼贴的形式层面，也有少量作品以空间传承表达了传统文化；2000年之后，随着中国全方位地与世界接轨，创作关注到地域的多方面特征，以空间和形体等多种方式表现地域性的丰富内涵。解决全球化带来城市建筑雷同的有效途径之一，就是强调建筑的地域性①。

由此可见，地域性是建筑无法回避的基本属性，现代主义思想在经历了扩张、碰撞与自省的不断调适后，其主流回到了适应地域的道路上。不同地域的现代建筑发展各有特色，岭南与马来半岛现代建筑在1950～1970年代的共性在于将现代主义思想与当地本土文化结合，创作出富有地域特色的现代主义建筑作品。

1.3.3 比较研究的维度

建筑以人为本，其存在的意义是服务于人的自然存在、社会交往和人文追求等需求。从人的生存和生命情感需要的角度分析，建筑的审美属性就在于建筑的适应性，即对人的生存、生活和生命情感等需要的适应性，包括建筑的自然适应性、建筑的社会适应性、建筑的人文适应性三个层面②。

建筑为人遮风避雨、躲避猛兽和自然灾害的袭击，在自然环境中形成一个相对独立的安全空间，对气候、地形、材料资源等自然因素的适应是建筑得以产生的前提，各地区的民居如吊脚楼、窑洞等都是在建筑技术尚不发达的条件下，通过当地的材料、技术

① 何镜堂. 建筑创作与建筑师素养[J]. 建筑学报，2002（09）：16-18.

② 唐孝祥. 岭南近代建筑文化与美学[M]. 北京：中国建筑工业出版社，2010：53-63.

和经验，以各种方式适应当地的自然条件，其中很多延传到今天依然适用。这种民居建筑的创作以建筑的自然适应性为基础，解决人工建筑与自然环境之间的基本和谐问题。

建筑产生于所处的社会时代，建筑类型和风格的演进也总是以科学技术的进步为驱动力，对社会的功能需求、经济发展水平和政治体制制度等社会因素的适应是建筑得以发展的基础，世界各国的宫殿如北京故宫、法国卢浮宫等，都采用了严密的等级和型制，表现了建筑的社会适应性。在建筑的发展史上，重大建筑从立项到建设、再到能够保存流传，都渗透了政治、经济和社会的深厚影响和复杂要求，否则建筑就只能成为停留在图纸上的创意和想象。

建筑作为一种人为艺术，既表达建造者和建筑师的个人情怀，也蕴含着当时当地的人文特质，正如罗小未所认为，“建筑作为一种人为产品，是人为了自己的生存和生活而创造的环境，它的风格必然渗透着当时、当地的文化特征。建筑的形成不过是这种文化特征在建筑领域中外化了的表现”①。世界各地的标志性建筑如悉尼歌剧院、蓬皮杜文化中心等，其主要目的都在于人文追求。

民居、宫殿和地标建筑分别是建筑表现自然适应性、社会适应性和人文适应性的突出建筑类型，事实上，这三类适应性同时存在于每一个建筑中，只是表现强度有所不同。从这个角度分析，建筑的适应性可相应地分为自然适应性、社会适应性和人文适应性这三个维度。岭南与马来半岛现代建筑能够实施并传承，与其对自然环境、社会背景和人文精神的适应是紧密相联的，而揭示建筑活动的延续，以及与自然、社会和文化等多方面的关联也是建筑史研究的基本范式。

建筑的人文适应性与建筑的自然适应性、建筑的社会适应性是互相联系的一个整体，其中，建筑的自然适应性是建筑的产生和发展的基础和前提，建筑的社会适应性是建筑变化和发展的动力，建筑的人文适应性是建筑发展和追求的目标②。本书以“适应性”作为研究视角，将自然适应性、社会适应性和人文适应性作为比较研究展开的三个维度，既包含建筑创作对国家历史阶段特征、政策方针、意识形态等共有属性的适应，又包含对地域自然环境、亚热带气候、地方经济和人文传统等特色因素的适应，从而挖掘历史大背景下的普适性与必然性，以及特殊地域环境下的独特性与复杂性。三个维度之间会出现一些相互交叉重叠的区域，做此分类是为将研究更深入并得以展开。

① 罗小未．上海建筑风格与上海文化．体验建筑[M]．上海：同济大学出版社，2000：211.

② 唐孝祥．岭南近代建筑文化与美学[M]．北京：中国建筑工业出版社，2010：63.

1.4 研究范畴与对象

1.4.1 地理范畴

岭南即指五岭之南，五岭由越城岭、都庞岭、萌渚岭、骑田岭、大庾岭五座山组成。从广义来说，岭南是指中国南方的五岭之南的地区，包括广东省、海南省、广西壮族自治区南部、福建省南部，台湾省南部以及香港、澳门地区，而从1950～1970年代的建筑实践来看，岭南地区范围可以集中到以广州为中心的珠江三角洲地区。

马来半岛是指位于东南亚中南半岛上向海面突出的狭长地区，向南延伸约1127公里，穿过克拉地峡到亚洲大陆最南端的皮亚角，它的最大宽度为322公里，占地面积约为181300平方公里，是东南亚人口稠密的地区。马来半岛主要包含新加坡和西马来西亚，另外还有泰国西南的小部分和缅甸东南的小部分，主要城市为新加坡和吉隆坡。在地缘政治意义上，马来半岛形成了亚洲大陆与马来群岛之间的地理和文化联系，因为重要的战略地位，马来半岛历来为各方势力所争夺。新加坡与马来西亚两国有着合并与分裂的历史，在政治、经济、文化等多方面相互深入渗透，两国隔狭窄的柔佛海峡相望并以跨海大桥与长堤使领土相连，这使得将两地现代建筑统筹研究具有现实可行性①。

需特别指出的是在1950～1970年代，岭南和马来半岛的城市化程度都比较低，重要的现代建筑分别高度集中在广州、新加坡和吉隆坡这三个城市。因此。本书研究的作品，很大程度上集中在这三个城市，同时三城也是代表建筑师的主要实践范围。

1.4.2 时间范畴

第二次世界大战以后，中华人民共和国成立，东南亚国家纷纷独立，并先后走上了现代化发展的道路，1950年代开始，大量建设服务于国家和地区经济发展的需要。面对战后重建的拮据经济、复杂多变的社会文化需求等限制条件，岭南和马来半岛地区建筑师创作了大量诚实朴素、感人至深的建筑作品，其创作思想与方法值得重新审视和深入研究。

1950～1970年代的这30年是一个重要的时期，两地区国家建设开始起步，现代主义处在发展和反思期，在此之前的1940年代，两地区和国家都经历战火而发展停滞，而在该时期之后的1980年代，经济全球化与后现代思潮席卷而来，对建筑创作产生新的巨大影响和变革。另外，经过一定时间不算久远的历史沉淀，大部分建筑都保存较好，有一

① 于乐．新马泰三国关系对马来半岛地区安全的影响[D]．南京：南京师范大学，2017．

些代表建筑师本人和影响力都还在，对这个时期的研究是鲜活和及时的。基于此，本书选择1950～1970年代作为比较研究的时间范畴（图1–1）。

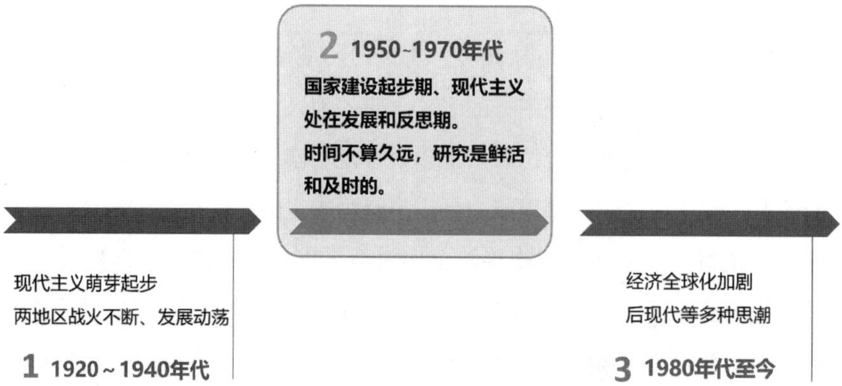

图1–1　时间阶段分析
（来源：作者自绘）

1.4.3　研究对象

本书研究对象是岭南与马来半岛地区1950～1970年代的现代建筑创作，不仅包括该时期两地诸多现代建筑作品，更为重要的是建筑创作思想的发展与历史、时代互动所构成的丰富整体，历史研究的价值在于寻求这些思想的轨迹。

建筑师是建筑创作思想的主要承载者，本书研究的建筑师是在1950～1970年代两地现代建筑创作领域中发挥了重要作用的本土建筑师。岭南地区以夏昌世（1905—1996）、林克明（1900—1999）、莫伯治（1914—2003）、佘畯南（1915—1998）等建筑师为主要代表，马来半岛地区以林冲济（Lim Chong Keat，1930—）、林少伟（William S. W. Lim，1932—）、王匡国（Alfred Wong）、谭成雄（Tan Cheng Siong，1937—）、金顿·路（Kington Loo，1930—2003），巴哈鲁丁·阿布·卡西姆（Baharuddin Abu kassim，1929—），希贾斯·卡斯图里（Hijjas Kasturi，1936—）等建筑师为主要代表。

1.5　研究目标与方法

1.5.1　研究目标

本书研究目标在于通过比较研究，总结1950～1970年代岭南和马来半岛地区现代建筑发展的历史经验，形成对新时代海上丝绸之路和粤港澳大湾区建设的学理支持；探索岭南和马来半岛地区现代主义建筑地域化的文化互动机制，归纳两地建筑创作真实朴素的价值观与设计策略，形成对当代岭南建筑发展的启示；有助于构建包括建筑创作思想在内的岭南建筑理论体系。

1.5.2 研究方法

本书采取以建筑史学为基础的跨学科综合研究方法，将创作思想和建筑作品放到包括气候、政治、社会、经济、文化等的历史环境里，从而把握它们深藏的脉络。

（1）**比较研究法。**将建筑师在同一问题上的不同理念相对照，研究他们在“因”和“果”上的差异，包括作品手法理念、建筑师思想、背景和动因这三个层面的比较，比较的方式变现为“同中求异”和“异中求同”。

（2）**跨学科综合研究法。**以建筑史学为基础，引入环境学、社会学、文化学等学科方法交叉研究。具体方法例如以现象学的方法分析环境创作，以类型学的方法分析技术创新，以文化学的方法分析建筑理念的表达。

（3）**文献调研法。**本书研究涵盖的代表建筑师及其理论文献众多，调研的文献包括相关的著书、文章、报刊和影音记录等，尤其是众多的外文资料。

（4）**实地调查法。**岭南与马来半岛代表作品众多，笔者共实地调查了约160个作品，其中岭南地区80个，马来半岛地区约80个，通过现场勘察、测量、航拍与体验等方式，挖掘蕴含于建筑中的创作理念。

（5）**分析综合法。**运用分析法将创作思想展开为自然、社会和人文三个维度，从整体到局部层层深入，以获得对创作思想的深入认识；运用综合法将大量文献与案例的分析汇总，从局部到整体提炼，形成对创作思想的整体认识。

第2章 两地现代建筑创作的可比性分析

岭南和马来半岛在地理气候、社会文化发展等方面存在诸多共性特征，其主要城市的建设发展也曾面临相似的问题，两地现代建筑创作背景的相似性和关联性是本书开展比较研究的前提和基础。岭南和马来半岛在自然地理条件、社会发展动因、文化背景要素等建筑创作的基本要素层面存在诸多共性和联系，通过论证和比较，两地现代建筑创作具备共性条件、基础要素和互动渊源，因此岭南和马来半岛的现代建筑创作具有可比性。

2.1 两地现代建筑创作的自然地理条件相似

岭南与马来半岛的自然气候与地理特征具有很大的相似性，在气候上，两地都受到热带海洋季风气候的影响，表现出炎热、潮湿、多雨的典型特征，两地的地理面貌则均表现为山地、丘陵以及平原杂处的种类特征，此外，两地的共同环境特征上还表现为海岸线绵长曲折、河流纵横交错以及植物繁茂且四季常青。

2.1.1 气候环境炎热潮湿和多雨

由于岭南与马来半岛的地理位置较为接近，在气候上表现出气温高且持续时间长的相似特点。从全球气候带分布来说（图2-1），热带位于南纬23.5°至北纬23.5°之间，终年高温在16摄氏度之上，四季变化不明显，只有雨季和干季之分。北半球的亚热带位于北纬23.5°至北纬40°之间，属于温带靠近热带的一个地带，气候同样表现出高温多雨的特点，但是在冬季时比热带要冷一些。

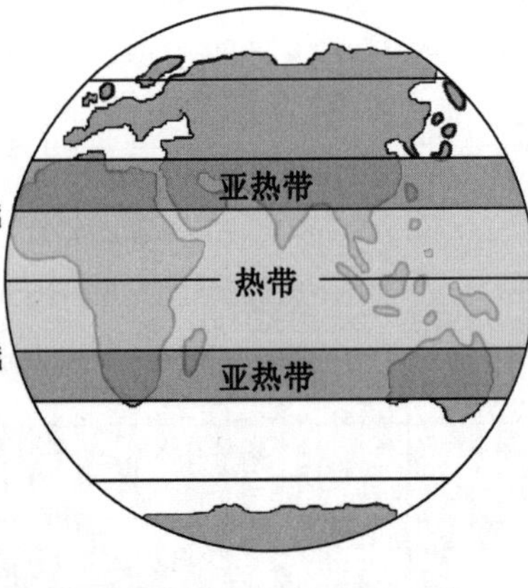

图2-1 亚热带与热带的位置关系对比示意图
（来源：作者自绘）

岭南在全国范围内属于最接近热带的区域，大部分处于亚热带范围，少部分例如雷州半岛、海南岛和南海诸岛则处于热带。以广州为例，由于地处北回归线附近，夏至日太阳高度角达到87°，白昼长达14小时，光照最强且天气酷热；冬至日太阳高度角也达43°，白昼也有11小时，热量也很充足①。然而由于临海，岭南的夏季并没有像南京、武汉等城市那么酷热，而且高温持续的时间也没有那么长。与此相似，马来半岛地处

① 林其标．亚热带建筑气候·环境·建筑[M]．广州：广东科技出版社，1997：145-147.

热带，长年受赤道低压带控制，气温年温差和日温差小，年平均温度在23～34℃之间，虽然位于热带，但由于邻近海洋的原因，全年高温一般只在33°左右，一般也只有3～4月份中一两周的气温会达到37℃。

岭南与马来半岛在气候上的相似性还体现在空气湿度大和雨水充足。受热带海洋季风影响，岭南气候呈现出炎热、潮湿和多雨的特征，例如广州平均相对湿度为77%，市区年降雨量约1720毫米，七月至九月多台风。马来半岛为热带雨林气候，吉隆坡常年温暖湿润，其年平均降水量为2600毫米，夏季干旱但每月平均的降水量也都能超过127毫米，新加坡的年均降水量为2400毫米左右，湿度介于65%至90%之间。

因为强烈的日照辐射和长时间的高温天气，两地的建筑创作所面临的共同问题表现为对遮阳隔热的需求，在适应自然的驱动下，岭南和马来半岛地区建筑普遍表现出遮阳、通风以及隔热的相应特征。在低纬度地区或夏季，由于太阳高度角很大，建筑的阴影很短，水平遮阳就足以达到很好的遮阳效果①，因此，在岭南和马来半岛地区的传统建筑中都广泛运用了水平遮阳的隔热方式。同时，由于两地都邻近海洋，因而良好的区域通风能够降低气温，这也是当地建筑采取开敞通风的前提。在岭南和马来半岛的传统建筑中较为常见的技术手段是高起的架空，化整为零的小体量形式和宽大的开口，连续的通风保证人体汗液的蒸发速率以维持热平衡。

产生于近代的骑楼建筑形成连续的沿街连廊，为城市中的人们提供了遮阳避雨的步行空间，既满足了商业和居住功能，又很好地应对了东南亚地域气候特点的要求②。19世纪初南洋就有骑楼出现，那个时期指的南洋主要是新加坡及周边，这种建筑形式来自于英国在印度殖民地时传入。当时的新加坡总督莱佛士对这种高温、潮湿、多雨的气候深有体会，结合气候情况在市中心规划商业街，并提出商业街必须要有遮风挡雨的功能，这种商业大街两侧有顶盖走廊连通的形式便是新加坡最早的骑楼形式，也称为“殖民地外廊式”（图2-2～图2-4）。

19世纪末至20世纪初，从南洋返乡的归国华侨回家乡建楼，受南洋风格的影响，这种骑楼形式也被带回来。最初的时期大都是各自建房，难以形成气候，也没有形成商街氛围，后来在一些华侨商会的牵头下，政府与商会一起合作建骑楼并规划成一定规模的商业大街，以此来带动人流，以促进城市发展，于是骑楼建筑形式从马来半岛传入了岭南，并在岭南落地生根，成为岭南传统建筑文化的一部分。

① 刘斌．华南理工大学五山校区校园建筑气候应对策略的发展历程研究[D]．广州：华南理工大学，2011.

② 陈玉，付朝华，唐璞山．文化的烙印：东南亚城市风貌与特色[M]．南京：东南大学出版社，2008：14.

图2-2　广州骑楼老街
（来源：作者自摄）

图2-3　新加坡小印度骑楼
（来源：作者自摄）

图2-4　吉隆坡市政厅前的骑楼
（来源：作者自摄）

2.1.2　自然地貌以起伏丘陵为主

岭南北部有山地与中原地区相隔，其在古代属于偏远之地。在历次地壳运动的作用以及高温、多雨和风化等因素的影响下，岭南形成了包含山地、丘陵以及平原等多种地形的丰富地貌。岭南文化崇尚自然，对岭南建筑的环境处理产生了深厚的影响，同时由于岭南地区丘陵起伏，岭南地区的传统建筑一般就山形、顺水势而灵活布局。岭南建筑师夏昌世和莫伯治对传统建筑的环境处理手法做了持续总结，在大量测绘和调研后形成

《岭南庭园》一书，调查案例包括大量岭南传统庭园、民居、寺庙和道观等，从调研资料和书中论述可以看出，岭南传统建筑突出表现了与自然环境的整体融合。

马来半岛是亚洲中南半岛向南延伸的部分，地貌以山地丘陵为主，延续了北部的山脉。西马来西亚地形为北侧高南向低，沿海地区为平原，中部为山林，吉保山脉是马来西亚的主山脉，包含五座海拔2000米以上的山峰。马来半岛上的山脉多位于中部地区，构成了马来半岛的脊梁，半岛中西部为冲积平原，沿着河流延伸，东南沿海地带为窄平原。以丰富丘陵为主导，平原交错成了岭南和马来半岛的共同地貌特征，复杂多样的地理特征促进当地的建筑形式与地形相结合，因地制宜。

2.1.3 水系资源丰富 滨海岸线绵长

岭南的河流分布密集，河网四通八达，河水来源主要为降雨，地下水亦分布广泛，其水资源总量与国内其他省区相比较而言为丰富。由于气候温暖，因此水常年都不结冰或冻裂，使大量的水景做法具有可行性。马来半岛超过一半的陆地表面覆盖着热带雨林，雨水充沛，河流密集且水量大，并且水流无结冰期。同样，没有结冰期的丰富水系给马来半岛上轻盈通透的建筑环境与灵巧怡人的景观体验创造了良好条件。

岭南所拥有的海岸线在中国所占有的比重较大，其大陆和岛屿海岸线总长占中国总长的31.5%，其中广东是中国拥有海岸线最长的省份。岭南海岸线呈现出连绵曲折的特点，为商船的停泊创造了很好的先天条件，这里曾一度形成“门前潮汐家家海”和“华夷船舶自成群”的壮观场景。同时，岭南的众多河流与海洋形成了较多交汇口，能够将海洋上来的船舶引入陆地腹部。在历史发展中，岭南凭借着其得天独厚的海洋资源，一直保持着国家对外窗口的战略地位，在与外来文化不断碰撞融合的过程中形成了独特的建筑文化。

马来半岛东临南海，马六甲海峡位于其西南面，北部为克拉地峡，南面为新加坡海峡。新加坡四周都是海岸线，长达193公里，西部是繁忙的港口，东部为海岸公园，北部一些海岸是保存较好的红树林，中部覆盖热带雨林的武吉知马山被辟为自然保护区①。马来半岛占据世界众多重要海峡和港口，这里国际交流频繁，文化的开放性与包容性在此得到了深入的体现。

岭南与马来半岛在水网密布的自然条件下具备了独特的景观条件，在浓郁的海洋气候与对外交流的影响下，建筑逐渐形成清新靓丽、温润怡人的特色。

① 何建顺. 中国海南与新加坡热带植物景观比较研究[D]. 海口：海南大学，2010.

2.1.4 生态植被繁茂且四季常绿

岭南与马来半岛所拥有的丰富植物资源使建筑环境的丰富性大为增加。繁茂的植物对于建筑环境除了具有视觉上的效果营造外，同时也起到环境调节的作用。高大的乔木遮阳效果显著，能对环境起到降温作用，与环境舒适性的关系密切①，青翠的灌木丛具有一定的阻风效果，草本地被植物能够降低地面空气温度。因此根据各种植物的审美感受和环境调节功能去合理布置，能够营造出美观舒适的建筑环境。

岭南野生植物的种类非常繁盛，仅广东省就有野生植物5000多种，植物生长力旺盛且常绿植物较多，为岭南的建筑环境构建提供了更多可能。植被依赖于生存环境，而环境又是决定植被分布的基础。植物本身就具有形态各异、颜色丰富和搭配灵活的组合，通过高低层次互补，更能呈现出不同的视觉效果。植物在建筑之间穿插栽种，能变化出虚实交错、相互呼应的空间层次，有利于营造出步移景异的观赏感受。

马来半岛上的气候条件较岭南而言，雨量和热量更为充足，因此更加有利于植物的生长。例如新加坡早期在莱佛士爵士到达时，岛上的自然生态基本是原始状态，大面积国土范围生长着茂密的热带森林。整个半岛上拥有丰富的热带雨林景观，参天茂密的大树与青翠厚实的苔藓营造出混沌原始与生机盎然的氛围，给建筑创作带来了与众不同的灵感。

2.2 两地现代建筑创作的社会发展动因比较

岭南与马来半岛社会交往频繁，自秦汉起便开始通过海上丝绸之路形成密切的贸易往来，由此开始经济和文化上的交流。两地在近现代历史上表现出较多的相似性，都曾经历过被殖民、被侵略的历史，并同样在第二次世界大战中经过艰苦卓绝的抗战斗争后，最终赢回自己的领土主权，国家经济从此进入逐步发展时期。

2.2.1 海上丝绸之路带动两地经贸互动

历史上的海上丝绸之路从中国出发，途径东南亚地区，经过印度后，到达欧洲和东非，整个海上航线将100多个国家和地区联系起来，因此，作为海上丝绸之路重要支点的岭南与马来半岛地区具有密切的贸易和文化上的交流。

海上丝绸之路自秦汉时期开始形成，当时的广州便是印度洋地区及南海等国家商船

① 薛思寒. 基于气候适应性的岭南庭园空间要素布局模式研究[D]. 广州：华南理工大学，2016.

来中国贸易时必先停泊的港口。汉代时所形成的贸易港口包括番禺（今广州）、徐闻以及合浦，唐代的海上丝绸之路延伸到中东地区，当时的海上丝绸之路被称作“广州通海夷道”，这是海上丝绸之路的最早叫法。广州、泉州、杭州、明州是宋代时期形成的四大海港，在海上丝绸之路上占据重要地位，明朝初期的海上丝绸之路继续往西延伸到东非等地。由于清代实行闭关锁国战略，海上丝绸之路只能通过广州进行对外交流，此时的广州设立了粤海关和十三行，其贸易垄断地位被极大地强化。

从公元2世纪开始，海上丝绸之路开始从马来半岛北部的陆路经过，随后进入克拉地峡继续通行。在中国的汉代至明朝期间，随着海上丝绸之路不断延伸，马来半岛凭借其地处海上丝绸之路中端的优越地理位置，成为东西方海上贸易的交汇点①。位于马来半岛与苏门答腊岛之间的马六甲海峡沟通了印度洋与太平洋，战略地位非常重要，其中新加坡位于马六甲海峡的最窄处，马来半岛的海上贸易对于当地的经济发展以及文化形态的形成都具有至关重要的作用。郑和在下西洋的航行经历中，曾多次到达马六甲，马来半岛是郑和在航海过程中联系最密切的地区，这也是海上丝绸之路对于两地交往发展影响的一个强力佐证。

在当代，海上丝绸之路的影响仍在继续，“21世纪海上丝绸之路”战略构想的提出加强了沿线国家和地区的合作交流。扼守马六甲海峡的马来半岛位于“21世纪海上丝绸之路”的枢纽地位，随着新加坡、马来西亚与中国的外交关系日益成熟，岭南与马来半岛的交往关系得到巩固和加强。因此可认为，岭南地区与马来半岛两地之间由古至今通过海上丝绸之路一直都紧密关联，两地的民众和经济通过深入交流而相互渗透，这为本书的两地比较研究提供了坚实的关联基础。

2.2.2 两次大战期间现代建筑蓬勃发展

在第一次和第二次世界大战期间，岭南和马来半岛同样经历过大规模的战后重建，这一时期也是现代主义建筑思想发展最为活跃的时期，两地都经历了现代主义建筑思想与当地本土建筑风格碰撞发展的过程，在这段时期，装饰艺术风格在两地得到大量体现，同时折中主义建筑风格也成了当地的流行样式。

20世纪初期，现代主义建筑运动发展火热，岭南是中国最早接触到现代主义建筑思想的地区之一，广州开始大量出现具有现代建筑特征的新式风格。在1930年代中后期，现代主义建筑中的功能主义开始成为建筑设计的新趋势，住宅建筑开始越发追求阳光和空气等功能元素。例如1935年林克明为广州越秀北路的自宅进行了设计和建造，该建筑

① 苏莹莹．中国文化在马来西亚的传播与传承[J]．中国高校社会科学．2015（06）：96-102.

被《新建筑》杂志以“现代建筑专辑”的形式加以特别介绍①。该建筑中的自由平面以及活泼立面等手法，体现了林克明对于现代主义建筑的认同和践行。同时，商业建筑也开始借鉴现代主义风格，更为实用和更为经济的建筑样式成为当时新建筑的发展方向。为了彰显投资者的财富与地位，同样也为满足人们偏好华丽装饰的心理，装饰艺术风格也开始广泛出现，成为岭南近代典型的建筑样式。人们将装饰艺术建筑风格与其他的建筑样式杂糅在一起，创造出与众不同的建筑样式。

与此同时，马来半岛的现代建筑发展进程与岭南具有多方面相似的表现。新加坡在两次世界大战之间的现代作品在客户、设计和用途上的表现有很大的不同，反映了社会变革、技术发展和对新文化的消费趋势。同时，新加坡在此期间贸易经济蓬勃发展，并迅速发展成为一个繁荣的国际大都市，当地也诞生了许多拥有大量财富的企业家，他们出资修建了许多商业建筑、工厂以及慈善机构等，促进了大量现代作品的形成②。另外，当地政府组织修建了大量公共建筑，促进了城市建筑环境的物质化扩张和现代化发展进程。新加坡一直是一个多民族文化的大熔炉，第二次世界大战期间流行的装饰艺术风格能够将不同的民族建筑上的装饰元素融合在一起，因此在新加坡得到了广泛发展，体现了新加坡地域文化的包容性以及独特的人文情调。

在19世纪末叶到第一次世界大战前后，作为英国殖民地的马来西亚为英国经济作出了巨大贡献，与之对应的是，英国政府在当地组织修建了大量的公共基础设施以及一批新式的现代建筑。1930年代，大量英国建筑师来到马来西亚，他们同从外国留学归来的马来建筑师一起为当地带来了装饰艺术风格建筑，这种风格被广泛运用到各种类型的建筑中，同时这些建筑大量借鉴多元文化的装饰元素从而呈现出一种折衷的特点。汇丰银行大楼和渣打银行大楼就是现代主义和新古典主义、“装饰艺术”风格混合的典型例子，可以看作是现代主义早期的杰出代表作品③。这一时期，采用新型建筑材料和风格简约的现代建筑给马来西亚当地的传统建筑带来了强大的冲击，受宗主国主导的殖民地文化在马来西亚得到充分体现，现代主义建筑风格在马来西亚逐步确立。

在世界的建筑发展进程的影响和大量经济实用建筑的需求下，岭南和马来半岛地区的现代建筑获得了很大的发展空间，逐渐成为当时新时期的建筑发展标志。

2.2.3 自主独立后大力推进国家建设

中国与新加坡、马来西亚自近代以来，都曾经历了被西方列强殖民和侵略的相近历

① 彭长歆. 现代性·地方性——岭南城市与建筑的现代转型[M]. 上海：同济大学出版社，2012：245.

② WENG HIN HO, DINESH NAIDU, KAR LIN TAN. Our modern past: a visual survey of Singapore architecture 1920s—1970s[M]. Singapore: copublished by Singapore Heritage Society and SIA Press Pte Ltd, 2015.

③ 王受之. 建筑手记——马来西亚速写[M]. 北京：中国建筑工业出版社，2002：135.

史，遭受过战争的疮痍，在国家重新回归独立自主后，开始以全新的姿态投入现代化发展建设。

中华人民共和国于1949年宣告成立并掌握自己的国家主权，开始着力于国家建设。然而，当时的国际敌对势力采用了“政治上遏制、经济上封锁”的方式来限制新中国的发展，国家为了打破这一困局，考虑到岭南毗邻港澳并且华侨众多，能够吸引大量外来投资并积极开展对外贸易，于1957在广州年举办了第一届广交会。中央政府明确指出：“交易会既是一个国际贸易的交易场所，又是我国对外政策和社会主义建设成就的一个宣传场所”，从而开启了广交会延续至今从未间断的发展历程①。

经历了与日本侵略者的残酷斗争，马来半岛的马来西亚和新加坡也在1950年代逐步实现了由殖民地向独立国家的过渡。第二次世界大战结束后，英国为了保障其在东南亚殖民地的经济和军事利益，在这些地区实行“非殖民化政策”，将这些国家名义上留在英联邦，但实际上把政权交还给当地的民族政党并签署双边条约。

马来西亚的殖民统治于1957年正式结束，标志了一个新时代的到来，社会、经济和文化都发生巨大的变革。同许多亚洲国家一样，马来西亚制定了独立后的经济计划，以加快其发展速度。1960年代初，马来西亚的工业发展政策吸引人口从农村流向城市，1970年马来西亚政府为了消除贫富差距，颁布了新经济政策并宣称将实施二十年。新的形式带来了经济的解放和对外国资本企业的引进，加快了社会变革的进程，也带来了城市和建筑的剧烈变化。马来西亚经济进入繁荣发展的初期，直接带来建筑业的初期启动，政府投资对市政建筑进行大规模的修缮、重建和新建，从而带动了整个建筑业的快速发展。这个时期建筑业的平均年增长率是25%～30%左右，从1972年到1983年，马来西亚全国兴建的建筑面积与其在过去一百多年中建设的总面积相当②。（表2–1）

新加坡新政府在上台后向联合国寻求援助，以帮助恢复萎靡不振的经济。1962年由联合国城市规划顾问埃瑞克·罗兰格（Erik Lorange）领导的小组进行了一项初步调查，建议对1958年总体规划③进行紧急修订。1963年，由查尔斯·艾布拉姆斯领导的KAK联合国团队紧随其后，专家建议采用“逐个项目”的行动计划与驱动方法以推动城市发展和增长。新加坡新的城市规划于1971年制定，为未来发展制定了一个科学合理的愿景，可以抽象概括为自给自足的新城镇环形模式，为新加坡的经济和城市等各项发展奠定了基础。

---

① 中国对外贸易中心．亲历广交会1957—2006[M]．广州：南方日报出版社，2006：10.

② 王受之．建筑手记——马来西亚速写[M]．北京：中国建筑工业出版社，2002.

③ 1958年总体规划由当时的殖民官员基于英国城镇规划实践，并以管理增长缓慢的假设为基础，规划者并没有预料到新加坡的增长率会快速超过他们的预测，更不能预计到改变新加坡殖民历史进程的一系列政治发展。

1940年代至1970年代两地重要社会事件　　表2-1

时期	岭南地区	马来半岛
1940～1949	1938年日本占领广州，至1945年抗日战争 1945～1949年国内解放战争 1949年10月中华人民共和国成立 1949年10月广州解放	1942～1945年日本侵略马来半岛，抗日战争 1945年，日本战败，英军回到新加坡 1946年新加坡成为英国直属殖民地
1950～1959	1950年，大规模城市工商业社会主义改造、农村土地集体化以及社会改革 1951年，华南土特产展览交流大会 1953年，社会主义工业化建设和三大改造 1956年，中国建立社会主义制度，进入社会主义初级阶段 1957年第一届广交会	1953年新加坡修改宪法，享有较大自治权 1955年新加坡劳工阵线同巫统和马工会组成联合政府 1957年马来亚联合邦独立 1959年新加坡进一步取得自治地位，同年举行大选，6月5日新加坡自治邦首任政府宣誓就职，李光耀任总理
1960～1969	1960年中国对国民经济实行“调整、巩固、充实、提高”的方针 1966年“文化大革命”开始	1961年新加坡设立经济发展局致力于实行国家经济发展方针，重视制造业 1963年马来亚联合邦同新加坡、沙巴、砂劳越组成马来西亚 1965年新加坡退出马来西亚宣布独立 1962年联合国专家组进驻新加坡协助 1967年马来西亚和新加坡作为主要发起国，成立东盟
1970～1979	1977年国家拉开改革开放序幕 1978年广东在全国率先改革开放 1979年设立经济特区深圳、珠海、汕头、厦门	1974年，吉隆坡从州划分出来成为第一个联邦直辖区

总体而言，岭南与马来半岛地区在1950～1970年代，都处在战后独立逐步发展的阶段，建筑创作同样面对相似的环境：相比过往建设量剧增、经济拮据、技术还不成熟等多重因素并存，也为建筑师的创作提供了丰富且富于挑战的社会背景。

2.3 两地现代建筑创作的文化背景要素分析

岭南与马来半岛同属东方文化圈，且从古至今保持了密切的文化交流与互动。岭南在历史上与马来半岛的商业贸易往来一直都很密切，并且曾有大量华人定居在马来半岛，如今马来半岛上的华人仍然占比很大。两地所处地理位置特殊，一直以来都是东西方文化汇集碰撞的交点，大量的外来移民不断丰富了两地的文化内容，因此两地的文化形态均表现出多元并存的特征。由于华人的大量存在，岭南传统建筑元素在马来半岛占据一定地位，而在现代建筑的发展过程中，岭南也曾受到马来半岛热带建筑形式的影响，因此，两地的建筑文化交流一直以多种方式持续。

2.3.1 滨海开放背景下多元文化交汇融合

岭南与马来半岛共有的海洋文化带来开放的特质，多元混合成为两地区文化的共同特征。中原人民在多次战乱历史中曾大规模迁徙岭南，岭南人与中原人民和谐共处，并包纳吸收中原文化，体现了岭南文化兼容并蓄的特征。自明清以来，岭南就与西方国家进行贸易往来与文化交流，思想上比较自由和活跃，因此也造就了岭南开放求新的文化特征。

岭南文化主要包括四个内容，即本根文化、百越文化、中原文化和海外文化，在历史上产生的先后顺序基本对应岭南社会状态的四个发展阶段。岭南本根文化是岭南原始社会的主体文化；百越文化在岭南奴隶社会阶段与本根文化一起主导岭南文化；海外文化尤其是西方文化，在近代是与中原汉文化在互相冲突、互相融合中左右着岭南文化的重要因素。但在除原始社会的其他历史阶段中，四要素都并存于岭南文化结构中，只不过在各个历史阶段，这种并存的程度和结构有所不同，并且也由此形成了岭南文化的动态发展与兼容并蓄的特质①。

马来半岛自古以来就是东西方之间的文化和商业通道，交汇的地理位置使其成为文化的大熔炉，印度教、佛教以及伊斯兰教等都能在这里扎根生存，证实了其文化的包容性。殖民者带来了西方文明，不断迁移而来的外来人口在马来半岛形成了新族群，丰富了马来半岛的文化形态。多元文化、多族群使马来半岛成为多种文化要素并置的场所，在这些文化中，每个民族、族群和群体都能够维持其特性，它们以一种相互融合和嫁接的方式共存、碰撞和交融。

在几个世纪的文化交流和融合中，马来西亚社会逐渐形成一个多元融合的社会。从本质上说，马来西亚是一个由14个州组成的联邦，由马来人构成人口的53%，而中国人、印度人和其他少数民族族群占其余的47%。另外，作为英国的前殖民地，马来西亚有着明显的殖民历史痕迹，其领导人和人民都对国家被征服所留下的创伤记忆难以忘怀。马来西亚似乎处于不断的谈判和融合状态，因此自它独立以来经历的两难困境都深深刻在其自然环境中②。

同样在新加坡，早期移民者带来了各自的传统文化，各族群在这里和谐共存，共建了多元文化的社会。新加坡最早作为一个殖民地，在南中国海沿着活跃的海上航线进行战略性定位，作为一个位于多元化地区的移民社会，新加坡长期以来一直与多元文化主义的概念联系在一起。食物、语言、社会习俗和宗教习俗反映了国家的多元族群，反过

---

① 李权时. 岭南文化[M]. 广州：广东人民出版社，1993：65.

② Shireen Jahn Kassim, Norwina Mohd Nawawi. Modernity, Nation and Urban-Architectural Form[M]. Palgrave Macmillan. 2018.

来，这些因素又强化了文化遗产的多样性和文化身份的开放性。今天，新加坡总人口的30%，包括居住在新加坡的外国人，都是以非永久性的方式在新加坡工作或学习，形成一种不断交融变化的多元文化。

2.3.2 华人华侨联系形成共同的文化基因

地处东南亚核心地带的马来半岛与中国有2000多年的交往历史。据考古发现，早在公元前2至公元前1世纪，已有中国人到达马来半岛南部与婆罗洲北部，将中国的铜鼓、铁器、钱币等器物带到这些地区，在马来半岛的柔佛河流域曾出土中国秦汉陶器的残片。明朝时期中国与马六甲苏丹国就曾建立过良好的外交关系，这一时期，许多中国人定居于此地。明永乐七年（1409年），郑和曾带着诏书来马六甲封赐当地首领，并将其命名为“满剌加国”，协助当地解决暹罗国入侵的问题，作为回报，满剌加国王也曾多次率团到中国交流。明朝末年，大量华人移居到马来半岛及婆罗洲，形成了当地独具特色的峇峇社会，成为马来西亚多元化社会的组成部分。关于马来族的来源，更有学者指出“以今天海南岛黎族为代表的中国古百越族和马来半岛民族之间的环流与血缘双向互融”[①]。可见两地存在亲密的血缘关系，拥有共同的文化基因。

中国下南洋的热潮主要兴起于明末清初，因为当时封关锁国的政策，沿海属于蛮夷之地，百姓生活条件普遍比较艰苦，很多人就是在这个时候选择往海外发展，东南亚逐渐形成了华侨华人的聚集地。19世纪后期到20世纪初期，英国的海峡殖民地以及邻近的马来各邦因为锡矿业和橡胶种植业发展迅速需要大批劳工，当时中国广东、福建两省有大量华人为了谋生而“下南洋”。1881年有89900名中国人到达新加坡和槟榔屿两地，在1895年至1927年这32年间，共有超过600万名中国人迁入英国殖民统治下的马来亚各州，至1957年马来西亚独立建国时，华人人口已经达到233万人，占马来西亚当时居民总数的37.1%[②]。在新加坡时至今日大约74.1%的居民是华裔，总体而言，华人族群在马来半岛占有很大比重。

本书研究中马来半岛的代表建筑师中也有不少华人，例如马来西亚博物馆的建筑师何国霍（Ho KoK Hoe），新加坡人民综合体的建筑师林少伟等，这种建筑师文化背景上的共性与关联，为本书的比较研究提供了更为丰富的视角。

① 周伟民，唐玲玲. 中国和马来西亚文化交流史[M]. 海口：海南出版社，2002.

② Fuziah Shaffie, Ruslan Zainuddin, Sejarah Malaysia, Shah Alam: Penerhit Fajar Bakti Sdn. Bhd., 2000, p. 269.

2.3.3 两地建筑文化互有深厚影响

马来半岛传统建筑受到中国建筑的深厚影响，经过政府的官方交往、商贸互动和人口迁徙，中国建筑文化在马来半岛产生了深厚影响。从15世纪开始，贸易和外交关系使中马两国之间的建筑文化交流得到了加强，并发展成为一种被认为是马六甲土生华人的新风格，这种建筑形式是两个不同文化融合的结果，后来又被称为“马六甲风格”。

在槟榔屿的张弼士故居和郑景贵故居，其建筑体现了浓厚的中式风格。这两座建筑均为中国南方传统的合院式住宅形式，并且建筑中的装饰元素也大多来源于中国传统建筑，例如格扇门、挂落、花罩以及中式传统的梅兰竹菊纹样等。除了受中式文化的影响外，这些建筑中也蕴含着古典优雅的西式风情，在古朴的整体中式风格中，添加了一些活泼的西方建筑元素。中式文化与西方文化经过激烈碰撞后融合，建筑显得沉稳而不乏变通，俏皮而不失庄重，中西方建筑文化的融合在这里得到很好的诠释。

马来半岛上还保留着其他类型的中式建筑，例如新加坡的潮州会馆，马六甲的青云亭、三保庙等。这些中式建筑内部都带有祭祀功能，并且供奉着来自中国的传统文化信仰，新加坡的潮州会馆内部供奉着天后妈祖以及道教文化里的上帝，马六甲的青云亭内设立着儒、释、道三座祭坛，三保庙里供奉着来自中国的文化名人郑和，多种中国传统宗教在同一座祭祀建筑里同时出现。这些建筑与岭南祠堂建筑的形式类似，建筑上部为中国传统屋顶，屋脊两端起翘，屋脊上的灰塑装饰艺术来自中国岭南地区，同时建筑里的木构架、门枕石、石雕等均来源于中国传统建筑形式（图2-5、图2-6）。

图2-5　槟榔屿张弼士故居
（来源：马来西亚旅游局）

图2-6　槟榔屿郑景贵故居
（来源：马来西亚旅游局）

两地建筑文化的影响是双向互动的，岭南现代建筑在发展过程中受到马来半岛与东南亚现代建筑发展的诸多影响。1965年，时任广州副市长的林西到印尼考察交流，归来后提出“亚热带城应发挥庭园绿化的有利条件，为居民服务，不应见缝插屋，宜见缝插树”[①]。林克明在总结城市环境相关问题时也提出“新加坡城市绿化与建筑室内外空间相配合，就创造了良好的环境，成为现代化花园城市获得世界好评，我们应学习与借鉴”[②]，可以看到，当时广州在环境建设方面主动向东南亚城市借鉴学习。林西从东南亚考察回来，特别带了东南亚建筑的专业书籍给莫伯治作为参考，影响和引导了莫伯治从泮溪酒家等仿古庭园建筑向山庄旅舍等现代庭园建筑转型。

由此可见，古代岭南的华人将中国的传统建筑文化带进了马来半岛，而在现代的建筑发展历程中，马来半岛清透灵巧的热带建筑风格又给岭南的现代建筑发展提供了灵感和思路，岭南与马来半岛的建筑文化长期以来处于交融渗透的状态，两地的建筑发展联系紧密。

① 佘畯南. 林西——岭南建筑的巨人[J]. 南方建筑，1996（01）：58-59.
② 林克明. 建筑教育、建筑创作实践六十二年[J]. 南方建筑，1995（02）：45-54.

第3章 基于自然适应性的两地现代建筑创作比较

从自然适应性的维度对岭南与马来半岛地区的现代建筑创作进行比较，具体从气候适应性、回应地理环境与运用本土自然资源这三方面展开。两地的气候适应性有着相似的理论渊源，一方面继承本地建筑传统经验，另一方面学习借鉴现代主义热带建筑的理论和实践探索。在回应地理环境方面，基于现代主义对环境空间的处理，两地建筑中都有很多依山就势的优秀作品，表现了对地形地貌的尊重。两地的自然资源都十分丰厚，分别结合地方材料、强烈阳光、水景和植物进行丰富的创作。

自然适应性是建筑产生的基础与前提，气候、地形、地貌等自然条件是塑造建筑特色的重要因素。岭南与马来半岛两地建筑师在适应自然的建筑创作中，重点关注建筑与周边环境的空间关系、建筑内部的空间组织、建筑形式的应对等整体环境的处理，充分体现了建筑对湿热气候的适应、对地理环境的回应及对本土自然资源的综合考量，同时也更鲜明地凸显了两地建筑的地域特征。本章主要从自然适应性的维度对岭南与马来半岛地区的现代建筑创作进行比较，研究从气候适应性、回应地理环境与运用本土自然资源这三方面展开。

3.1 适应湿热气候的两地设计策略比较

气候是影响建筑的自然因素中最为恒定的外部条件，人类早期发明房屋的主要目的之一即是遮蔽风雨并形成舒适可控的生存环境，而在当代，现有科学技术能改善的也仅是建筑内部小气候，对于外部大气候还难以进行人为改造。因此在1950～1970年代，由于空调技术还未能普及，在潮湿炎热的岭南和马来半岛地区，建筑对气候的适应性显得尤为突出和重要。

3.1.1 两地建筑气候适应性探索的理论渊源

在相近的自然因素影响下，岭南与马来半岛的建筑师，一方面向传统学习，在相近的地域气候作用下，建筑师们都采用了类似的建筑手法来解决气候对于建筑空间的影响，将传统建筑中流传下来的优秀经验总结发扬；另一方面，两地建筑师都受到柯布西耶等建筑大师的影响，广泛学习和借鉴世界优秀的热带建筑理论，进行炎热地区气候适应性的地方探索。

3.1.1.1 两地建筑创作继承传统建筑的气候适应性经验

两地传统建筑在气候适应性渊源上的共同特征表现为建筑底层架空以及开敞走廊等处理手法。马来西亚炎热潮湿的气候和丛林密布的生态环境并不适宜居住，从而促进形成了一种与环境相适应的形式，主要体现在它的高度形式、开敞的开口、分层而又宽阔的保护屋顶和线性排列的空间上。传统马来人在盖房子的时候，尤其在马来西亚的甘榜地区，人们会把房屋平台抬高以适应这个地区有时会被洪水淹没，架空层从最初的安全需求逐渐演变为扩大建筑表面积和增强通风散热效应的功能需求。而在岭南地区，传统建筑也形成了底层架空的居住形式以适应这种湿热的环境（图3–1、图3–2）。

开敞走廊在两地传统建筑中的应用也很广泛。马来游廊从房子主体或主要空间明显

图3-1 马来西亚高脚屋
（来源：来自*The Resilience of Tradition*）

图3-2 岭南木寨干栏建筑
（来源：网络）

延伸出来，是一个有顶盖、开放的户外门廊，作为典型的地域特色，反映了马来人的居住文化和生活方式。在游廊里，主人可以招待客人坐下来和休息放松，享受美好的休闲氛围和户外环境，人们也会坐在门廊上相互聊天，一起吃晚饭，有时还会躺下来放松。有的游廊还延伸到房子的左右部分，或延伸到主房间的附近，游廊一般会比主房间低一些，周围每个角落都设有墙壁或柱子。游廊从好客和礼貌的文化演变为接待客人的仪式性空间，并逐渐成为一种传统的象征，这是几个世纪建筑与气候和传统文化以及生活方式相协调的结果。而在岭南传统园林建筑中，开敞通透的游廊空间很好地应对了岭南湿热的气候条件，还可以让人们在下雨天也能够欣赏到户外的景致，其中有代表性的是东莞粤晖园中的“绕翠廊”，全长有3200米。

总体而言，在生产力不发达的传统社会，气候条件是影响传统建筑的重要原因之一，由于不发达的科学技术条件限制，两地传统建筑对气候的适应主要通过建筑的被动式策略来解决，从而在建筑空间形式和材料与特定气候条件之间形成了紧密的相互联系，这些朴素而有效的实践经验，经过不断调适改良而逐渐形成稳定的形式，值得当代建筑借鉴和学习。

3.1.1.2 现代主义建筑的气候适应性探索影响了两地创作

现代建筑与传统建筑的重要差别之一是现代建筑采用框架结构，而不再受沉重墙体的束缚，从而形成自由开放的平面，并在立面大量采用玻璃。在炎热地区，现代建筑较高的照度要求与强烈的日照产生矛盾，而处理这个矛盾也成为炎热地区现代建筑的创意源泉。岭南和马来半岛的建筑师很大程度上学习和借鉴了柯布西耶的理念方法，并结合当地的气候状况作深入探索与调适。

1．柯布西耶对气候适应性建筑语汇的探索

柯布西耶（1887—1965）在1925年提出的“新建筑五点”中，首层架空和屋顶花园初步体现了关于气候调节的考量。1930年代，柯布西耶为北非和南美等国家的设计开始明确采用被动式的遮阳方法，形成了以遮阳构架和凹廊为代表的热带设计语汇。1950年代，柯布西耶应印度总统尼赫鲁的邀请负责新邦首府昌迪加尔（Chandigharh）的设计，在进入印度创作后，挑檐、柱廊、阳台和水池等成为其设计中调节气候的常用手法，并逐渐演化为他晚期的设计语汇。面对复杂的气候资料，柯布西耶还创建了“气候表格”的分析方法，并将被动式的遮阳方法在昌迪加尔的新城建设中推广应用，为印度开拓出一条现代主义与特定地域相结合的创作之路。

在柯布西耶和气候适应性理论的影响下，热带建筑的概念在发展中国家找到了立足点。建筑师们开始意识到，适应气候的地域建筑是现代主义进入当地的必要策略，气候设计的合理化在于将现代主义的“生活机器”或“方盒子”调整为本土化的地域建筑，于是在越来越多的炎热地区开始出现对混凝土表皮遮阳结构的探索和尝试。

2．关于气候适应性建筑的理论研究

《干燥和潮湿地区的热带建筑》和《设计结合气候：建筑地方主义的生物气候研究》这两部理论著作对热带地区建筑产生了重要影响，两者共同关注的议题是气候适应性，认为在第二次世界大战后的十年内，气候成为推动现代建筑功能主义思想传播的重要因素。

英国麦克斯韦·弗莱（Maxwell Fry）和简·德鲁（Jane Drew）于1950年代在马来西亚参加吉隆坡综合医院的设计投标，虽然遗憾没有中标，但却因为这次行程对热带建筑产生深刻反思。在1956年通过他们开创性的著作《干燥和潮湿地区的热带建筑》，使建筑作为一门“建筑科学”的理念得到了普及，建筑受到温度、相对湿度和照明等技术方面的制约，这一理念对其后马来半岛地区的现代建筑创作产生了重要影响。尽管现代材料和建筑方法具有普遍意义，但建筑创作应根据特定的气候条件进行调整，以获得更为理想的适应性。

1963年，维克多·奥戈雅（Victor Olgyay）出版的《设计结合气候：建筑地方主义的生物气候研究》概括了1960年代以前建筑与气候关系的研究成果，系统地将建筑设计、地域气候和人体生物舒适感结合起来，提出“生物气候地方主义”的理论，以满足人体冷、热、干、湿等舒适感觉作为设计出发点，建筑设计应遵循“气候—生物—技术—建筑”的递进过程，这一理论较大地影响了其后的现代建筑创作实践。

3.1.1.3 英国热带建筑系的建立对马来半岛的影响

同时期在马来半岛，建筑师也开始了建筑气候适应性的探索，很多教育机构开始将热带地区所面临的气候与现代建筑的关系作为研究的核心。热带建筑系（DTA）最初成立于英国AA（英国建筑联盟学院），一位从殖民地来曼彻斯特建筑学院学习的尼日利亚学生提出疑问，他的建筑训练没有让他适应处理家乡的“热带问题”，因而提出关于开设一个热带设计短期课程的请求。1953年3月举行的热带建筑学会议具有重要意义，参会者包括许多杰出的建筑师、教育工作者和研究人员以及来自殖民地的建筑学生，有些殖民政府公共机构的建筑师也参加了会议。

1954年，伦敦AA成立热带研究部，由麦克斯韦·福莱（Maxwell Fry）领导的热带建筑学院开设了六个月的研究生课程。1957年，科尼格斯伯格（Koenigsberger）接管了课程，并进一步开发成为一个强调热带国家自然和社会条件重要性的课程。热带建筑系（DTA）与世界大战后的殖民地发展背景密不可分，它试图对应三种主要类型的学生：希望在热带地区工作的英国建筑学生，热带地区的建筑学生和希望接受高级培训的热带建筑师，DTA的学生还得到英国发展计划的资金资助，马来半岛的希沙姆·阿尔巴克里（Hisham Albakri）①等许多建筑师接受了这个培训。

热带建筑系（DTA）的建立往往被视为现代热带建筑发展的关键事件，不仅标志着现代热带建筑的制度化，而且还预示着一种新的建筑教育理念，即建筑师必须接受地区气候适应性等相关培训。在接下来的十年中，该课程吸引了许多来自发展中国家的建筑师和规划师，由于这个项目，亚洲发展中国家的建筑师找到了在当时世界第一经济体接受培训的机会，主要学习如何设计适应热带气候的现代主义建筑。后来在1962年，澳大利亚的墨尔本大学也开设了一门热带建筑的研究生课程。

马来半岛的代表建筑师大都于1950～1960年代在英国、澳大利亚或美国接受过类似培训，或曾与一个或多个现代建筑大师共事。因此，这一地区的建筑师在现代主义建筑思潮和热带建筑课程培训的影响下，开始了独具热带特色的建筑创作。

3.1.1.4 岭南气候适应性的现代建筑研究

岭南的夏昌世吸收了柯布在热带地区实践为代表的现代主义建筑思想，创作了一系列适应岭南气候的现代建筑作品，并很早就开始关注世界范围的气候设计及遮阳设计理论，在研究了奥尔乔伊的《阳光控制与遮蔽设施》之后，更加关注建筑遮阳的技术设计②。夏昌世根据自身的实践，不断总结应对当地日照情况的设计分析方法，以几何学测算太阳轨迹，控制太阳在某些时刻的入射角和高度角，形成通过控制遮阳投影面积来反映遮阳的效果。其设计策略并非是从美学入手，而是以实测结果为依据，体现了对气候适应性的科学态度。夏昌世于1958年在《建筑学报》发表《亚热带建筑的降温问题——遮阳、隔热、通风》，系统总结了南方亚热带地区建筑降温的研究和实践。

夏昌世开启了岭南地区以建筑表皮应对炎热气候的探索，以重复的固定外遮阳构件

① CHEE KIEN LAI, CHEE CHEONG ANG. The merdeka interviews: architects, engineers and artists of Malaysia's independence[M]. Pertubuhan Akitek Malaysia, 2018.

② 冯江. 回顾夏昌世回顾展[J]. 南方建筑，2010（02）：5-7.

作为墙壁和窗户防御阳光的外表皮，形成的丰富光影增加了建筑的立体感，成为岭南风格的一个外在标识。其后岭南的遮阳表皮探索，在材料和形式上有所变化，但总体上来说都是在这个思路的框架之内。

3.1.2 两地现代建筑创作适应气候的共通性

在1950～1970年代，由于建筑技术和社会生产力相对落后，适应特殊气候是岭南地区和马来半岛建筑创作的重要内容，架空层、遮阳外立面、百叶窗、凸阳台等都是当时两地建筑中的常用手法。两地建筑气候适应性的探索历程，从早期气候意识的萌芽、转换传统经验，到结合地域特色的现代主义、注重人体对气候生物反应的解决方案，再到低能耗全面可持续建筑的综合层面，人、建筑与自然三者和谐统一，所表现的不是固化的建筑形式，而是受到多种因素影响而动态发展的应对策略。

3.1.2.1 开敞通透的底层架空

空调在当时还是一种奢侈品，室外大型无封闭的开放式空间可以解决各种功能的综合问题，为更加经济地营造舒适的环境，地方建筑较多采用宽敞通风、自然采光的空间格局。城市更新以及政府对社会福利或大众的重视导致兴建了更大、更复杂的建筑，如何创造高质量的公共空间是随之而来面临的问题，完全借鉴西方的建筑显然是不切实际的，应该创造出与当地气候相结合具有地域特色的建筑空间。

岭南地区的广州矿泉别墅在底层局部架空，形成人们休闲活动的场所，架空处有利于夏季主导风向形成对流，可有效降低场地内温度。庭院景观沿用传统的岭南水庭，可有效降低空间温度，并在其中加以花草石泉，为游人提供休憩和交流的环境。在后楼的山墙面处，一处敞开式楼梯悬于水面，以承上启下连接上下层竖向交通，起到庭院景观中画龙点睛的作用。顺德旅行社是一个适合南方气候的庭园式宾馆，庭院内采取水石结合的方式，利用水来降低整个环境的温度，装饰和色彩基本以材料原色为主，并加以适当的材质组合，给人们以简洁、明快和亲切的感觉。在柱子四周和某些重点墙面上镶贴具有岭南传统图案纹样的装饰面砖，让人感到很有地方特色，是现代化建筑和地方特色结合的一种尝试。建筑底部采取架空的方式，使建筑底部空间与外部庭园相互贯通，良好的通风条件加速了建筑内部的热量散失（表3–1）。

巴哈鲁丁（Baharuddin）是马来西亚国家清真寺的主要创作者，在大学时代设计的所有建筑都是在架空层之上的，他认为天气、传统和生活方式是建筑创作的基础，最重要的是让建筑变得宜居和舒适。在空调设备还未普及的年代，必须让建筑空间更凉爽，这样人们才能在它的空间里工作，对于像清真寺这样的大空间而言显得尤为重要。新加

架空层分析 表3-1

广州矿泉客舍架空层		广东顺德旅行社架空层	
马来西亚国家清真寺架空层		新加坡南乔女子中学架空层	

（来源：左上、右上图来自《岭南人文·性格·建筑》；左下、右下图来自*Our modern past*）

坡的南侨女子中学由詹姆斯·费里于1969年设计，这个宽敞的高中配备了现代化的实验室，以及设备齐全的工作室和专门设计的演讲厅，另外，这栋建筑中也采用了架空层来适应当地的气候条件，以底层架空的手法促进了建筑内部的通风与散热。

3.1.2.2 造型丰富的外立面遮阳构件

岭南的夏昌世在国内最先开始亚热带建筑的研究，从建筑外部界面的设计入手来适应遮阳、隔热、通风等要求，主要集中在构件遮阳的形式上，他吸收了以柯布西耶为主的在热带地区实践为代表的现代主义建筑思想，根据自身的实践，开始总结应对当地日照情况的设计分析方法，在柯布西耶的启示下进行地域化的深入。

夏昌世不断探索与改进形成“夏氏遮阳”系列（表3-2），参考实测结果不断调整建筑外遮阳构件的设计，从1952年中山医学院的生化楼和解剖科楼采用综合式遮阳板开始，中山医学院药物教学楼改用双重水平式遮阳板，鼎湖休养所采用木百叶窗遮阳板，随后在中山医学院附属医院改用了混凝土预制百叶板，在1957年设计的华南工学院化工楼全部改用了预制构件。1974年广州出口商品交易会陈列馆建筑的西立面采用花格窗遮阳，将建筑细节融入遮阳构件中，在当时带来了一定的新意。结合建筑造型处理在其立面增设遮阳构件，使外墙形成强烈的虚实凹凸和丰富的光影效果，太阳的直接光线很少照射到外墙面，既保证窗体自然通风，又可最大限度地遮阳。这些被动式节能措施一方面降低了岭南建筑的能耗，获得了相对良好舒适的建筑环境，另一方面也成为岭南建筑形体及空间特色的标志。

理想的热带建筑外立面结构可以作为最佳室内环境过滤器，减少太阳热量的照射和眩光，同时促进了交叉通风，达到了对于气候适应性的实现。它们的位置、角度、数量

“夏氏遮阳”分析　　表3-2

中山医学院 生化楼 框架遮阳 双层平顶		中山医学院 解剖科楼框架 遮阳	
中山医学院 药物楼 框架遮阳 双层平顶		鼎湖山教工休 养所立面采用 木百叶遮阳板	
中山医学院 第一附属医院 廊道遮阳 个体遮阳 筒拱遮阳		广州出口商品 交易会西立面 通花窗形式	

（来源：《岭南人文·性格·建筑》）

和尺寸是通过太阳路径和风路径分析等定量方法确定的。窗户开口周围的凸出的构件主要表现在战后建造的建筑物的立面上，水平构件从垂直的太阳角度遮蔽室内，并提供防雨功能，而垂直构件则可以减少水平方向的阳光穿透。这些立面处理的趋势并不仅限于马来半岛，而是在整个英国殖民地，尤其是热带地区一度盛行，成为当时现代主义建筑师喜欢的设计主题之一（表3-3）。

新加坡亚洲保险公司大厦由黄庆祥设计，是新加坡早期现代建筑的代表作品。建筑物分成基座、标准层和顶层，每层阳台都有出檐，起到遮阳的作用。出于美学考虑，每隔一条窗间壁后都隐藏着起结构功能的桁梁，形成美学和功能的统一。百叶箱的设计是由柯布西耶于1930年代开始推广，在马来西亚综合医院和妇产医院的气候适应性上也得到充分体现，设计增加了通风块以便于交叉通风和隔热。该建筑的矩形形制简约实用，能够在一定程度上解决热带城市的需求，整合了底层阳台、通风块、遮阳板等设计手法，形成综合性的解决措施。马里亚大学医学中心的建筑表皮为混凝土材质，混凝土板向外挤压形成的遮阳板可遮蔽和保护带状窗户，采用灰黄相间的色调和深色玻璃，既展现对鲜艳浓重色彩的偏好，又不失沉稳简练的建筑体量感。简洁的建筑语言通过清晰的逻辑构筑成丰富的系统，其造型独特，特色鲜明，对现代公共医疗建筑的设计依然有着积极的借鉴意义。

马来半岛建筑构件遮阳 表3-3

项目名称	特色	建筑外观	建筑细节
新加坡亚洲保险大厦	新加坡早期现代建筑的代表作品。作为历史建筑，建筑外观保存完好，内部经过重新装维修		
马来西亚综合医院	建筑作为气候适应的现代主义理念，在立面上用矩形混凝土百叶窗表达，遮盖内部以允许交叉通风		
马里亚大学医学中心	塔楼部分为板式高层，与水平向的裙楼衔接，整体上小下大的体量组合，符合均衡稳定的视觉需求		

（来源：左上、左下图来自*The Living Machines*；其他为作者自摄）

3.1.2.3 丰富天际线的隔热拱顶

柯布西耶开创的拱顶遮阳在炎热地区得到广泛的借鉴，拱顶既可以隔热，也可以让风更快速地通过拱形通风道，从而加速建筑热量的散发，同时拱顶悬挑出来可以作为遮阳构件，拱顶的造型也能够成为独特的设计语言。拱顶的比例适度很重要，从表3-4中的案例比较来看，体量较大且比例适度的拱顶可以形成优美的天际线，丰富建筑的形态语言。

岭南中山医学院第一附属医院的拱顶遮阳体量较小，采用1/4砖拱隔热层，在施工和经济上既快又省[①]。在施工工艺上，在屋顶上砌单曲拱，拱跨1.5～2.5米，形成了一条弧形通风道，使热量加速散开，同时避免了太阳射线的正交，因而增加了隔热的能效，

① 夏昌世，钟锦文，林钱．中山医学院第一附属医院[J]．建筑学报，1957（05）：24-35.

拱顶隔热与造型　　表3-4

项目名称	特色	建筑外观	细节图
中山医学院第一附属医院	设计了百叶遮阳和砖拱隔热层的构造做法		
华南工学院化工楼	利用了百叶形式的构件进行半封面处理。拱顶弧度随建筑开间而变化		
马来亚联邦大厦	设计拥有长方形的形态，简单的体块，清晰的结构表达		
新加坡南侨女子中学	屋顶上9个混凝土外壳形成尖拱顶，反映出当地学校建筑的热带特征。现状保存完整		

（来源：左一来自《中山医学院第一附属医院》；右一来自《岭南近现代优秀建筑・1949—1990卷》；左二、右二图来自《岭南人文・性格・建筑》；左四来自*Our modern past*；其他为作者自摄）

砌1/4砖厚还节省了材料并减轻了负荷。华南工学院化工楼位于主入口西侧，建筑面积达8000平方米，建筑顶部同样采用了拱顶隔热的设计手法，而与中山医学院第一附属医院不同的是，拱顶并不完全通敞，而是利用了百叶形式的构件进行半封面处理。并且拱顶的弧度随着建筑开间的不同而变化，也起到了强化立面对称格局的作用，大大增强了立面的设计感。

马来亚联邦大厦屋顶上的十个混凝土拱顶呈现出优美的轮廓，这一造型在1950～1960年代很常见，在八打灵再也的高露洁棕榄工厂中也可以看到，建筑拱顶的弧线非常柔缓，建筑变得更加具有亲和性。南侨女子中学礼堂的屋顶也是由一系列具有不同寻常尖头的桶形拱顶组成，拱顶显得更为修长，带有伊斯兰宗教风格。而这两栋建筑中的拱顶均采用了完全封面处理，可能是为了阻隔热带地区的强降水（表3-4）。

3.1.3 岭南地区：以减法思维塑造空间通透

岭南传统建筑对外表现较为封闭，外立面主要起到隔绝外部热量和防御的功能，通过采用通风手段带走室内余热、排除湿气是岭南传统建筑适应地区湿热气候的重要手段，主要表现为冷巷、天井、敞廊等内部开敞的形式，这样的处理方式可归纳为“减法思维”。岭南地区建筑师总结传统建筑调节气候所采用的被动及低能耗的方法，将这些方法运用于现代设计中，以创造相对舒适的室内环境，不但形成了建筑创作的特色，而且体现了传统文化的内涵。

3.1.3.1 疏导通风的规划布局

在岭南传统的三间两廊民居以及西关大屋中，运用冷巷组织穿堂风是一种有效的通风处理手法，将巷道布置在民居中厅堂、天井的一侧，不仅可作为交通空间，也提高了民居建筑的通风散热性能。由于冷巷较窄且常处于隐蔽环境下，巷内气温较低，与室内高温空气形成对流，使冷巷风源源不断地补充入室内，形成微小气候的良性循环。岭南竹筒屋是一种单开间、长进深平面的民居建筑，可看作是三间两廊在城市中的调整转变，三开间缩小为一个开间，面宽仅有3～5米左右，“冷巷”变成建筑内一条露天的纵向走廊。冷巷不仅起到了组织交通的功能，而且将整个建筑的通风路线活跃起来了（表3-5）。

坐落于越秀山麓的广东科学馆，建筑面积为8000平方米，具有报告厅、会议室、阅览室、陈列室以及交谊厅等多个功能空间，疏朗有致的空间布局经过四通八达的半开敞

疏导通风的规划布局　　表3-5

项目名称	特色	平面图	现状照片
广东科学馆	设计较小的屋顶并配衬屋檐装饰以配合中山纪念堂的建筑风格	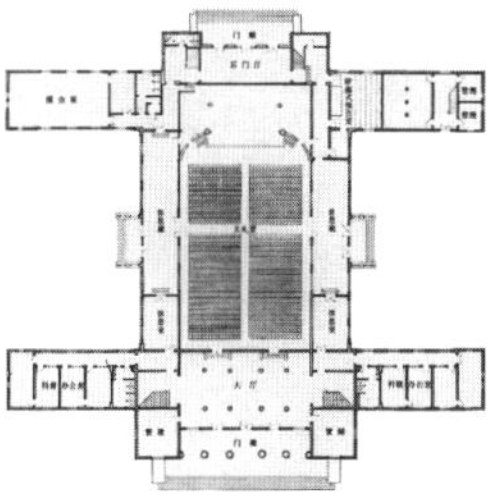	
顺德中旅社	以廊道串联，局部架空，使建筑与水面、庭院交错。顺德中旅社现已拆除	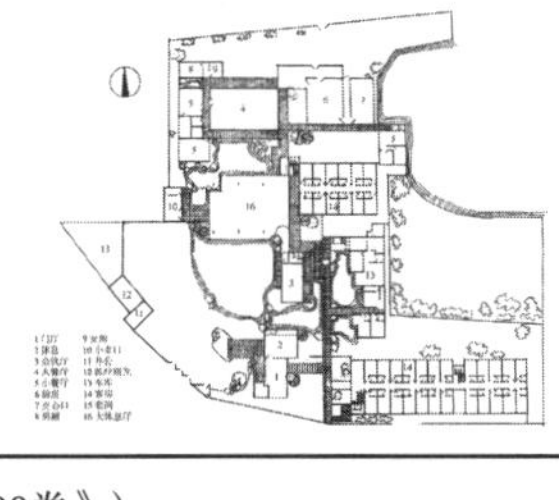	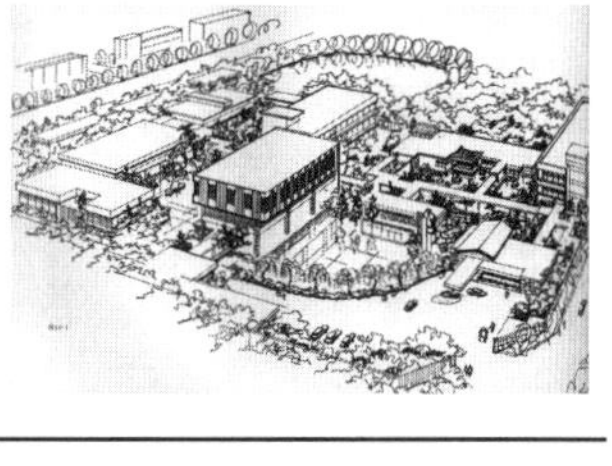

（来源：《岭南近现代优秀建筑·1949—1990卷》）

走廊串联起来，整个走廊系统起到组织内部交通以及建筑通风的作用。顺德中旅舍建筑体量与水面及庭院相交错，疏密得宜的连廊将整个规划布局有机组织起来，形成错落有致的空间和通风状况良好的环境。

3.1.3.2 内向的通风天井

在减弱太阳直射的热量以及促进室内空气流通方面，岭南传统民居中的天井与冷巷有异曲同工之处。天井的特点是面积小且纵向高度较大，这种“高深”的井状空间为民居内部提供了深邃的落影，遮挡了大量的太阳直射，使厅堂等内部空间所得到的太阳直射辐射热大为减少[①]。天井内部由于热气向上蒸腾而排出室外，因此长期保持着一种冷面状态，有人称天井为住宅中的冷库。天井与四周的厅堂和厢房在空间上直接相连或通过屏门分隔，屏门的上半部通常采取通花形式外，还可以随意启闭，甚至全部卸下移去[②]。整个建筑的空间内部通过厅堂、天井和廊道相结合的方式使其空间贯通，通过天井与室外进行空气交换，因此形成一个良好的通风系统，从室外吹进来的风在经过天井的冷却作用后变成凉风，从而增强了室内凉快舒适的感觉（表3-6）。

功能性天井分析　　表3-6

项目名称	特色	平面分析图	建筑实景
广州第一人民医院	建筑充分利用东南风，组织自然通风	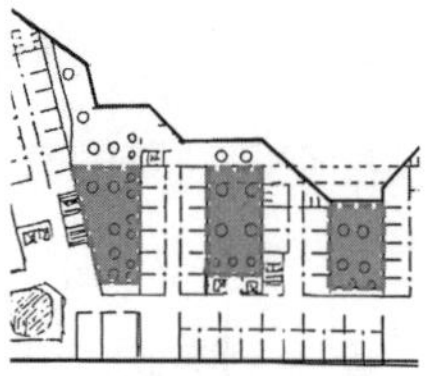	
广州华侨医院	内向的庭院给建筑带来了通风和采光	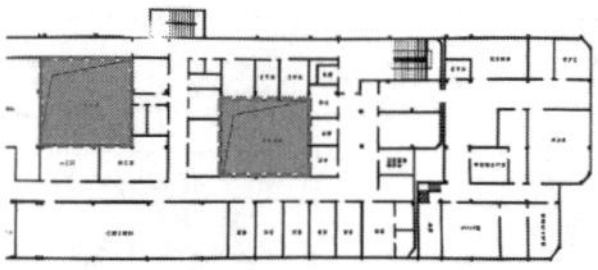	
华南理工大学图书馆	采用较为宽敞的走廊纵横贯穿，带进穿堂风	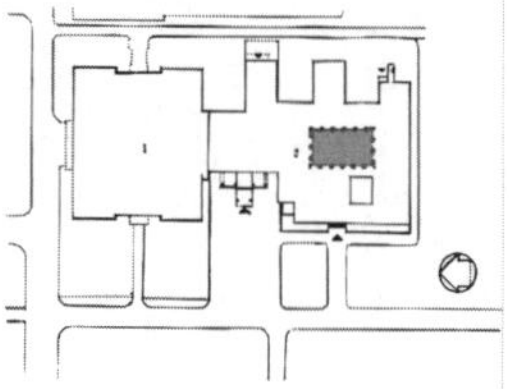	

（来源：左侧图根据有关资料自绘；右下图来自《岭南近现代优秀建筑·1949—1990卷》；其他为自摄）

① 曾志辉. 岭南民居天井的热环境价值[J]. 华中建筑，2010，28（03）：39-41.

② 陈伯齐. 天井与南方城市住宅建筑——从适应气候角度探讨[J]. 华南工学院学报，1965（04）：1-18.

由佘畯南设计的广州第一人民医院，建筑内部在纵向上设置了三个天井空间，夏昌世设计的广州华侨医院的建筑内部也包含着两个天井，华南理工大学图书馆内部也设置了一个天井。这些建筑的室内空间围绕天井排列，天井起到调节建筑内部小气候的作用。天井在后来的发展中逐渐演变和扩大，通过庭园形成建筑内部的开敞空间，增强自然通风和降温效果，在解决气候问题的思路上是天井做法的延续和放大。庭园空间让人的参与性大大提高，同时增加了可观赏游憩的水体和植物，促进通风的功能也得到提升。

3.1.3.3 与庭园结合的敞廊

在岭南庭园建筑中，建筑空间通过敞厅、敞廊与庭园相连，形成通透疏朗的空间。敞廊是一种内开敞的表现形式，具有遮阳避雨、交通联系的空间功能。在潮州一带的私家庭园，在厅堂正间的前走廊凸出一座开敞的“抱印亭”，作为茶叙小歇之处，如饶宅花园的花厅、樟林“西塘”的花厅等，都采用了这种平面处理的手法[①]。近代园林如番禺的余荫山房、佛山的梁园、开平的立园都运用敞廊设置通透性的半围合空间。《园冶》中也有“前添敞卷，后进余轩”的做法，连廊在中国传统建筑和园林中是较为普遍的做法，而岭南由于其气候温暖的特点，使敞廊的使用更为广泛和密集。

岭南建筑师在创作现代建筑的过程中，不是被动和单一地解决气候问题，其中敞廊的运用就是在解决交通问题的基础上，将气候的适应性需求与功能、整体环境结合起来考虑，对空间进行界定并增加了空间的灵动性。敞廊的做法广泛运用于岭南现代建筑作品中，在大多数设有庭园的建筑中，只要使用功能上允许开敞，交通联系基本是以敞廊的方式来解决交通联系。在莫伯治的山庄旅舍等庭院宾馆系列中，敞廊成为串联空间的主要元素，并且与场地高差相结合，使行进过程中空间的变化更加丰富。

在东方宾馆扩建工程中，现代高层旅馆建筑与岭南传统庭院相结合，敞廊依附建筑主体而建，并对庭园形成围合之势，增强了各功能单元与庭园之间的联系。在中山医学院第一附属医院中，两栋并列的建筑个体通过一条笔直的敞廊相连，加强了建筑之间的联系，且整体以敞廊所处的中轴线形成对称布局，增强了建筑的秩序性和庄严感，这也是敞廊的用法中相对创新的方式（表3-7）。

3.1.4 马来半岛：以加法思维探索立体遮阳

在1950～1970年代的马来半岛，现代主义建筑对于遮阳的探索日趋多元化，在解决

① 夏昌世，莫伯治. 岭南庭园[M]. 北京：中国建筑工业出版社，2008：103.

敞廊的运用　表3-7

项目名称	特色	平面图	建筑外观及实景
白云山庄旅舍	建筑分段筑造，前坪-前院-中庭-内庭-后院的庭院空间直线收敛，逐渐上升	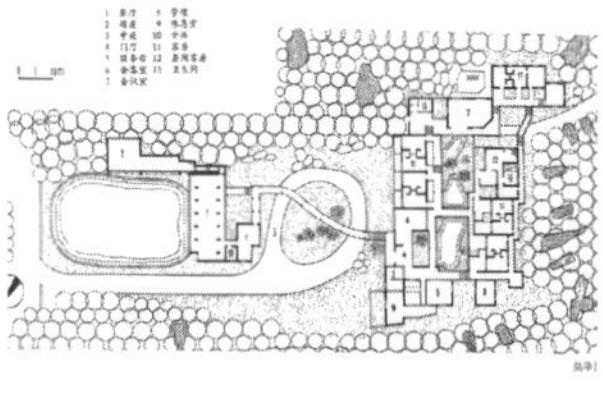	
东方宾馆扩建	采用把岭南庭院与现代高层旅馆建筑空间融合的设计手法	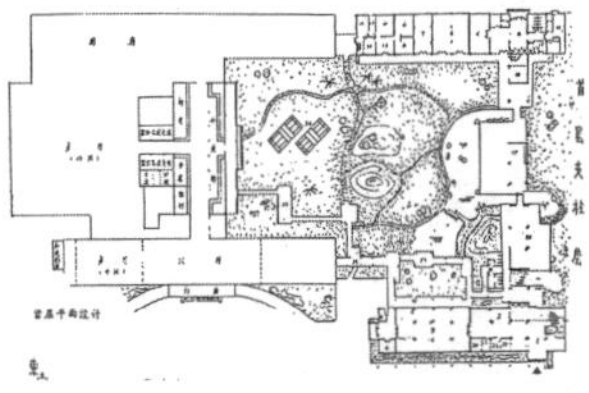	
中山医学院第一附属医院	敞廊连接前后建筑主体	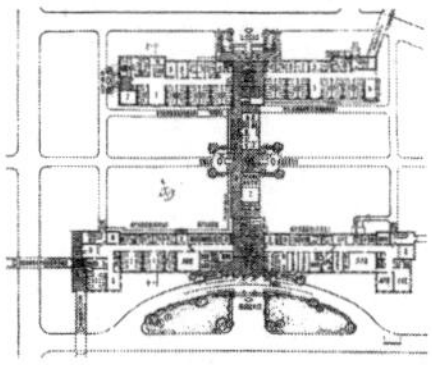	

（来源：右上图为自摄；其他来自《岭南近现代优秀建筑·1949—1990卷》）

防晒遮阴功能的基础上，开始有艺术化、集成化和垂直立体等多样手法的演变，这些多元化的处理手法构成了现代建筑在适应炎热地区气候的地域特征，并进一步提高了现代建筑空间的舒适性和艺术性。相对于岭南地区以透空通透为特色的“减法思维”，马来半岛这种在建筑功能体块外增加遮阳设施是“加法思维”的体现。

3.1.4.1 艺术化的外立面遮阳形式丰富多变

马来半岛的遮阳形式除了横线条和格网式的基础形式外，还出现了许多其他种类的艺术化遮阳形式，这些不同尺寸和材料构成的主题元素，因其通用和显著的外观而广泛流行，成为富有特色的装饰特征，活跃了现代建筑的形式。

马来西亚国家广播中心位于联邦高速公路旁的一个山坡上，建于1968年，是马来西亚信息广播部门的大本营，也是当时亚洲同类建筑中最大的综合体和最现代化的多媒体电视广播基地之一。其外观设计的特色是立面上的巨形防晒构件，由630个水磨石混凝土“盾”形结构组成，由于构件在一天中以不同角度反射太阳光，使得混凝土表面产生不同光影效果，当人们沿着高速公路驾驶时，还可以看到这一吸引人的景象。这栋建筑的另一个特色是由七个桶状拱顶构成的入口大厅，与塔楼和电视大楼相连，为钢筋混凝土结构，大厅有一个反射池和装饰灯具，墙壁和地板上有着精美的图案（表3-8）。

马来西亚广播中心　　　　表3-8

马来西亚广播中心总平面图	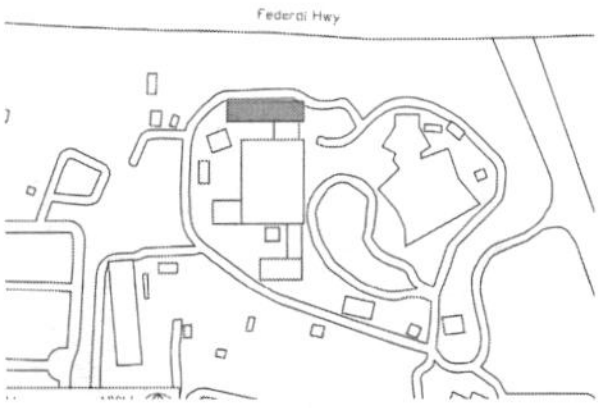	建筑外观	
入口大厅		建筑细部	

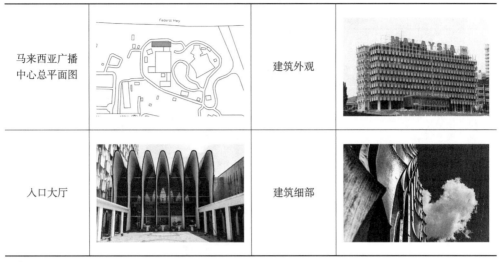

（来源：左上图根据相关资料自绘；右上图为自摄；其他来自*The Living Machines*）

建于1950年代的马来亚联邦大厦深受现代主义形式语言影响，拥有长方形的简洁形态、清晰的结构表达、底层架空柱以及百叶窗。该建筑具有“机器时代”立体主义大多数的典型元素，并适应了热带地区的气候。建筑物使用蜂窝混凝土箱形立面，以保护建筑物免受阳光穿透，幕墙为建筑内部提供遮荫，同时形成自然通风。横向微风通过蜂窝状的墙面，带走储存在材料中的热量。西部和东部立面使用了不同的遮阳屏，垂直的遮阳板系统和水平延伸的混凝土板相结合，形成了一个蛋架形的外壳。

马来西亚大学总理会堂使马来西亚建筑从当时流行的后殖民主义建筑文化中独立出来，创新的外观和建筑语言为新时代的国民精神和大学教育提供了形式象征。建筑外立面排列着厚实的混凝土防晒板，倾斜排列的方式显得跳跃和活泼，改善了建筑物的厚重感，同时创造出一种有趣的蛋格状表面模式。混凝土板与建筑的网格状框架结构之间存在一定的缝隙，这样使得大厅区有足够的自然通风和光线照射，并进一步强调了建筑空间的规模和尺度。

马来西亚国家体育场是为了举办国际室内体育活动而建造的，是当时南亚最大的无支撑屋顶体育场。其内部是一个直径横跨91.44米的大跨度无柱空间，屋顶采用圆形轻型悬挂屋顶并用瓦楞塑料覆盖。该建筑在立面处理上采用了三角形混凝土板间隔排列的形式，三角形的混凝土板中线向外凸出，起到了遮挡太阳辐射的作用，同时混凝土板之间的通风孔给建筑内部带来了良好的通风效果。新加坡永安人寿大厦（1975）的建筑立面利用水平遮阳板主导了建筑的水平构图，竖向的弧形鳍片为建筑带来了柔美华贵的感觉，并且起到了较好的遮阳效果，丰富了遮阳结构的表现形式（表3-9）。

遮阳构件分析　　表3-9

项目	特色	建筑外观	细部照片
马来西亚大学总理会堂	风格为粗野主义，建筑立面的方格框架中镶嵌着交错排列的遮阳板		
马来西亚国家体育馆	采用圆形轻型悬挂屋顶，部分立面采用三角形镂空形式		
新加坡永安人寿大厦	建筑形体简洁，水平遮阳板主导建筑立面构图，竖向弧形鳍片丰富了建筑的表面肌理		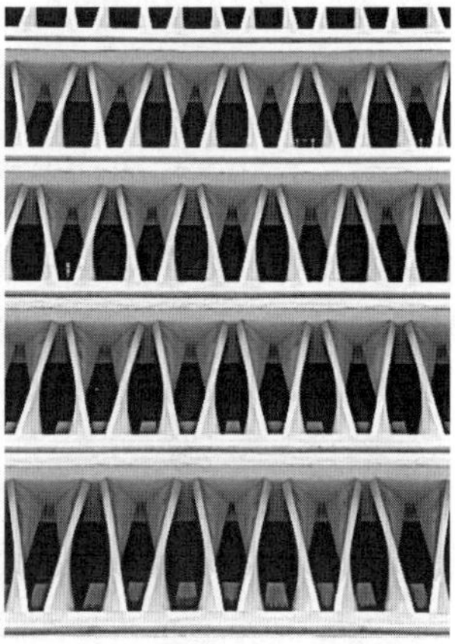

（来源：左上、右上、右下图为自摄；其他图来自*The Living Machines*）

3.1.4.2　以标准化阳台和外走廊形成建筑韵律

阳台和外走廊是半遮蔽的空间，通常没有特定的用途，成为凉爽的阴影内部和温暖潮湿的外部环境之间的缓冲区，并提供防雨保护。这些过渡空间模糊了内部和外部之间的界限，营造出空间的流动感和渗透性，超出了实际功能需求，增强了建筑的审美吸引力。

出于公共卫生的原因，新加坡改善信托基金（简称SIT）住房项目将走廊形式制度化，作为大规模住房设计的重要组成部分。这种趋势持续到战后的几十年，最初是在1950年代的中峇鲁和加朗庄园，后来演变到住房和发展局（HDB）庄园的公共走廊和空露台上（图3-3）。标准化的阳台和外走廊已被纳入公共建筑的设计标准，阳台代替空调成为有效的气候调节器，为群众提供了受欢迎的休闲场所。为工人阶级提供的早期住房，如1941年的新加坡丁加奴街的住宅区，开始在个别单位中设置了阳台，为居民提供

图3-3　HDB住宅
（来源：来自*Our modern past*）

图3-4　加兰贝萨尔住宅
（来源：来自*Singapore's Vanished Public Housing Estates*）

了充足的新鲜空气和光线。

廊道和阳台逐渐变成了新加坡街区建筑构成的创新要素。后者由SIT在1940年代的现代流线型美学中进行了探索，并为公主庄园和甘榜巴鲁等低层建筑提供了由曲线形阳台打造的直立平面立面的起伏节奏，直到1950年前后曲线形阳台才被直角形阳台所取代。在另一个处理手法上，阳台通过细长柱的垂直网格联系在一起。例如加兰贝萨尔的四层楼，每个单位的阳台只用一个低矮的栏杆分开。当信托基金在1950年代初开始建造国际风格的高层建筑（超过10层）时，原本作为街区主要造型的阳台被走廊所取代（图3–4）。

马来西亚政府部门JKR为许多公共建筑制定了标准建筑计划，其核心前提是承包商能够在最短的时间内熟悉系统，并在全国任何地方以最低的成本建造。由当地建筑师开发的核心设计理念是单面自然通风走廊系统连接办公空间，通常是直线形的形状，两端通过开放式的楼梯垂直连接。

3.1.4.3　顶部悬挑遮阳成为建筑的形体标识

由于马来半岛地区的太阳高度角大，因此在建筑顶部挑出一块遮阳板能够长时间为整栋立面提供遮阳，这种处理方式成为普遍采用的一种遮阳手段。

建于1950年至1953年之间的精武体育场位于吉隆坡市中心的山上，该建筑由李尹锡（Lee Yoon Thim）设计，他是一位活跃于1950～1960年代的吉隆坡华人建筑师。精武体育馆主体建筑的布局形状为圆角矩形，高约8.5米，共有三层楼，二楼通往投影室和体育场的上层入口，三楼设有储藏室，多功能厅和会议室。建筑采用钢筋混凝土结构体系，建设旨在促进和传播20世纪初华人的武术文化。体育馆的国际风格体现在建筑外观结构“鼓”形的处理方式和主厅大跨度结构的表达，装饰艺术风格为其外观特色，着重在建筑的外观形式上展现其美学价值。可以看到建筑师从平面构图到小窗口等建筑细节都体现出装饰艺术建筑的理念，从建筑物的正面具有明显的对称性，旗杆和徽标招牌突出了对称线，建筑外部可以找到装饰艺术中十分突出的水平和垂直元素，有助于在视觉上延伸建筑物的高度。建筑顶部悬挑出半圆形遮阳顶，同时在建筑的底层顶部也有一圈半圆形的悬臂混凝土板与之相呼应，起到了强调并丰富建筑立面曲线的作用，同时提供了有效的遮阳。建筑顶部设置了通风孔，很好地适应了当地的湿润气候（表3-10）。

吉隆坡精武体育馆　　表3-10

精武体育馆 总平面图		建筑外观	
窗口分析图	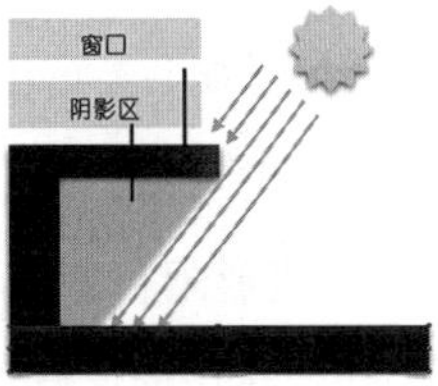	底层出挑 混凝土板	

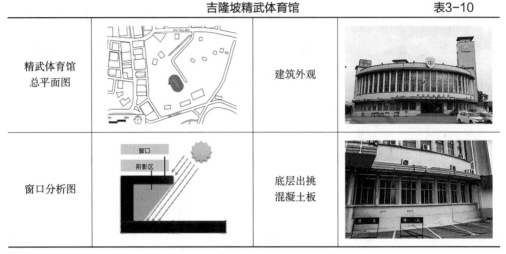

（来源：左上、左下、右下图根据相关资料自绘；右上图为自摄）

马来西亚大学总理会堂的设计师金顿·路（Kington Loo）是一位受过澳大利亚教育的海归建筑师，他将野兽派的风格运用在了这栋建筑上，其设计灵感来自柯布西耶设计的马赛公寓和昌迪加尔秘书处大楼，建筑顶部是一块出挑深远的厚重混凝土板，给建筑遮挡了太阳辐射。同样属于粗野主义风格的八打灵再也市民中心是吉隆坡卫星城的标志性建筑，这栋建筑表达了“英雄式”的纪念性，外表特征具有强烈的几何形，多处可见的抽象装饰，大胆的曲线形混凝土构件，处处都在展示混凝土的多样性与可能性。建筑顶层向外出挑，建筑立面的大部分处于顶层的覆盖范围内，使建筑变得更加阴凉。

吉隆坡威士马（Wisma）大楼是一栋11层的办公楼，这栋建筑与马塞尔布鲁尔在纽约市的惠特尼博物馆有着相似之处，整栋看起来像一个倒置的金字塔，似乎在通过向上逐渐变大来抵抗重力。建筑由暴露的混凝土板制成，建筑体量随着层数的升高而向外扩张，每层的混凝土板呈现向外出挑的特征，顶层的混凝土板向外出挑较多，给建筑遮挡了较多的太阳辐射。马里亚大学医学中心塔楼部分为板式高层，与水平向的裙楼衔接，整体上大下小的体量组合，符合均衡稳定的视觉需求。其上翘的混凝土屋顶与米南加保地区的屋顶有着异曲同工之妙，为其增添了不少异域特色，并且混凝土板向外挤压形成的遮阳板可遮蔽和保护带状窗户（表3-11）。

顶部悬挑遮阳　表3-11

马来西亚大学 总理会堂		八打灵再也 市民中心	
Wisma Equity 办公楼		马里亚大学 医学中心	

（来源：右上图来自*The Living Machines*；其他为自摄）

3.2 回应地理环境的两地创作策略比较

地理环境是指在一定社会所处的地理条件以及与此相联系的各种自然因素的总和，本节探讨的内容主要是地理环境对建筑创作的影响。在传统社会，由于生产力水平较低，人们对地理环境的改造能力较弱，因而建筑体现出以各种方式适应地理环境的特点。随着工业化革命以后科技材料的进步，人们对地理环境的改造能力大为增强，建筑与地理环境的关系变得灵活多样，从而形成了岭南与马来半岛地区建筑的丰富表现。

3.2.1 两地建筑创作对地形与地貌的尊重

岭南地区与马来半岛地区有相似的地形地貌。岭南地区山地、丘陵、台地和平原交错，具有地貌类型复杂多样的特点，地势总体上表现为北高南低，丘陵山地约占总面积的70%；马来地区也以山地丘陵为主，地势西北高、东南低。基于独特的地形条件，建筑形式与自然结合的有机建筑思想是两地建筑师的主要创作理念。

3.2.1.1 在陡峭坡地中将建筑形体嵌入山体

由于岭南地理条件的原因，岭南建筑师在处理坡地地形方面积累了较为成熟的经验，经过不断继承和发展成为建筑师群体的基本意识。岭南建筑师也常在综合现实因素的前提下，主动将建筑布局于有挑战的地块，从而产生创作上的对比与新意。

通过调研测绘岭南庭园，夏昌世和莫伯治总结依山筑庭的手法：将山坡的空间约束起来，构成一个内庭的感觉；将庭内陡斜地形，以台阶、蹬道和斜面进行组合处理；由内而外层层借取外景[1]。例如南海西樵山白云洞的山庭依陡坡地势而构筑，广州瘷珠岗纯阳观的山庭依地势分级，以台阶连接建筑房屋和布置庭园。夏昌世在鼎湖山教工休养所的设计中就灵活运用了这些经验，创作了岭南山地现代建筑的代表作品。休养所垂直山地等高线布局，建筑的基底与山势紧密一致，如长方形的建筑盒子插入山体中。新旧建筑顺应台地跌级，以楼梯、廊道与平台相连接，五段建筑屋脊自然形成跌落的屋顶天际线，从整体走势上呼应了山势的节奏。相较于较为宽松和自由的创作环境，岭南建筑师在当时严苛的经济状况之下的探索更加不易。

互相制约着的因素常有某种条理性和秩序感，挖掘并利用地理环境条件是创作地域适应性建筑的关键。在莫伯治的众多作品中，1960年代的白云山山庄旅舍与山地建筑结合最具代表性[2]。庭园建筑的要义就是因地制宜，从实际出发，才能解决问题[3]，山庄旅舍采用分散式的总体布局，着重强调出轴线感和序列变化，加强了建筑的秩序。各院落的布置依据地势高低及地形广狭的变化，形成的台阶式建筑群体与山势呼应协调。餐厅、门厅、客房及会议室等建筑按地势起伏确定，围绕不同标高的庭园布置，形成与坡地契合的台阶式建筑群体[4]（表3-12）。

山体坡地作为一种独特的地形，影响着建筑师的创作。马来半岛建筑师在对坡地地形的处理手法上与岭南地区建筑师有着共通之处，他们巧妙又自然地化解了由于地形复杂高差所带来的难题，创造了独具人文气息的坡地场所精神。新加坡国家剧院是一个半露天剧院，其最主要的特征是依据坎宁堡的山坡，设计将一个约46米的扇形悬臂式屋顶悬挑在有遮盖的座位上，因此观众的视线通畅而没有柱子会阻挡。屋顶由结构钢制成，两侧由钢筋混凝土扶壁支撑，最宽处约为0.9米厚。观众席依据地势与山体结合，顺场地的坡度布置座椅，既节约资金，也创造了良好的观看体验，其巧妙的地形处理展示了与众不同的城市空间，为人们留下了独特的记忆。

由谭成雄设计的潘丹谷公寓，在一个具有典型山谷梯度和起伏地形的场地上发挥了创造性的想法。从场地规划的最初阶段开始，建筑师选择将宽敞的空间和豪华的公寓生活环境与现场的自然特色相结合的构想。在环境方面，以保持山谷地形为特色，建筑师决定将房子建在山谷两侧，从而回应该地形的复杂断面。不是将丘陵夷平，而是利用丰富的地形来制作各种令人愉快的私人和半公共空间，将天井和庭院、屋顶露台和阶梯街道引入建筑中，低矮街区的柔和弧线和阶梯式轮廓与建筑所处的山丘轮廓和坡度相呼应，各层台地呈阶梯状自下而上收缩，阶梯式弧形平面顺应了周围丘陵的等高线轮廓。即使在超高层的珍珠银行公寓中，建筑师也因地制宜将建筑嵌入珍珠山的半山中，以四

---

① 夏昌世，莫伯治．岭南庭园[M]．北京：中国建筑工业出版社，2008：30-34.

② 吴焕加．解读莫伯治[J]．建筑学报，2002（02）：36-39.

③ 莫伯治，吴威亮，蔡德道．广州建筑与庭园[J]．建筑学报，1977（03）：38-43.

④ 莫伯治，吴威亮．山庄旅舍庭园构图[J]．南方建筑，1981（第1期）.

建筑形体嵌入到山体坡地中 表3-12

项目	特色	场地图解	建筑外观
肇庆鼎湖山教工休养所（1954） 建筑师：夏昌世	新旧建筑顺应跌级的台地		
白云山山庄旅舍（1965） 建筑师：莫伯治	形成了与坡地协调的台阶式建筑群体的基调		
新加坡国家剧院（1963） 建筑师：Alfred Wong	利用山坡将扇形悬臂式屋顶悬挑在有遮盖的座位上	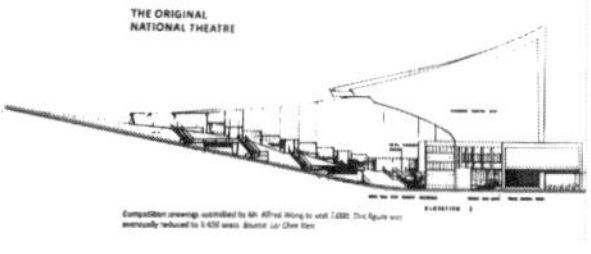	
Pandan Valley 公寓（1978） 建筑师：谭成雄	宽敞的空间和公寓生活环境与现场的自然特色相结合		

（来源：左侧图根据相关资料自绘；右上图来自《岭南庭园》；右二图来自《莫伯治大师建筑创作实践与理论》；右三、右下图来自*Building Memories*）

层跌级的车库解决建筑基底的十几米高差，同时在功能上解决停车需求。顺着盘山车道，到达大厅入口层，经过通透的门厅到达车库屋顶构成的平台花园，居高眺望的城市景观给人以开阔的感受，化解了高容积率住宅区的拥挤感。

3.2.1.2 结合地势微差形成丰富的空间变化

尊重场地的场所特质是地域主义和现象学的核心内容，美国当代建筑师斯蒂文·霍尔提出“将建筑锚固在场所中”[①]，将建筑与场地的关系映射为“锚”，表达建筑与场地是融为一体的建筑思想。两地建筑师在处理城市用地地势微差时，注意场地与建筑的关系，采用了相近的设计手法。

① 斯蒂文·霍尔. 锚[M]. 天津：天津大学出版社，2010.

为适应社会需求和考虑未来发展，1953年广州中山、岭南、光华三院校进行合并，中山医学院在中山二路加以扩充发展。扩建的中山医院除病房、医疗用房及辅助房间外，还增设相当数量的教研室、教学准备室、示教室、学生专用化验室及值班室，以及临床课室、图书资料室等。建筑师采用了分列式建筑与整体联系的建筑手法，柔软地处理地势地形带来的影响，在关注地形、协调处理不同形体之间的组合，着重强调各建筑之间有机联系的同时，有利于分期兴建也能够及时完成应用，在使用上机动性也比较大。在总体规划上，教学区以图书馆为中心，将学科上同一类的适当安排在一起，使业务上便于联系。建筑之间相距30～40米，除了光线遮挡之外，还考虑到贴得太近可能造成人流拥挤以及教室之间声音互相干扰。生理生化楼所处地形地势复杂，东段与西段高低差3米，建筑师巧妙地利用地形设计成梯级式，形成建筑西段三层东段四层的建筑体形。

建筑与环境之间的关系不是一成不变的，而是动态的、延续的，它在设计过程中逐步明朗化，在建筑竣工后通过新平衡的建立得到巩固，从那时起，它又进入新一轮的动态循环之中。①马来西亚综合医院位于市中心地带，是一个由三个病区组成的地区医院。建筑师深受现代主义建筑大师柯布西耶的影响，灵活地运用地形微差将横向和纵向的行人在空间上相互关联，各个部门间布置相对分散又互有连接，增强医院各个部门之间的联系，合理利用地形高差通过底层架空留出道路供汽车等通行（表3-13）。从场地出发进行设计，让建筑与场地结合，巧妙地利用地形设置各个功能，使建筑空间与城市用地微差契合，建筑本身也成为环境的一部分，创造出丰富的建筑内外部环境。

新加坡理工学院的主要设计概念之一是结合地形进行整体规划，使学科部门建筑和设施之间相互连接，拥有共享的多用途区域，形成了充满活力的学习环境。围绕丘陵基地的循环网络和高适应性网络框架在总体规划中占据了优先位置，各个部门的建筑物被视为灵活的模块化建筑单元，在选定的地点“插入”。在丘陵基地的主导下，连廊连接校区各功能，沿连廊有节点作为垂直交通空间。建筑体形底层架空，既契合了地形也便于通风，为过往的行人提供新鲜空气的同时又可以避雨。新加坡国家图书馆建在坎宁堡山脚下起伏的地形上，建筑体块根据地形起伏变化，图书馆内光线充足，带给人们丰富的空间体验。主入口处优雅的薄混凝土顶棚梯级，支撑在固定的白面砖护墙上，与地形呼应。

独特的场所精神和景观是每一个建筑场地所独有的，在设计的过程中，建筑师对场地的理解、把握程度和处理能力关系着建筑的成败。人在坡地自然中行走时，常常希望无意间感受或看到让人惊喜的事物，或是如春风拂面的温暖，或是一处有盎然生机的水

① 马里奥·博塔. 博塔的论著[J]. 世界建筑，2001（09）：24.

结合地势微差形成丰富的空间变化　　表3-13

项目	特色	平面分析图	建筑外观
中山医学院 （1955） 建筑师： 夏昌世	采用了分列式建筑与整体联系的建筑手法	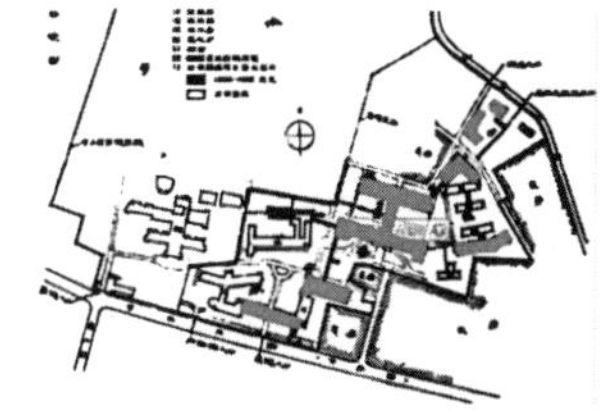	
马来西亚综合医院 （1978） 建筑师： Maxwell Fry & Joyce	运用地形差将横向和纵向的行人在空间上相互关联	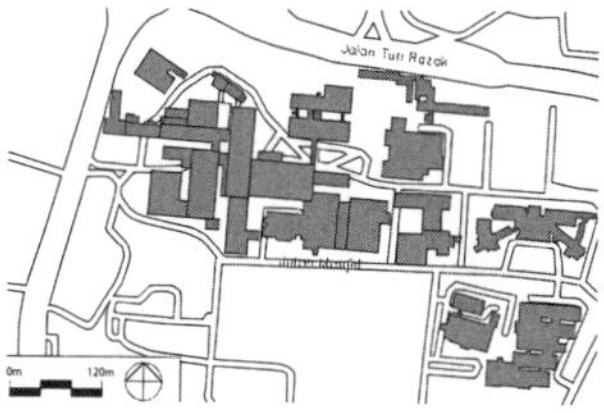	
新加坡理工学院 （1979） 建筑师： Alfred Wong	着重关注部门间的相互联系和互动	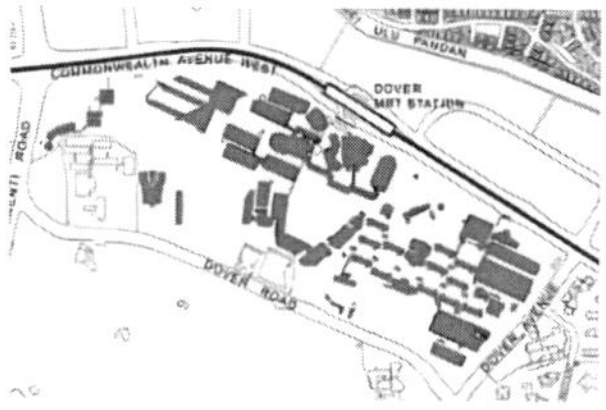	

（来源：左侧图根据相关资料自绘；右上图来自《中山医学院第一附属医院》；其他为自摄）

池。岭南地区与马来地区建筑师在处理城市用地的微地形高差时，采用了相似的场地处理方式，让建筑与场地结合从而扎住了建筑的根基，体现出建筑在当前场地所展示出独有的地域精神。两地建筑师用这种方式赋予建筑生命，不以建筑的装饰性为重，也使建筑拥有独一无二的形态，没有直白地宣扬人文精神，而是真切地将场所的人文精神体现在建筑上。

3.2.2 岭南地区：以借景统筹室内外环境

岭南建筑师重视对地理环境的科学分析，复杂多变的地形、地势和地貌常成为创作灵感的触发点，将环境以借景手法融入建筑空间是形成岭南建筑风格的一个有效途径与重要表现。林克明认为，成功的建筑创作都是因地制宜并与周围环境条件相适应的[①]，在整体构思之前，他极为重视对地理环境的整体分析，认为建筑只有和环境共同组合成有机整体时，其形式才会增强建筑的价值和表现力。莫伯治在创作中重视通过建筑与场

① 林克明. 建筑教育、建筑创作实践六十二年[J]. 南方建筑，1995（02）：45-54.

地的组合，探索对自然的复归感，诱导人们对大自然意境的联想和对空间的感情移入，赋予建筑空间以生命力①。利用借景可以将建筑与自然更完美地整合为一体，岭南地区建筑师常用的手法有两种：一是将远景借入场地，二是以场地内景观为中心。

3.2.2.1 以虚实手法借入场地外远景

岭南地区丘陵起伏，湿热植被丰盛，传统建筑一般就山形顺水势而灵活布局，明代陈白沙“以自然为宗”的思想，强化了岭南文化崇尚自然的审美取向，这些岭南经验与文化传统，对岭南建筑师群体的基地环境观产生了深厚的影响。建筑总是处在一定的大环境之中，与外部环境的关系是建筑锚固于此地的重要体现。岭南建筑师重视对这个关系的处理，针对岭南山水较多的地貌，近则与用地连通，不分彼此，远则通过对景，纳入视线范围。总之，核心手法在于虚实变化，以建筑之虚引入外部美景之实。

在有条件的情况下，传统岭南庭园将庭园的边界和界外水面山林等自然环境相渗透融会在一起，构成园外之景。夏昌世和莫伯治所调研的诸多岭南庭园，都采取了这一处理手法，例如石岐清风园的建筑布置在用地内的周边，形成围合内院的紧凑布局，开敞朝向外围的景色，内庭虽不大，却由于边界的模糊而显得宽豁疏朗，将外景为己所用（图3–5）。

通过两图的比较分析，可以看出莫伯治将传统庭园经验运用到泮溪酒家的创作中（图3–6），泮溪酒家并非仅在用地范围内考虑其布局定位，而是定位为荔湾湖的一部分，在此前提下，整体布局和空间序列的组织有了明确的指向性。从现场的调研体验来说，建筑入口到湖边的序列体现了精心组织和逐步开放的空间层次，朝向道路的建筑入口是较为夯实的立面，较为封闭的前院再到略为开敞的中院，来到湖边的空间才完全敞

图3–5 清风园
（来源：来自《岭南庭园》）

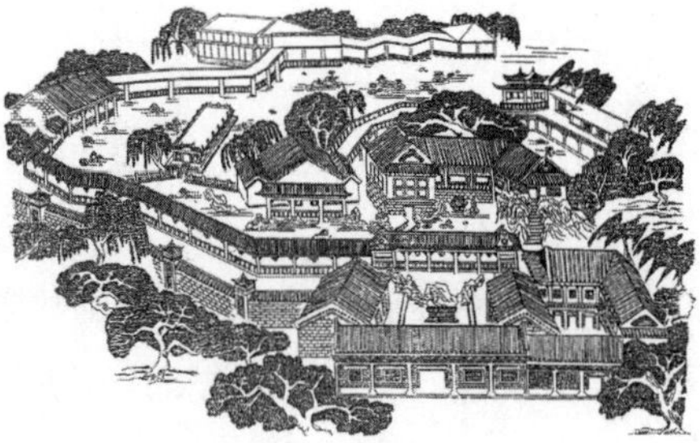

图3–6 泮溪酒家
（来源：来自《莫伯治大师建筑创作实践与理念》）

① 莫伯治. 我的设计思想和方法[M]/莫伯治集. 广州：华南理工大学出版社，1994.

开，以湖边开阔空间为高潮做层层营造与气氛酝酿。模糊的边界处理，让人置身于此难分内外，近处的水面与远处的湖中小岛都成为酒家庭园的一部分，所谓“湖光楼影，内外渗透，既与湖相通，又与湖分离。”①

双溪别墅乙座是位于白云山山林之中的小型接待建筑，坐落于风景优美的白云山碧云峰脚下，基于白云山双溪寺的破旧平房扩建而成，甲、乙座以连廊联系隐于山林中，与周围场地环境和谐共存。为了将山色绿影最大化引入客厅外的开敞平台，莫伯治取消了转角位置的结构柱，在现在来说是比较常见的处理方式，而在当时特殊的年代，关于这个转角柱的取消，既是技术上一个需要额外论证的难题，也是在意识形态上需要考核的重要问题，最后经过建筑师的尽力争取，由主管副市长林西出面支持才得以实施。笔者在现场调研过程中，站在双溪别墅乙座客厅外的阳台上，周边的绿林触手可及，整个人可以全身心地浸润在自然的气息之中，体会到早晚和四季的不同，这是人和自然产生联系并与环境交流对话的有效方式（图3-7）。

借外景成为室内空间的巧妙主题，夏昌世和莫伯治在研究园林后认为，借景实际上是组织对景的另一种方法，其主要的区别为景的对象位于园外，并且不拘远近，体量不分大小，山水、古塔或大树，总之“嘉则收之”②。借景不仅产生观赏风景的愉悦感，而且能塑造建筑空间“此在”的唯一性，因为任何室内空间的风格都可以复制，而窗外对景的地理环境特征是唯一的。白天鹅宾馆将宽阔的珠江水面作为室内空间的主题，裙楼在沿江面设有约80米长的玻璃幕墙，室内空间三层通高，紧邻玻璃幕墙设置休息厅、酒吧、餐厅等公共活动区。空间主轴线上的每一节点均朝向江面敞开，形成室内空间45度角的斜向引导，将人们引导至观景处。当人们坐于此，看江面水与帆齐舞，风光无限，可谓“轩楹高爽，窗户虚邻；纳千顷之汪洋，收四时之烂漫”（图3-8）。

图3-7 双溪别墅
（来源：自摄）

图3-8 白天鹅宾馆
（来源：自摄）

① 莫伯治，莫俊英，郑昭，等. 广州泮溪酒家[J]. 建筑学报，1964（06）：22-25.

② 夏昌世，莫伯治. 中国园林布局与空间组织[M]/莫伯治文集. 北京：中国建筑工业出版社，2012：34-47.

3.2.2.2 场地内景成为建筑布局中心

在单体建筑的布局中，岭南建筑师最大化保留场地现存的地势高差、树木植被和水体岩石，以地理环境元素作为室外空间的视觉中心，建筑围绕周边形成自然协调的布局，如《园冶》所云：“多年树木，碍筑檐垣；让一步可以立根，斫数桠不妨封顶。斯谓雕栋飞楹构易，荫槐挺玉成难”。

建筑的布局让位于多年生长的树木，并不是被动的让步，而是在此理念下生成精彩的创意。在华南理工大学二号楼的创作中，最初规划选址的位置上有呈东西向排布的八棵大榕树，夏昌世将建筑基地北移至等高线最密集的陡坡处，既保护了古树，也使建筑的南北两面都产生新的意趣，南向的主立面与榕树绿荫相互映衬，北面的入口低一层，且更贴近湖面（表3-14）。

场地特征为设计依据　　表3-14

项目	特色	平面分析图	建筑外观
华南理工大学二号楼 建筑师： 夏昌世	建筑北移以保护古树，使建筑的南北面产生新的意趣	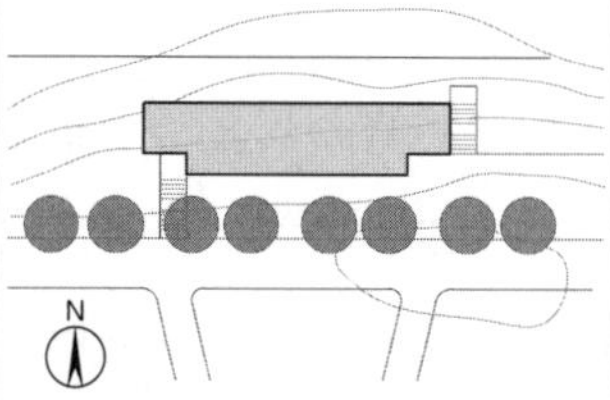	
广州第一人民医院英东门诊部 建筑师： 佘畯南	建筑外观与木棉树合为一体	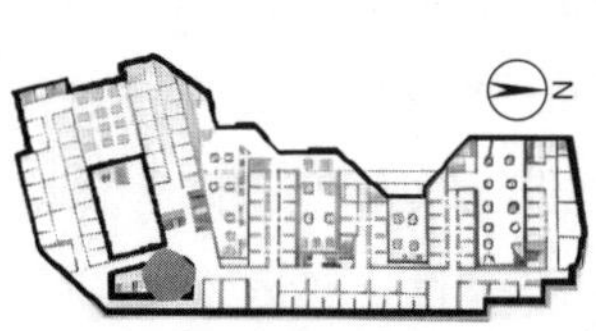	
白云宾馆 建筑师： 莫伯治	建筑群结合庭院，围绕榕树布置	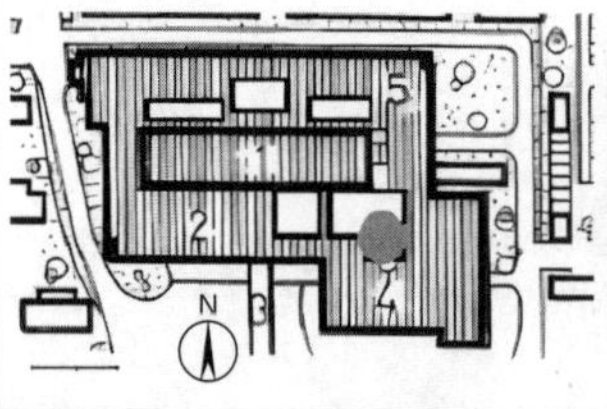	

（来源：左侧图根据相关资料自绘；右上、右中照片为自摄；右下图来自《莫伯治大师建筑创作实践与理论》）

佘畯南在创作中也以场地内的古树作为创作的重要依据。在广州第一人民医院英东门诊中心的设计上，为保留两株大木棉花树，外立面局部退让形成凹位，使建筑外观与木棉树合为一体。在保留现有树木的同时，为平直规则的长立面增添了变化和趣味，是创作巧妙构思的生动范例。另外，在佘畯南规划的中国驻联邦德国大使馆中，以五个模块化的四合院单元，穿插分布于树林之中，再以回廊相连。四合院单元、连廊和里加斯宫三者之间曲折转换，形成丰富变化的外部空间，参天古树成为这些外部庭园空间的中心。

将场地的地理因素纳入整体设计的范畴，注重对场地特征的把控，塑造出具场所感的建筑。莫伯治在高层建筑白云宾馆的创作中，保留用地中部的三株古榕树，并依据树木形成庭园，宾馆建筑群围绕庭园布置，三株古榕有机组织到中庭空间中，成为空间环境中的焦点。岭南建筑师在创作中常让建筑物“迁就”绿化，设计结合原有地形地貌，最大化保留原有绿化特别是一些古树①。

3.2.3 马来半岛：塑造多层次的环境空间

由于地理环境的影响，马来半岛的建设用地非常有限，使得城市中的建筑密度较大，因而建筑师着重在建筑内部塑造多层次的环境空间。

3.2.3.1 塑造浮于场地之上的平台空间

从1960年代开始，马来半岛地区现代市场、学校和大量住宅催生了成排的商业建筑、教室和公寓，城市公共绿地没有了容身之处。在西方国家，当时最典型的城市公共空间是市民广场，然而在位于热带的马来地区，室外炎热潮湿，时不时遭受暴雨，建立像西方国家那种开敞的市民广场是不切实际的。随着1960年代后期大型框架式建筑的发展，公共平台应运而生。宽阔的平台可以应对各式气候环境，成为开放广场可行的替代方案，公共平台的出现有效解决了城市公共空间缺乏与市民需求之间的矛盾。

与城市广场一样，许多平台早期都是在一层开发的，首先是公共住宅街区下随处可见的空平台，然后延伸到游泳池等其他区域。随着高层建筑在马来地区越来越普遍，平台也越来越高，上层的平台连接着不同的街区和休闲瞭望台。平台高大的尺寸和坚固的结构为人们提供了新的空间，让他们聚集、玩耍和欣赏周围的景观。在这些平台之上，建筑师和规划师可以根据需要定位调整塔楼的大小，以避免过度拥挤或妨碍视线，邻近的裙楼高度、街道上的折回都需要借鉴它来创造一个无缝和有序的街道景观，这些街区可以容纳多层停车场以及商店和咖啡馆，以激活街道的日常生活。

平台上的高塔结合了办公室、较低层的零售以及供休闲娱乐的公寓或酒店塔楼，改善了一个地区的活动组织，是混合使用项目的理想模式。与独立存在的塔楼不同，与街道相连的平台使连续有顶的人行道能够保护行人免受阳光和雨水的侵害，另外平台也提供了内部空间，像是拱廊、庭园、中庭或半公共大厅等，丰富了公共城市空间。例如黄

① 林兆璋. 广东西樵山下之明珠——云影琼楼设计[J]. 建筑学报，1994（07）：12-16.

金坊的休憩平台位于九楼，设有羽毛球场，可俯瞰海滩路（Beach Road）街区；加东游泳馆的平台调节了游泳池和更衣室之间的空间；皇后社区的平台是典型的公共空间，居民每天都经过、玩耍和社交；新加坡赛马俱乐部位于武吉知马，在看台座位上方设有宽敞的大厅（表3-15）。

城市平台空间　表3-15

项目	建筑实景	项目	建筑实景
黄金坊（1973）		加东游泳馆（1975）	
皇后社区（1960）		新加坡赛马俱乐部（1971）	

3.2.3.2 创造丰富多变的立体空间

在1960~1970年代，由于空调在地处热带的马来半岛地区还不能普及，因此不封闭的大型开放式空间可提升人们的舒适感，在设计这些建筑时，钢筋混凝土这种低成本的结构材料，因为能够建造多层柱和大跨度的复杂空间而深受当地建筑师的喜爱。

受气候的影响，马来半岛建筑师在设计及使用这些宽敞、通风的空间时与岭南地区有所不同。开发商更偏爱建设成本较低的单片和单功能塔，而政府的干预在一定程度上使新加坡立体空间处于主导地位，时至今日，这种类型都有助于区分新加坡的城市模式与其他同类高层建筑为主导的城市。这种无封闭的开放式空间，上到体育馆下到市场中心等，在注重成本的公共空间中很受欢迎，马来半岛的建筑师用这种手法创新定义新公共空间，取得显著的效果，服务大众的新空间以英雄主义和民主的形式呈现在人们面前。

人民公园综合体下方裙楼是商业及办公服务，上方高层住宅形成了一种新型的城市社区，综合体分区使用，这是对柯布西耶城市理想的实践探索。整个综合体属于典型的野兽派建筑风格，体量巨大，几何感强烈，具有粗野主义的特征，是新加坡标准塔台式建筑。综合体的裙楼层高基于人体尺度进行调整，并考虑了周边街道与广场人群的日常流动，形成一个保护性的避难所并激活更广阔的区域。在平台上设有一个住宅楼板，包括一个湿货市场、小贩中心以及零售摊位，还设有一个宽敞的公共空间，供居民休闲活动（表3-16）。

城市立体空间　　表3-16

项目	建筑实景	项目	建筑外观
人民公园综合体（1973）		裕廊镇市政厅（1970）	
裕廊公共住宅区（1970）		裕廊山瞭望塔（1970）	

（来源：左上图为自摄；其他图来自*Singapore architecture 1920s—1970s*）

为了吸引工人居住在裕廊，裕廊镇公司为工人建造了许多平板楼，在不同楼层及楼栋间共用一个独立的升降机核心，并通过空中人形天桥连接起来形成多层次可循环平台。裕廊山瞭望塔设有一个45米高的螺旋平台，为来访的贵宾和公众提供瞭望工业区景观的场所。像这样的形式和空间定义了一个创新的城市景观，随着公共公寓、学校和其他设施的普及，普通新加坡人的日常生活变得现代化，他们从市中心的小隔间和街道上生活、工作和娱乐，变成了在露天平台、公共走廊和游泳池里的新生活。

3.2.3.3　建筑对场所空间的主导

马来半岛地区的建筑师对处于丘陵之上的建筑，一般处理手法为以建筑形态引领整体丘陵地势，而非岭南地区的“化整为零”手法。例如马来西亚国会大厦（Ivor Shipley，1963）建立在山丘上可俯瞰周边的战略位置，对于这样一个重要的建筑物，可方便的与前往市中心以及吉隆坡的公路连接，大厦建设在山丘上的平地上，其上为大厦的三层裙楼，完整方正的建筑形体展现了国会大厦的庄严雄伟。马来西亚国家广播中心建在联邦高速公路旁的一个约25米高的山上，占地13公顷。建筑师为了保证建筑及场地的整体完整性，加强将不同种族的马来西亚人聚集在一起的决心，达到促进新成立的马来西亚多民族国家的认同感，建筑以完整的姿态矗立在山丘平地上。

马来西亚联邦大楼的设计深受现代主义形式语言的影响，拥有长方形的形态、简单的体块、清晰的结构表达、底层架空柱以及百叶窗。为解决地形起伏给建筑带来的影响，整个建筑物被一系列架空柱从地面抬起，因为在一次结构改造中把架空柱隐藏了起来，所以从外部看不到它们，架空柱既抬高了建筑体量、减轻了建筑质量，又达到了建筑通风散热的目的（表3–17）。马来西亚国家能源有限公司（TNB）大厦坐落在该地区的高层建筑群中，其处理山地地形的手法与马来西亚国家广播中心类似，由建筑形体主导场所空间，是野兽派和地区现代主义建筑的精美作品，代表了马来西亚独立后早期的民族主义和爱国主义。

建筑对场所空间的主导　　表3–17

项目	特点	平面分析图	建筑外观
马来西亚国会大厦（1963） 建筑师：Ivor Shipley	用于建设国会大厦的山丘进行了微改造，为建造三层裙楼奠定基础	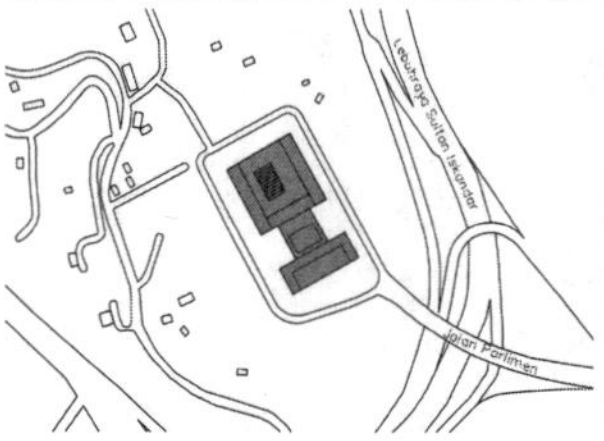	
马来西亚联邦大楼（1957）	为解决地形起伏给建筑带来的影响，整个建筑物用一系列架空柱从地面抬起	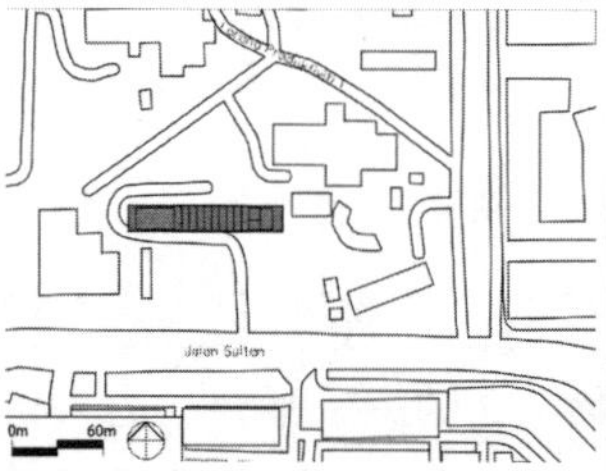	

（来源：左侧图根据相关资料自绘；右上图来自*The Living Machines*；其他为自摄）

3.2.4　两地建筑与场地环境的空间关系比较

地理环境对民族性格的形成有很大影响，西方“史学之父”希罗多德曾说“温和的土地产生温和的人物”[①]。在1950～1970年代，自然条件、社会经济和人文精神等各方面因素之间的平衡互动，共同影响着岭南地区与马来地区建筑的形成和发展，并对建筑与场地环境的空间关系产生了深刻的影响。

3.2.4.1　在平面关系上，岭南地区更强调内聚性，马来地区更强调外向空间

岭南地区与马来半岛的建筑在平面上采用了不同的表现手法。例如建于1964年的毛泽东陈列馆沿坡建设，建筑周围群山环绕，与地理环境融合，庭园位于建筑内部，建

① 希罗多德. 历史[M]. 北京：商务印书馆，1959：844.

筑也夹在山林之中，达到互相融合渗透的状态。白云山山庄旅舍建于白云山上，属于典型的溪谷型“山林地”，建筑以公共活动空间庭园为主体，其余功能围绕着庭园排布，有着良好的朝向和幽美的绿化环境。马来西亚国家清真寺的主要功能是中央的圆形大厅，周围围绕大厅的是由廊道构成的仪式空间，没有具体的使用功能，通透开敞。建筑自成一体，周围绿化空间围绕建筑形成庄严神圣的氛围。作为裕廊镇公司行政总部的裕廊市政厅位于市中心24米高的山顶上，草地绿化围绕裕廊市政厅外围分布，突出建筑的主体地位（表3-18）。

场地特征为设计依据 表3-18

项目	平面分析图	项目	平面分析图
毛泽东故居陈列馆 （1964） 建筑师： 夏昌世	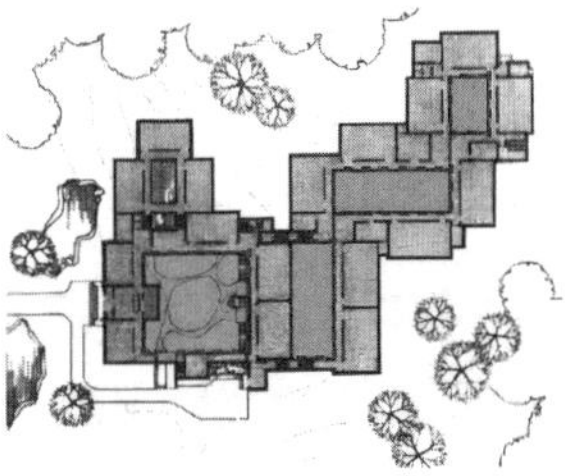	马来西亚国家清真寺 （1965） 建筑师： PWD	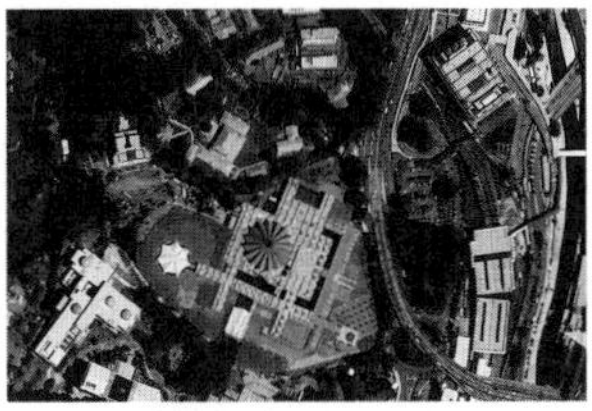
白云山山庄旅舍 （1964 ~ 1965） 建筑师： 莫伯治	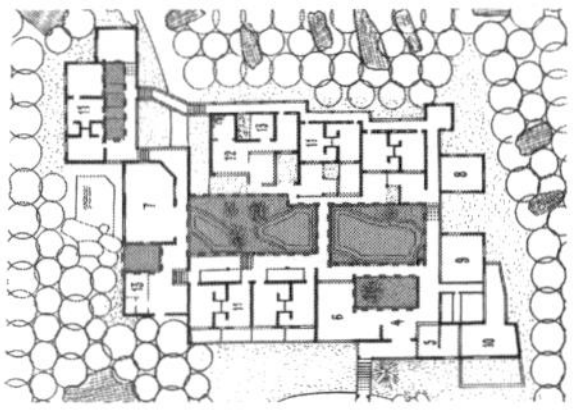	裕廊市政厅 （1973） 建筑师： Lim Chong Keat	

（来源：根据相关资料自绘）

可以认为，长期从事农业生产的汉民族形成了温和、善良、谦恭的性格，这种性格反映在建筑与场地的关系上，就表现出了群体关联和内聚性。马来半岛地区三面临海，手工业、商业海外贸易等活动比较发达，由此形成了开敞外向的性格需求，建筑相比岭南地区也更加注重独立和外向延展。

3.2.4.2 在竖向关系上，岭南建筑融入场地，马来半岛建筑创造多层次空间

在竖向关系上，岭南建筑与马来半岛建筑也有着较大的不同。在矿泉客舍及泮溪酒家中，人文环境布置在底层，在场地上散开；位于新加坡的裕廊市政厅和香格里拉酒店采用了不同的设计手法，将人文环境空间在竖向上布置在建筑内部，形成了丰富的公共空间（表3-19）。

场地特征为设计依据　　表3-19

项目	特色	剖面分析图
矿泉客舍（1972～1974） 建筑师： 莫伯治	架空层与两栋楼间的庭园连成一体，形成开敞休息厅	
泮溪酒家（1959～1960） 建筑师： 莫伯治	采用内院分割式布局，庭园彼此联通，山、池交织，自成一格	
裕廊市政厅（1973） 建筑师： Lim Chong Keat	在高尔夫球场和河流公园中，可以看到裕廊全景	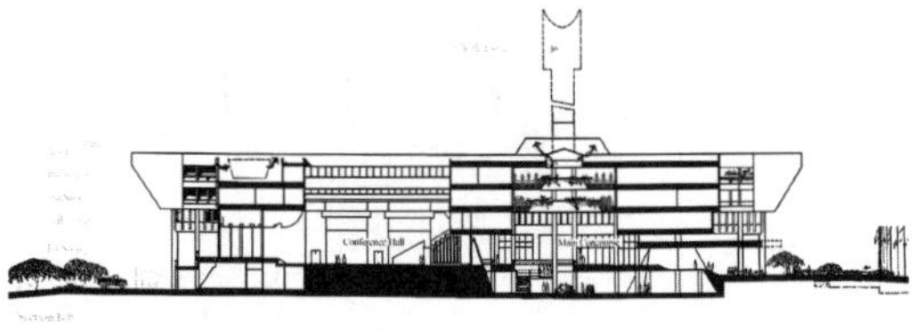
新加坡香格里拉酒店（1971）	阳台将景观引入半室内，使建筑与所处的环境更协调	

（来源：作者自绘）

岭南地区偏向于东方哲学，讲求谦卑，追求建筑融入自然，表现在建筑与地理环境的关系上，便是在场地内部用建筑围合空间，使建筑与场地相生。而马来地区受到西方国家长达几个世纪的殖民统治，信奉人可以征服和改造自然地理，建筑对场地的处理表现出主导态度。造成这种差异还有一个很重要的原因是经济社会因素，1950～1970年代的中国，社会经济疲乏，没有建设大量高层建筑的条件，而马来地区建设用地缺乏，为尽可能争取更多的建筑面积，建筑主导场地并向高空发展成为有效的解决办法。

3.3 本土自然资源在两地创作中的运用比较

建筑的初始本质是为人类活动提供庇护和躲避恶劣的自然气象，人们从被动地利用自然到主动应对自然，再到与自然相融，直至现代人们对自然环境有着多样性的相处方法。不同的地域存在着各具特色的自然资源，1950～1970年代岭南地区和马来半岛在处理建筑与自然资源的手法表达上，相似中又存在着差异。本节就地方材料、日照、水体、植被等自然资源在岭南地区与马来半岛建筑表达的异同性展开研究。

3.3.1 组合地方材料：融入室外环境与室内点缀装饰

根植于地方的材料以其色彩、肌理与质感等反映地域特色，成为地域建筑风格的重要体现，由于各地自然条件、人文风情的差异，对地方材料的处理方式和应用方法也不尽相同，从而形成了地方独特的建筑形式。在1950～1970年代岭南与马来半岛的建筑作品中，除了运用常规的工业化材料如混凝土、水泥外，还通过选用地方材料形成建筑的地域特色，并寄托人们日常生活中的记忆与情感。

3.3.1.1 岭南建筑：组合丰富、融入环境的材质表现

岭南建筑师顺应地域自然运用地方材料，吸收当地民族民俗传统，有效地加强建筑的地域特征，使其能够很好地融入地域环境中。建造在桂林漓江边伏波山上的伏波楼，台基为灰色砌石，一层为石砌外墙，二层为白色粉刷面，由下至上的材料尺度由大变小，材质由粗糙变细腻，色彩由暗变亮，建筑整体在层次和序列上变化丰富。台基及栏杆采用当地厚重的灰色砌石，建筑转角为大面积茶色落地玻璃门窗，与白色粉刷面形成虚实对比，建筑与山体色调相似，犹如生长在山体中，消隐在葱葱郁郁烟波浩渺的青山绿水中（图3-9）。作为风景点，伏波楼既是伏波山景观的构成要素，又是一个视野开阔的观景之地。灰色石材与茶色玻璃使建筑与伏波山水相融合，使用地方的建筑材料达到建筑与环境协调的效果（图3-10）。

岭南建筑外墙色泽多用材料淡雅的本色，讲求清新质朴的建筑格调，通过精良的砌筑方式和材质本色质感展现建筑的自然美和人文特色，避免深重和耀眼刺目的色彩。山庄旅舍位于广州白云山上，处在山岭、竹林、泉源和异石之间，庭园与自然妥帖恰当地融合在一起。山庄旅舍材料的质感、装修的色调以及构造的技术等也都依据传统庭院建筑的格调，追求简朴雅致的氛围。建筑师运用冰裂纹砌石这种质朴的地方材料，采用白色粉墙的墙石处理、不加油饰的木丝板，用原色水泥作为天花材料，尽可能减少装饰，降低旅舍的装饰细节，把山庄旅舍粗犷简朴而又清雅自然的品质凸显出来，使得旅舍消隐于茂密的山林中。

由于气候炎热易引起烦闷燥热，岭南建筑多用高雅的“灰”色调，以此来表现建筑柔和的性格。矿泉别墅将现代与传统糅合，运用现代主义语汇手法组合建筑体型，采用地方性材料塑造庭院空间，通过合理运用质朴的材料或利用人工材料模拟自然材

图3-9　伏波楼透视图
（来源：《莫伯治大师建筑创作实践与理念》）

图3-10　伏波楼实景
（来源：《莫伯治大师建筑创作实践与理念》）

质，取得自然的空间效果，表现出自然的空间格调，如利用当地特产的小竹竿编成百叶悬挂在檐口下、处处可见的竹制挂落和吊顶、利用蚝壳制作的“明瓦天窗”、用水泥仿成树干栏杆等。矿泉别墅中也不乏自然材料与人工材料的组合搭配，竹材吊顶与水泥地面，毛石墙壁与白色粉刷面，竹制百叶与楼梯扁钢栏杆等搭配组合，相映成趣（表3-20）。

双溪别墅在追求现代主义建筑手法的同时，强调使用地方材料来装饰。在造型上，双溪别墅通过增加立面凹凸来削弱其体量，加大阳台出挑与自然相互渗透。在细节上，采用普通石灰墙配以木门，与山体形成围合之势，用常见的低成本材料突出别墅粗犷简朴的质感，局部采用混凝土博古架、使用铁制挂落，用现代材料表达传统意蕴。

3.3.1.2　马来半岛：少量点缀，地域材料运用在室内居多

工业化使建筑的技术体系发生变化，现代建筑的外墙材质对地域依赖性逐渐减弱。然而，在创作中有意识地选用合适的当地材料融入建筑，对传统材料和传统建造工艺进行适当改进和运用，以材质传达情感，更容易得到当地民众在情感上的认同，使建筑具有地域风格和乡土特色。

新加坡会议厅和工会大厦注重各种功能的实用性，礼堂可容纳1000人，用来举行会议、政治集会、音乐会和其他会议。为达到良好的声音效果和均匀的声音分布，建筑师在礼堂封闭表面的内部采用了优质吸声材料；礼堂墙壁使用了各种当地木材，例如外墙使用印茄木和山桂花，室内墙壁用的是新棒果香木，地板用的是柚木王；礼堂使用了马

岭南建筑融入环境的材质表现 表3-20

项目	特色	空间氛围表现	材质表现
山庄旅舍（1965） 建筑师：莫伯治	材料的质感、装修的色调以及构造的技术等追求简朴雅致的氛围		
矿泉别墅（1972～1974） 建筑师：莫伯治	运用现代主义语汇手法组合建筑体型，采用地方性材料塑造庭院空间		
双溪别墅（1963） 建筑师：莫伯治	在追求现代主义建筑手法的同时，仍强调使用地方材料进行装饰		

（来源：左上、右上、左中、左下图来自《莫伯治大师建筑创作实践与理论》；右中、右下图来自《莫伯治建筑创作历程与思想研究》）

来西亚织锦挂毯中的常见图案，这些元素和手法的运用给这座现代主义建筑增添了丰富的地域特色（表3-21）。

马来半岛受西方社会的影响，在战后的几十年里，马赛克瓷砖在马来半岛广泛使用，是多元艺术文化交融的体现。马赛克瓷砖的历史源远流长，从古罗马时代就开始使用了，描述了一种创造复杂几何图案的技术，即将形状和大小一致但颜色各异的小碎块紧密排列在一起。此外，马赛克在处理钢筋混凝土建筑的起伏轮廓和表面特征方面也非常适合，到了1970年代，随着波普艺术等前卫文化运动的兴起，马赛克获得了一种标志性的地位。例如在马来西亚国家博物馆中，中央大厅的地板装饰采用了几何图案的马赛克瓷砖，这些蓝色瓷砖是巴基斯坦政府的礼物，随机组合、棋盘、条带和几何形状等变化多端的排列方式，极大地活跃了国家博物馆的内部空间形式。马来西亚国家体育馆对于马来西亚运动员训练竞技与国家体育水平的提升具有重要的意义，体育馆造型独特简洁，是当时南亚最大的无支撑屋顶体育场，墙体为混凝土结构，采用圆形轻型悬挂屋顶并用瓦楞塑料覆盖，观看区使用马赛克瓷砖贴面，在整齐色调中嵌入跳跃的色块，形成活泼又大方的整体效果。

工业化之后社会经济和技术水平显著提高，虽然建筑的建造可以突破气候条件、地

马来半岛的地域材料运用　　表3-21

项目	特色	建筑外观	建筑细节
新加坡会议厅和工会大厦（1965）	礼堂使用了马来西亚织锦挂毯中常见的图案，这给这座现代主义建筑增添了当地元素		
马来西亚国家博物馆 建筑师：何国霍（Ho KoK Hoe）	陡峭的马来屋顶、特色的屋顶山墙和顶尖的交叉装饰组合成了强烈而直接的地域形式		
国家体育馆（1962） 建筑师：斯坦利·爱德华·福克斯（Stanley Edward Jewkes）	国家体育馆造型独特、简洁，墙体为混凝土结构，观看区使用马赛克瓷砖贴面		

（来源：左上图来自*Building Memories*；左下、右下图来自*The Living Machines*；其余为自摄）

形地貌和当地材质的限制，但这些因素一直在影响着建筑并能发挥积极的作用。岭南与马来半岛地区的建筑师通过技术更新改进传统技术，从土生土长的建筑中挖掘并创造适合地域的材质表现，利用传统材料实现创新的现代建筑创作。

3.3.2　利用强烈阳光：活跃室内空间与塑造建筑形体

许多建筑大师在创作中都强调自然光与建筑空间的结合，认为对于建筑来说离开光线也就不存在空间，正是光线创造了空间，自然光将室内室外联系起来①。岭南地区的夏季从5月初开始到10月中旬结束，日照充沛且时间较长，而马来半岛平均日照时间也较长，两地在亟需遮阳措施的同时，充沛的阳光也对建筑的空间和形体产生了较大影响，成为建筑创作中必须考虑的重要因素。

① 诺伯格·舒尔茨．建筑——存在、语言和场所[M]．刘念雄，吴梦姗，译．北京：中国建筑工业出版社，2013.

3.3.2.1 岭南建筑师侧重于将光引入建筑内部活跃空间

岭南建筑师对光的理论研究以佘畯南为代表：概括了光在室内空间中的作用和意义，光是创造情感和精神感受的重要手段，可划分空间并给予空间以性格，能使流动的空间按照建筑师的构思而变化其体形，并增加其层次感①。岭南建筑师对空间变化与自然环境的追求，在采用自然阳光上得到集中体现，将其运用到中庭、门厅、走廊及私密小院等位置，室内外因此而联系对话。

岭南建筑师善以中庭天光创造空间焦点，岭南建筑的中庭即由庭园演化而来，延续了庭园让人们接近自然的优点，又使其完全融入室内空间，而不必受气候天气的限制。自然光就像一个聚光灯，能够将其所在的空间聚焦成为焦点，公共大堂采用天光，自然统领周边开敞的各个功能区。广州白天鹅宾馆“故乡水”中庭设采光天棚，通过天光形成空间导向，在交通流线行进的过程中，从起点门厅到走廊过道，有意识地进行自然光营造行进序列的氛围。中庭内布置小桥流水、山泉瀑布，在天光云影的映衬下，加强了中庭环境与人的互动联系，使室内环境具有阳光般的感染力，引人亲近前行。

在双溪别墅乙座中以天光小院营造空间氛围，激活室内空间的建筑手法在岭南建筑作品中运用广泛。在可采光的院子中设置花卉植物和泉水奇石等小品，会议厅、接待室及私密的客房入口，均布置有大小不一的天光小院，光线通过几何体的玻璃天窗洒向室内，空间产生丰富的光影与色彩的变化，并随着时间推移改变，形成介于室内与室外之间的独特氛围。北园酒家从庭院引入自然光，巧妙地将厅堂、轩、亭、廊、山及水等联系起来，室内空间向室外过渡，室外空间向室内融合，自然光在空间中互相渗透（表3-22）。

3.3.2.2 马来半岛建筑师侧重于用光塑造建筑形体

马来半岛建筑师将遮阳要求作为光影设计的出发点，遮阳构件特有的节奏感将热带地区炙热的阳光赋予生命力，给予建筑形体丰富的层次和优雅的韵律。受当时野兽派的影响，马来西亚大学总理会馆建筑立面采用暴露的混凝土结构表达建筑质朴的外观，与热带天空和炎热的天气形成鲜明对比。尽管它具有现代风格的外观，但仍然基于当地热带气候条件进行设计，以阳光为导向，外立面采用厚实的混凝土防晒屏，在改善建筑厚重感的同时，创造出一种丰富有趣的表面模式。多孔板筛的结构使得大厅区有足够的自然通风和光线照射，在光照下建筑形体明晰且立面的光影效果丰富。

吉隆坡市政厅同样也是将地方气候特点与文化融合起来的实例（表3-23），首先建筑在气质上吸纳了伊斯兰教建筑端庄典雅的风范，高层办公楼挺拔秀丽的外形使整体建

① 佘畯南. 从建筑的整体性谈广州白天鹅宾馆的设计构思[J]. 建筑学报，1983（09）：39-44.

岭南建筑光线引入建筑内部　　表3-22

项目	特色	平面分析图	建筑实景
白天鹅宾馆（1979～1983） 建筑师：莫伯治	中庭设采光天棚，通过天光形成空间导向	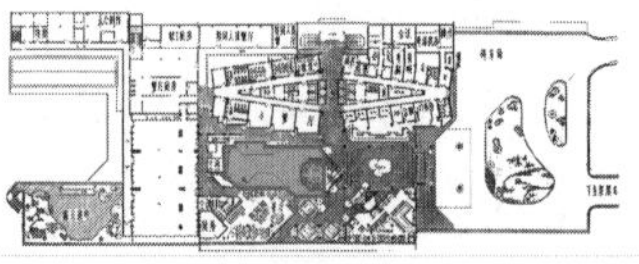	
双溪别墅（1963） 建筑师：莫伯治	以天光小院营造空间氛围	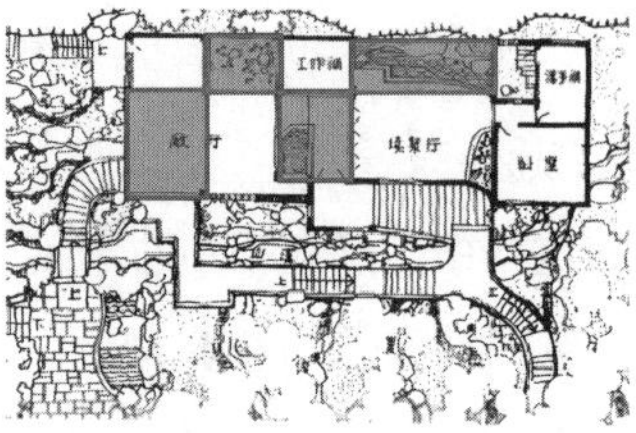	
北园酒家（1957） 建筑师：莫伯治	从庭院引入自然光，巧妙地将各个空间联系起来	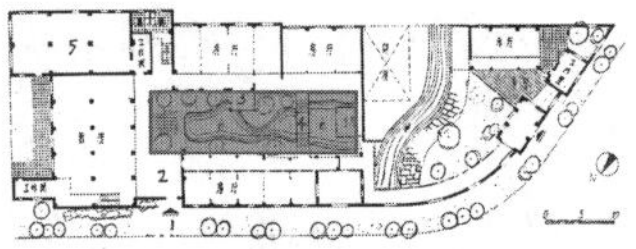	

（来源：左边图根据相关资料自绘；右上图为自摄；右中、右下图来自《莫伯治大师建筑创作实践与理论》）

筑有着现代建筑的现代感，立面被饰以白色贴面，白色的建筑被葱郁的树木环绕，远看过去宛若伊斯兰建筑中高高的塔尖。而最具特色的是整个建筑的立面，遮阳构件在外部形成了一个网状，所有外墙凹进网状体内，整体建筑像镂空白玉般轻巧剔透，在遮挡了炎热阳光的同时，立面上四条竖向的遮阳构件笔直向上，勾勒出犹如清真寺中秀丽的开窗，使工业化构件充满了典雅的韵味。新加坡PUB大厦交错的阶梯式立面营造了独特的外观效果，同时在两者之间提供可供交流的灰空间。阳光在塑造建筑形体中起到了重要作用，垂直方向上的鳍片除了是建筑结构的重要组成部分外，还发挥了遮阳的作用。开窗强烈的节奏感和韵律感、交错的阶梯式立面营造出一种适合公共建筑的端庄和安静的气氛。

光影是一个纯物质性的客观存在，当光线进入建筑时，人们的思想便赋予了光线的意义，使光线具有了哲学意义。马来半岛建筑师深受西方社会的影响，也吸纳了西方文明的自然观，因由自然观的差异导致了建筑设计手法上的不同，对于建筑光影也表达出了不同的效果。马来半岛地区建筑的体量感更强，光线不经处理，透过窗户直

马来建筑侧重用光塑造建筑形体　　表3-23

项目	特色	建筑外观	建筑细节
马来西亚大学总理会馆 （1966） 建筑师： 金顿·路 （Kington Loo）	以阳光为导向，外立面采用厚实的混凝土防晒屏，创造出一种有趣的蛋壳状的表面模式		
吉隆坡市政厅	遮阳构件在外部形成了一个网状，所有外墙凹进网状体内，使工业化构件充满了典雅的韵味		
新加坡PUB大厦 （1977） 建筑师： 谭培华 （Tan Puay Huat）	整个建筑造型从悬臂式的上层逐渐变为深凹式的下层，再加上向下逐渐减小的立面，形成独特的结构轮廓		

（来源：左中图来自维基百科；右下图来自*Singapore 1∶1-city*；其他为自摄）

接进入室内，而岭南地区建筑更加纤巧，体量感弱，光线更多地通过灰空间引入，光环境也比马来半岛地区更加的柔和，光成为建筑与环境连接的纽带，建筑与环境融为一体。

3.3.3　两地水景运用：静水映衬建筑与动水活跃氛围

水孕育了世界文明，滋养了万物，是人类生存不可替代的资源，《易经》有云："润万物者莫润乎水"，水也成了我们与自然间的纽带，让建筑有了与众不同的灵气。岭南和马来半岛都具有充沛的雨量，一年多次强降水，地区内河道广布，水量富饶，另外，两地气候温暖，即使冬季也不结冻和冻裂，使大量的水景做法现实可行。

3.3.3.1 两地共同表现：以方形水池作为平面构图的重要元素

受到海洋文化和地理气候等因素的影响，两地建筑师常设置与建筑体量相当的水池，发挥促进通风、平衡局部温度、收集雨水等作用。岭南庭园常用水庭来分隔空间和组织功能，通过水景带动周边的其他空间，活跃整组建筑的氛围。总体来看，岭南较多采用规则的几何形水池，近代岭南名园如顺德清晖园、余荫山房及东莞可园都采用了方形水庭的做法。在矿泉别墅中，方形水庭与建筑的关系是一种典型的处理方式。为解决场地有限的问题，建筑师将首层设为架空层并设置水庭，一层除西北角的几组小套间外，其余大部分是水域和架空空间，两栋楼间的庭院及水池将架空层联系在一起，南北通透从而形成一个可供会议或活动时使用的大厅。

马来半岛建筑师受西方文化的影响，在保障水池带来的舒适感外，也起到合理组织板块、调适建筑整体色彩，强化线条和体量的作用。在构图布局上，常将水池作为衔接其他区域的重要空间，营造出气势磅礴或肃静神圣的园景。马来西亚国家清真寺在开放通风的廊道空间一侧便是方形水池，蓝色的方形水池在白色典雅的大基调衬托下跳脱出来，使整体建筑风格在肃穆典雅中带着些活泼。另外，水池和喷泉将廊道空间和中央的圆形大厅联系了起来，将气候调节和文化符号融为一体，热带的形式感从水池、廊道、大厅的柱状空间中培育出来，带来舒适感的同时，也带来一种普遍的和平感和精神感（表3-24）。

场地特征为设计依据 表3-24

项目	特色	平面分析图	建筑外观、细节
矿泉别墅（1972～1974） 建筑师：莫伯治	方形水池将南北两栋楼联系在一起，形成一个南北通透的休息厅	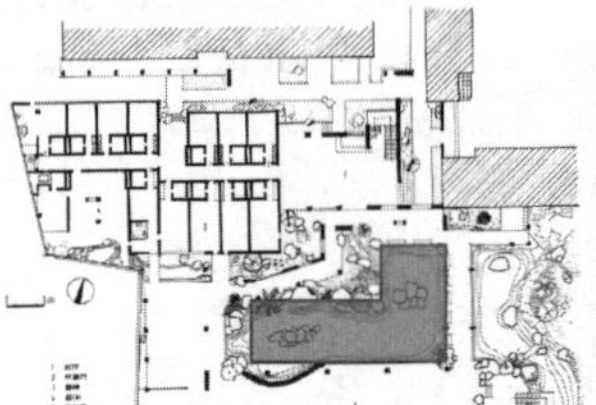	
马来西亚国家清真寺（1965） 建筑师：PWD团队	水池将清真寺中空间联系起来，带来一种普遍的平和感和精神感	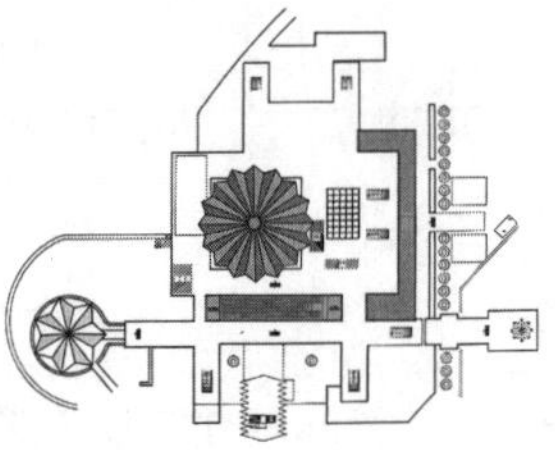	

（来源：左边图根据相关资料自绘；右下图为自摄；右上图来自《莫伯治大师建筑创作实践与理论》）

3.3.3.2 岭南地区多采用静水

岭南地区丘陵起伏，建筑就山形顺水势灵活布局，湿热植被丰盛，传统建筑注重与自然环境的结合。夏昌世和莫伯治认为，岭南传统庭园以景构成具有诗情画意的意境空间，诱使人们有深刻的联想，达到物外有情，言有尽而意未尽的境界①，岭南现代建筑创作体现了对自然真趣的审美意境的强烈追求。

道家之言“上善若水”意指水能滋润万物，却从不夸耀功高德重，岭南建筑师在建筑中采用水池，也有依托水的清静无为衬托建筑的典雅形象的目的。为华南土特产展览交流大会设计的半永久性建筑水产馆紧扣“水”的主题，平面用圆形作为母体，水产馆西侧为主入口，木桥架于六边形水池之上，人们通过木桥进入水产馆参观，正对主入口的鱼箱映入眼帘，绕过鱼箱便能看见围绕中心水庭布置的展厅，向北侧走去，由14个玻璃水箱组成的特殊展墙点明水产馆主题，步入零售展厅，东侧的水池在靠近船楼的水面处向南局部扩大，这些都明示着水的主题。

把旅馆置于自然环境中，或将自然环境置于旅馆建筑中来，是同一手法的两个方面，两者综合运用，效果更佳②。在白云宾馆的创作中，现代建筑的功能空间与庭园营造有机地融合在一起，室内活动流线与庭园中水池结合，即使人在室内也能感受到庭园中自然环境的景致。内部庭园作为公共空间的氛围中心，大堂和公共部分围绕着其中的水池布置，不同功能的建筑结合内部庭园水池，互相分散又以水面整体集中（表3-25）。

3.3.3.3 马来半岛多采用活水

新加坡国家剧院前的喷泉被设置在道路的交叉口和特定位置上，晚上用装饰灯照明以提高城市的环境特色。剧院的喷泉由一个梯形的水池组成，水池内有一个由钢筋混凝土制成的新月形碗，它的周界被“X”形框架顶部的低栏杆包围着，里面填满了向外凸出的半圆栏杆，栏杆外的相邻区域铺上了路面，还有一条从公路上引出的小路。在碗内放置十个喷嘴，将水喷射到约12米高的空中，池中还有一圈喷嘴，在短而内向的线条中形成另一个互补的喷射模式。从远处看，剧院正面的新月形碗与五个钻石形状并置，使得许多人把这两种形状一起解读为五星和新月的国家徽章元素的代表③（图3-11）。

水元素在现代伊斯兰教建筑中多有应用，建筑师在马来西亚国家清真寺中使用了各种各样的喷泉，入口处广场的户外喷泉阵列排布，采用八角菱形的池底结合圆形的水池，喷涌而出的水花给人们以心灵的洗涤，水与清真寺和蓝天相映衬，在营造了区域小气候的同时，也给参观的人们带来了感官的愉悦（图3-12）。

① 夏昌世．莫伯治．岭南庭园[M]．北京：中国建筑工业出版社，2008：193.
② 曾昭奋．莫伯治文集[M]．广州：广东科技出版社，2003.
③ LAI CHEE KIEN, KOH HONG TENG, CHUAN YEO. Building memories: people architecture independce[M]. Singapore: Achates 360 Pte Ltd, 2016.

岭南地区的平静水面　　表3-25

项目	特色	平面分析图	建筑实景
水产馆（1951） 建筑师：夏昌世	用圆形作为母体，紧扣“水”的主题	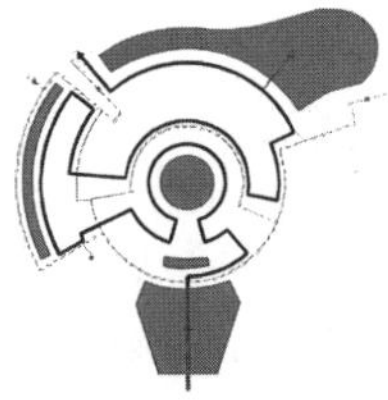	
矿泉别墅（1972 ~ 1974） 建筑师：莫伯治	按照传统庭园布局手法，处理成与庭园尺度相适应的小体量的建筑	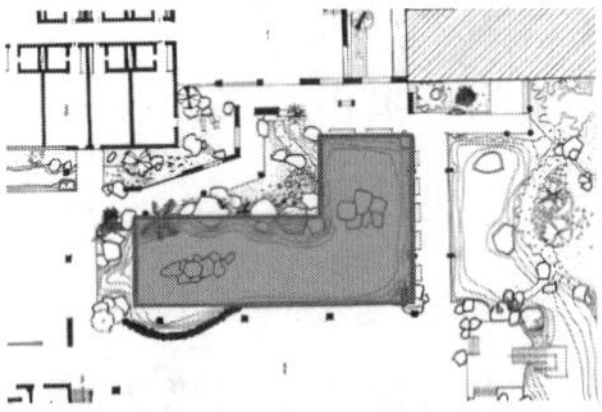	
白云宾馆（1972 ~ 1976） 建筑师：莫伯治	现代建筑的功能空间与庭园营造有机地融合在一起，室内活动流线与庭园空间结合	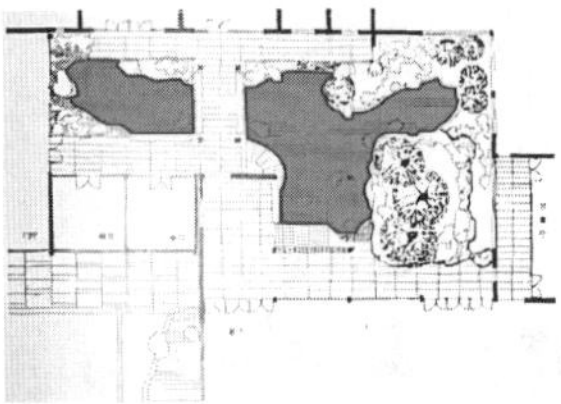	

（来源：左侧图根据相关资料自绘；右上图来自《重读水产馆的建造过程与设计理念》；右中、右下图来自《莫伯治大师建筑创作实践与理论》）

图3-11　新加坡国家剧院
（来源：*Building Memories: People Architecture Independce*）

图3-12　马来西亚国家清真寺喷泉
（来源：作者自摄）

3.3.3.4　对两地水景表现手法差异的探讨

气候条件和地理条件是决定地域环境的重要因素，也是形成独特民族性格的重要因素。建筑承载了人们活动所需要的主要功能，人们通过建筑会无意识地展现出独特的民族性格，民族信仰、民族民风、礼仪制度、宗法宗教以及受这些因素影响形成的意识形态构成了民族性格的主要方面。从经济方面来讲，岭南在1950 ~ 1970年代还未真正走出短缺经济，重点建设项目是靠国家支持为广交会配套而建，因而在活水的设备投入上捉襟见肘。而马来半岛虽然经历初期的经济拮据，但在1960年代末，经济逐步发展和好转，有条件建造大中型的活水景观。

3.3.4 结合繁茂植物：绿植融合环境与融入立体绿化

人们生活不仅需要建筑来为我们提供物理环境达到庇护的目的，更需要精神和意识层面的熏陶。绿色植物可以更好地作用于生活空间，四季常绿、色彩鲜艳及所呈现出最终的艺术造型在视觉、心理上带给人们更多心灵的享受，维护与创造舒适的环境能带来清新的环境，同时对环境小气候的提升也有很大帮助。利用绿色植物造景的设计手法，使植物的生长与建筑两者相辅相成，营造出一种生机勃勃的繁茂景象。

3.3.4.1 岭南地区：常绿植物衬托建筑，与建筑形象协调相处

绿化对美化城市、遮阳降温、改善小气候以及适应南方人喜欢户外活动的习惯都极为有利，建筑与绿化的良好配合，应成为南方建筑的特征[①]。林克明在广州华侨新村的规划中，在干道两旁种木楹树和紫荆，小学教师大楼左右受日晒处种石栗树，西晒场植兰花树，使得整个住区有花香且能以树遮荫。

广州气候温和四季如春，植物生长茂密，这对于建筑结合庭园处理极为有利[②]。山庄旅舍和双溪别墅都位于白云山上，建筑的整体形式与地形地势的特点相结合，从实景也可以看到，建筑与周边树木的结合浑然一体，营造了建筑仿佛山林中生长的意境，可谓具有多样性而不显繁琐，富有层次感却不显冗杂，蕴含意境与深度却不显做作（图3-13、图3-14）。

图3-13 山庄旅舍建筑与环境
（来源：作者自摄）

图3-14 双溪别墅建筑与环境
（来源：作者自摄）

---

① 林克明. 关于建筑风格的几个问题——在“南方建筑风格”座谈会上的综合发言[J]. 建筑学报，1961（08）：1-4.

② 莫伯治. 莫伯治文集[M]. 北京：中国建筑工业出版社，2012.

3.3.4.2 马来半岛：立体绿化，植物与建筑融为一体

立体绿化是指建筑物或其他构筑物在地面以上的所有绿化工作，包括屋顶绿化、垂直绿化、空中花园和平台种植等①。绿化让淡雅的建筑外立面增加活泼的色彩，由于植物的生长性，还带来自然的气息。例如在垂直交通节点上设置挑台、凹入式的遮阳绿化空间，在楼层顶端设置绿化平台、屋顶花园等，通过这些方式构成多层次的绿化系统，创造出立体丰富的生态绿化空间。

在新加坡的规划中，绿化一直是提供优质生活环境的重要因素，也是加强新加坡花园城市特色的战略。从1965年李光耀总理提出“花园城市”的理念开始，现在新加坡还一直在贯彻花园城市的理念。2009年，新加坡市建局推出了城市空间和高层建筑园林绿化（LUSH）计划，以鼓励在新加坡的高层城市环境中普及无障碍绿化，2014年LUSH计划扩展到LUSH2.0下的更多地区区域和开发类型②。马来地区运用垂直绿化的典型建筑如新加坡香格里拉酒店，建筑师将绿色植物作为生态建筑中的主要构成元素，在阳台上附加了植物造景，给庞大的建筑体块增添了柔软和温馨，人文气息也因绿植变得更浓厚。垂直绿化同时也使得建筑的平面布局更加丰富，在建筑内外形成更多样化的空间（表3-26）。

马来半岛的立体绿化　　表3-26

项目	特色	建筑外观	建筑实景
新加坡香格里拉酒店（1971）	钢筋混凝土穹顶和绿化阳台是酒店的标志性特征		
潘丹谷公寓（1978）	以创造新式公寓为第一原则，巧妙结合自然地形，打造一个美丽宜居的郊区绿洲		

（来源：左下、右下图来自*Our modern past*；其余图为自摄）

只要在设计之初考虑到植物的生长趋势和后续影响，屋顶绿化可以维持很长一段时间，进行光合作用的同时蒸发一定的水分，不会给城市带来压力，这也是屋顶绿化

① 胡永红，城市立体绿化的回顾与展望[J]. 园林，2008（03）：12-15.

② 市区重建局. 更新城市空间和高层建筑园林绿化（LUSH）计划[J]. 2017（06）.

被接受和使用比较多的主要原因。于1978年建成的潘丹谷公寓是《新加坡公寓发展指南》发布后建立的首批项目之一，公寓对称排列并通过露天楼梯相互连接，每层配有绿色阶梯式露台。阶梯式的体量为公寓提供了宽敞的私人阳光花园露台，向外打开的露台拥有通畅的景观视线，场地原生的遮阳树木被纳入景观公共区域，与逐级跌落的屋顶露台掩映成趣。

城市绿化的主要目的是改善城市环境，兼有储存雨水减缓洪水的发生，改善空气质量，提高生物多样性的目的。从经济效益方面考虑，城市绿化可以减少能源的使用，降低使用成本；从环境美学方面考虑，植被为城市增添绿色空间，给人美好的视觉感受，拉近与大自然的距离，促进社会间的互动，为城市带来更多的活力。

3.3.4.3 关于两地绿植手法差异的讨论

1950～1970年代，岭南多用常绿植物衬托建筑，马来半岛已采用立体绿化的方式使建筑与植物融为一体，引起这一现象的原因有着政策、经济地理等多方面因素的影响。从政治方面来讲，1965年新加坡共和国成立，国家经济形势严峻，时任总理的李光耀为了改变新加坡落后的状态，尝试用环境建设转变经济发展，提出实施建设“花园城市”，制定并实施了一系列绿地绿化的规划与措施，自上而下地进行“花园城市”规划建设。直到现在，新加坡政府还在积极推动建筑师、开发商和业主提前整合景观设计，并在设计这些空间时充分考虑永久性种植的结构、空间和功能要求。从经济地理方面来讲，马来半岛是亚洲地区经济水平较高的地方，建筑密度相较于岭南地区大，土地资源缺乏，建设用地短缺，对于城市热岛效应，立体绿化是最好的解决方法。

第4章 基于社会适应性的两地现代建筑创作比较

本章从社会适应性维度比较了岭南与马来半岛地区现代建筑创作的异同。首先，从重点建筑类型发展角度，分析文化建筑、集体住宅和宾馆酒店三种类型建筑的创作特征。其次，从建筑成本控制策略角度来看，岭南地区通过单体创作的微观思维最大化的控制造价，马来半岛地区则采取标准化的宏观思维来实现规模化生产。最后，采用组织学和管理学的视角比较两地建筑创作机制，适应社会是建筑师展开创作和建筑付诸实施的重要前提。两地建筑师在创作中对影响创作的社会因素综合把控、灵活应对，使建筑作品承载了社会和时代的需求、价值和情感，至今依然表现出动人的品质。

建筑的社会适应性是其变化与发展的动力，属于社会生产活动的建筑创作受诸多社会因素的制约，只有适应外部的商贸、生产、制度等环境并被决策者和公众接纳，才能将诸多社会因素转化为变化与发展的动力，促进建筑的建成实施，并发挥其社会价值。本章基于社会适应性的理论维度，结合社会学、类型学、组织学等研究视角，通过对两地建筑重点类型发展、建筑成本控制策略、建筑创作机制三个方面的比较，进一步凝练多种社会因素共同作用下岭南与马来半岛地区建筑创作所蕴含的社会时代精神。

4.1 社会变革促进下两地建筑重点类型发展比较

类型建筑的功能演变最为生动和直接地反映了不同时代的社会需求：国家在独立之后急需表达民族独立和进步精神，文化建筑作为理想的物质载体得到大力建设；居住是保障社会安定和人民基本生存的物质前提，住房建筑成为新成立政府的工作之重；解决安定和生存之后即是发展，宾馆建筑作为商贸交流和投资建设的重要类型快速发展。因此，这三个类型建筑得到社会、政府和建筑师的极大重视，也在岭南和马来半岛的建筑创作实践中具有各不相同的特征。

4.1.1 新兴国家的自强意识促成文化建筑的兴起

两地的社会时代背景的差异，形成了不同的文化建筑创作设计理念。岭南地区表现为文化建筑为市民服务，以谦虚的身份融入城市，而马来半岛地区则将文化建筑作为新兴国家人民的精神支柱，将国家形象和宏观结构置于功能之上，以主导城市空间。

4.1.1.1 岭南地区：丰富市民的文化生活

岭南的文化建筑融入城市的结构和生活，提高市民基本的文化生活，以实用简洁的设计理念满足使用基本需求。中华人民共和国成立初期，岭南的创作环境相对宽松，文化建筑以实用为主，作品风格体现简洁的现代主义风格。

广东省科学馆是文化建筑中较有代表性的，也是建筑融入城市空间的优秀案例。1957年林克明在广东科学馆的创作中，力求与中山纪念堂的风格协调，轴线与中山纪念堂平行，位置在其西侧，总平面是中轴对称的“工”字形布局，南北朝向，主入口在南边（图4-1）。为了配合中山纪念堂的大屋顶，专门设计了较小的屋顶并装饰以屋檐装饰线[①]（图4-2），以更好地融入整个城市结构中，摒弃宏大叙事，实用功能较强

① 林克明. 世纪回顾——林克明回忆录[M]. 广州市政协文史资料委员会编，1995.

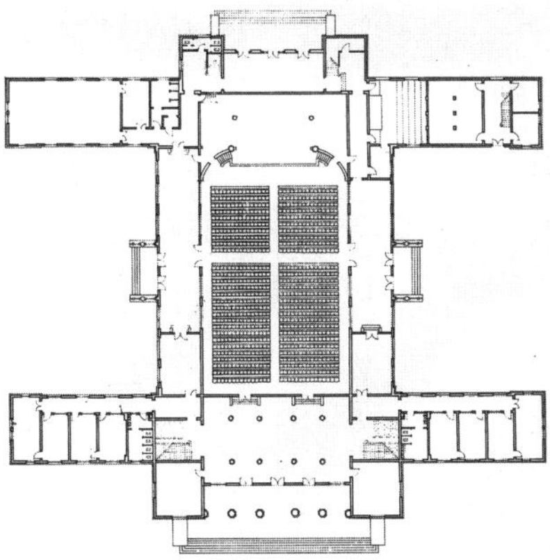

图4-1　广东科学馆平面图
（来源：《岭南建筑师林克明实践历程与创作特色研究》）

图4-2　广东科学馆鸟瞰
（来源：《岭南建筑师林克明实践历程与创作特色研究》）

（图4-3）。设计中建筑师吸取传统建筑的一些处理手法，但又不完全将传统宫殿建筑进行照搬，结合现代建筑的功能特点去进行设计，简化传统建筑的构件并只选择重点部位进行装饰，既节约了建筑造价又符合人们的审美观念，是对传统的继承和发扬，项目完成后有效提升了片区的整体环境。

图4-3　广东科学馆外观
（来源：《岭南建筑师林克明实践历程与创作特色研究》）

再以佘畯南的经典代表作品友谊剧院（1964）为例。在1950年代的复古主义思潮中，中国建筑界有着追求宏伟气魄的建筑创作潮流，广州市友谊剧院的创作与之不同，设计者将经济性和亲人尺度作为建筑构思的主要依据，将经济与美观的矛盾进行统一处理。建筑师打破了当时剧院建筑普遍存在的形式主义潮流，代之以“为人”的设计，友谊剧院体现出人本主义关怀，其设计以符合人体尺度和功能合理为原则。当时的剧院设计受苏联剧院创作方法的影响，追求宏伟庄严气派，从而在平面上表现为对称构图，尤其在入口设置一个大前厅用于表现“大气魄”，形式大于功能。与形式主义不同的是，友谊剧院的设计将平面和空间组合都作不对称处理，以功能需要和适当的空间比例为设计准则，细部各部构造尺寸都为较为接近人本空间的比例和尺度。在组织内部空间时，结合南方地区的气候特点作开敞和半开敞的处理，在基地南部结合开敞式休息廊设置休息庭园，人们从休息廊可进入到庭园中，将室外的格调延伸到室内来，使内外协调渗透而获得整体的效果。

友谊剧院反映了岭南现代建筑经济朴素的原则，契合佘畯南先生的“以虚代实”的创作观念：注重空间处理，以无形的方式表现了建筑的艺术性。其朴素的建筑外形，通过比例尺度的推敲表现出结构和功能相互契合的形象；不依靠装饰而运用材料本身的色彩和质感，求得建筑形象与环境的协调；对材料的运用、对建筑标准的选择力求做到“应高则高，该低则低，高中有低，高低结合”。佘先生认为，坚持以经济价值作为衡量建筑的合理性的标准之一，在建筑的功能方面满足了人性的需求（表4–1）。

友谊剧院分析　　表4–1

项目	特色	平面分析图	建筑外观
友谊剧院（1964） 建筑师：佘畯南	布局灵活，经济适用	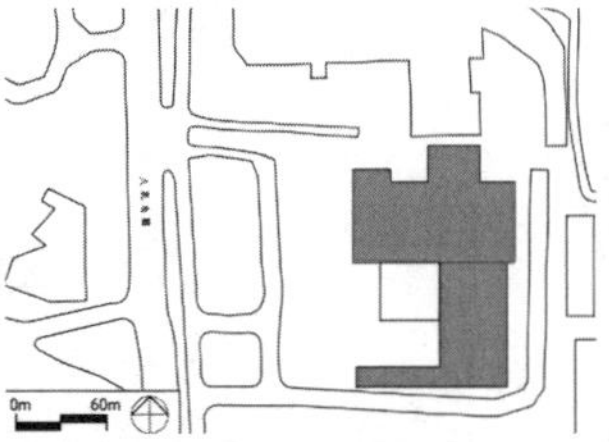	
	首层平面与前厅	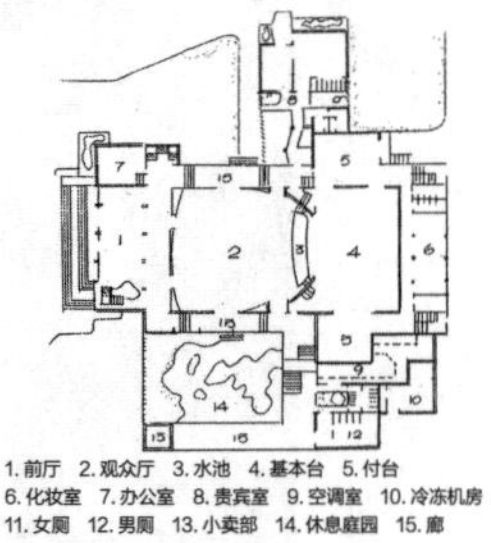	

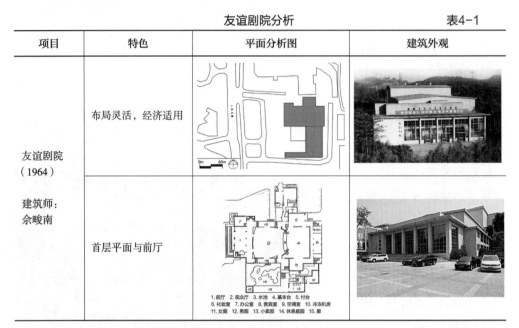

（来源：左上图根据相关资料自绘；右下图为自摄；其他来自《岭南近现代优秀建筑·1949—1990》）

4.1.1.2　马来半岛：追求社会意义的表达

不同于岭南文化建筑的亲民性特征，马来半岛的文化建筑作为国家象征的作用超过实用功能。追求社会意义的表达使得建筑力图成为城市空间的主导和精神象征，因而文化建筑居高临下，采取宏大构成的方式统领城市空间。

马来半岛1959年独立之后的年代是英雄主义建筑的时期，为建筑师和规划者提供了建设具有国家纪念碑意义的建筑机会①。建筑师充满民族主义精神，并以现代主义语言进行表达，在这段时期新加坡和马来西亚政府规划和建造了若干具有国家重要性的文化建筑，这些建筑包括新加坡国家图书馆、新加坡会议厅和工会大厦、马来西亚八打灵再也市民中心等。

① William SW Lim，“一个意外的故事：新加坡住房体验”，Habitat International 12，no. 2（1988）：34.

一方面，文化建筑追求社会意义的表达，新加坡会议厅和工会大厦是新国家独立后创新的重要里程碑。作为1961年全国公开竞赛中的获奖设计，建筑坐落在新加坡中央商务区占地1.2公顷的地块上，是珊顿道开发的第一座建筑。通过为工人、雇主和政府提供空间场所，预示着新加坡独立初期的公民愿景和国家身份的形成。新加坡会议厅和工会大楼作为那个时期的典型建筑，建于殖民主义与现代化之间过渡的时期，建筑将区域独特性与现代理性主义进行平衡处理，该建筑也是有组织的劳工与李光耀人民行动党政府之间短暂联盟的产物。新加坡会议厅和工会大厦将建筑平面和建筑结构之间进行渗透处理，建筑强调对通透内部结构的表现，主要焦点礼堂通过玻璃幕墙清晰可见的倾斜座椅靠背形成明显的连接（图4-4、图4-5）。从而明显地展示建筑物的各种功能、结构和空间，借此表达政治机构透明、平易近人的迫切愿望，并将这种理念具体形象化，成为后殖民主义新价值观的实际体现。

图4-4 新加坡会议厅原有的自然通风中庭
（来源：*Datuk Seri Lim Chong Keat*）

图4-5 新加坡会议厅今天的中庭使用空调
（来源：*Datuk Seri Lim Chong Keat*）

另一方面，通过建筑主导城市空间，马来半岛的文化建筑作为社会与时代的精神支柱，其国家意识和象征形象十分强烈，注重形式多于功能。以新加坡裕廊市政厅为例，该建筑是裕廊镇公司（JTC）的行政总部，由于选址位于较为偏僻的地方，为了吸引工人居住在裕廊，裕廊镇公司计划将工业区变成一个有公园、电影院等各种设施的生活小镇。为此开展了市政厅的设计竞赛，以容纳其总部和提供一个市民中心，选址位于市中心24米高的山顶，周围有高尔夫球场和河流公园绿地，建筑成为国家工业化象征的里程碑。

裕廊市政厅作为英雄主义文化的缩影，建筑外观着重表现其巨大的造型特征。作为大型公共建筑，其挑战在于既成为城市的象征性地标，同时又能向公众保持开放性。建筑的构思就像一座现代化的山顶卫城，两个平行的巨形板块随着地形逐渐变细，与楼梯和城墙融为一体，然后向外张开，如同山脊上的倾斜墙倒置。建筑由两个不等长的五层水平块组成，在裕廊镇中心的一个斜坡上的战略选址使它能够俯瞰整个庄园，它的“皇冠”是一个58米高的钟楼，可视性较强，以一个工业灯塔的方式表达新兴国家发展的信心。建筑物张开的墙壁进一步强调和表达了一种至高无上的国家荣誉感。有存档的图像画面显示，当时的国家发展部部长郑章远（Teh Cheang Wan）先生在裕廊镇向总统本杰明·希尔斯（Benjamin Sheares）博士介绍其中一个俯瞰庄园壮丽景色的房间，可见该建筑深受喜爱。建筑宽敞的大厅丰富了城市公共空间，体现该项目的公民理想。如今，它仍然是裕廊的一个重要地标，象征着新加坡的社会发展和工业进步（表4-2）。

新加坡裕廊市政厅　　表4-2

项目	特色	平面分析图	建筑外观
新加坡裕廊市政厅（1973） 建筑设计竞赛的获奖作品，建筑师Lim Chong Keat是该团队的重要成员	象征性建筑，虽然位于偏僻地段，仍强调至高无上的社会意义	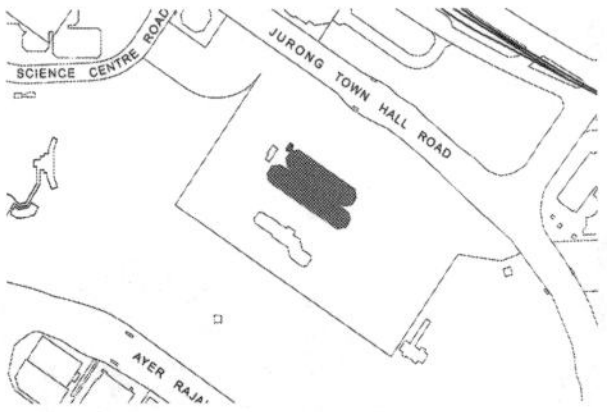	
	平面图	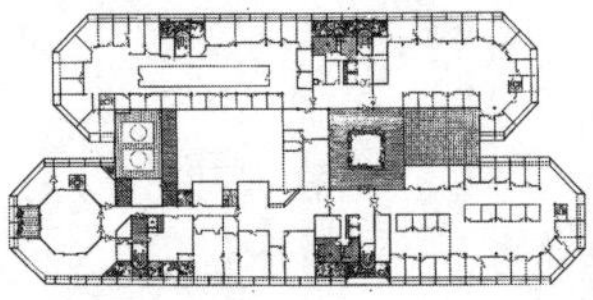	
	剖面图	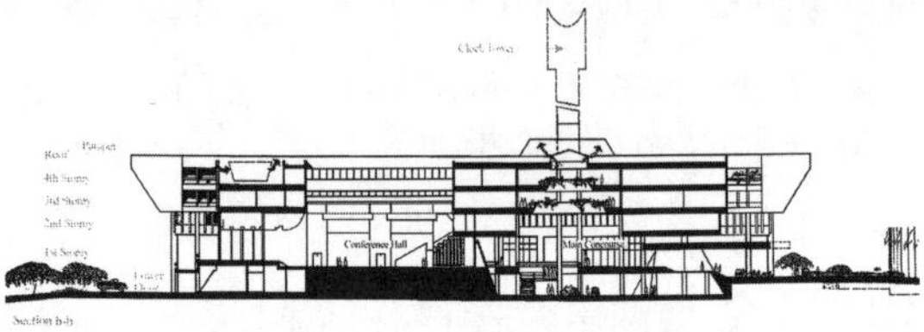	

（来源：左上图根据相关资料自绘；左中、左下图来自*Singapore 1：1-island*；其他为自摄）

以马来西亚八打灵再也市民中心为例，再次表现了马来半岛文化建筑的标志性社会意义和建筑主导性城市空间。市民中心项目属现代主义野兽派风格，是吉隆坡卫星城中举办音乐和文化表演等社交活动的标志性建筑。1970年代，马来西亚市郊的许多市政建筑，受柯布西耶在印度昌迪加尔所作的一系列市政建筑设施风格的影响，都倾向借用野兽派风格表达“英雄式”的纪念性，外表特征具有强烈的几何形，随处可见的抽象装饰，以及大胆的曲线形混凝土构件等强调着这种鲜明的野兽派风格。

建筑外观可识别性最强的特征是其独特的双曲线形屋顶，首层架空支撑柱列和显眼的服务核心，都表达了该文化建筑将社会意义和主导意义摆在首位的理念。双曲线形屋顶类似于勒柯布西耶设计的昌迪加尔联合市府大楼，整座建筑犹如嵌入大地的远洋巨轮，舷窗式窗口和直通礼堂的透光塔进一步增强了轮船般的建筑语汇（表4-3）。由于该建筑设计上思路清晰合理，结构构成坚实，建材用料牢固，这座1977年建造的市民中心至今依旧具有优于当今许多市政建筑设施的优势，象征马来西亚新国家的顽强的社会意识和空间结构。

吉隆坡八打灵再也市民中心　　表4-3

项目	特色	平面分析图	建筑外观
马来西亚八打灵再也市民中心（1977） 建筑师：Projek Akitek	八打灵再也市民中心是吉隆坡卫星城的标志性建筑	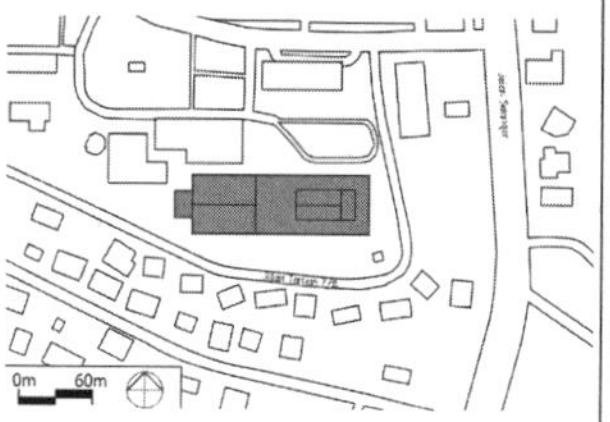	

（来源：左图根据相关资料自绘；右图为自摄）

4.1.1.3　两地文化建筑的空间设计比较

从岭南地区和马来半岛地区文化建筑的外部空间、室内空间、场所氛围三个方面，分别对其建筑空间进行比较，并分析其差异性存在的深层原因。

其一，在两地文化建筑的外部空间方面，二者呈现出对位置环境不同程度的处理，在具体环境利用以及空间处理上都有呈现（表4-4）。岭南地区由于当时的民族经济条件和建筑环境条件，使得建筑与环境的配合及建筑形象塑造成为重点问题，文化建筑在设计过程中根据周围的环境条件，适当调整设计思路，必要时可以利用周围其他建筑的陪衬烘托作用，与周围的城市大环境有机融合，从而形成一个完整和谐而又符合公众审美的人居环境。而在马来半岛地区，文化建筑由于其公众性和教育文化性等特征，在当时是马来地区国家英雄主义文化的缩影，是国家独立的象征性纪念物，因此即使选址位置偏僻，马来半岛的文化建筑也十分重视建筑的形式感，并具有强烈的几何结构外观特征，形成城市乃至国家宏伟形象的标志特征。

其二，在两地文化建筑的室内空间比较方面，在注重人的使用需求和行走体验方面差异显著（表4-5）。对岭南地区而言，建筑创作从国情出发，坚持以经济价值和实用性体验作为衡量建筑的合理性的标准。建筑的功能满足使用者的需求，在组织内部空间时，将门厅等从室内净空要求较高的舞台和观众厅中独立出来，在景观体验上，建筑围绕庭园采用开敞式平面，与庭园相互渗透。因此，岭南地区文化建筑的室内空间没有追求夸张的大尺度，不强调城市的宏伟巨大形象，而是致力于营造舒适优雅宜人的与庭园

两地文化建筑外部空间比较　　表4-4

	岭南地区（广东科学馆）		马来半岛地区（裕廊市政厅）	
总图关系	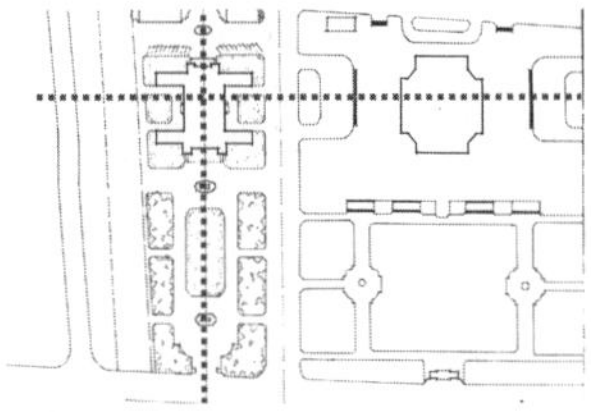	根据周围的环境条件，起陪衬烘托作用，形成一个完整和谐的建筑组群	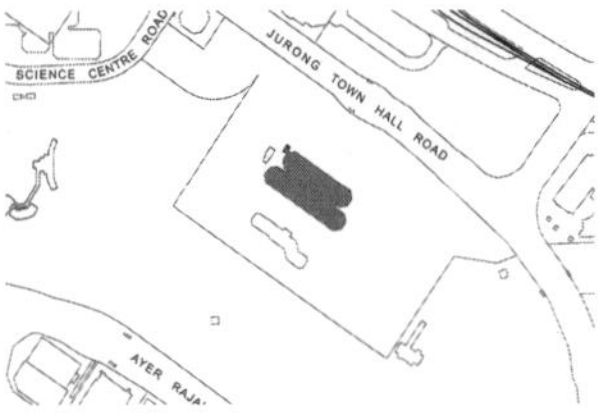	选址位于市中心24米高的山顶，位置偏僻
空间比较		平坡屋顶结合衬托中山纪念堂周围的环境		建筑的构思就像一座现代化的山顶卫城

（来源：左上、右上图根据相关资料自绘；右下图为自摄；左下图来自《岭南建筑师林克明实践历程与创作特色研究》）

两地文化建筑室内空间比较　　表4-5

	岭南地区（友谊剧院）		马来半岛地区（马来西亚大学总理会堂）	
建筑门厅		门厅从室内净空要求较高的舞台和观众厅中独立出来		表现为野兽派的建筑特征，粗糙、块状表面、混凝土结构，尺度宏大
景观比较		建筑围绕庭园采用开敞式平面，与景观相互渗透		景观作为独立的分区位于室外

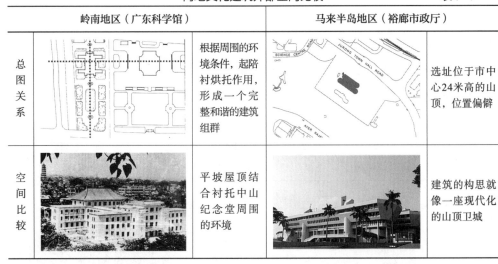

（来源：左上、左下图来自《岭南近现代优秀建筑·1949—1990卷》；其他为自摄）

相结合的室内环境，以满足市民生活世俗享乐的审美需要。

对于马来半岛而言，建筑从后殖民主义建筑中脱离出来，表现为野兽派的现代主义建筑特征，在1960年代，马来西亚当地的海归建筑师和外籍人士将野兽派建筑语言带入国内，表现为粗糙、块状表面、暴露的混凝土结构以及组件的表达等。相应地，其文化建筑中以门厅为代表的室内空间尺度较为宏大，给人一种超出人体正常尺度的宏伟感和自豪感，从而很好地表现出独立国家的独特意义。正如马来西亚总理会堂的设计，其灵感来自柯布西耶的马赛公寓和昌迪加尔秘书处大楼，会堂的总体矩形平面是由两条轴线分隔，产生三个独立的分区，分别为剧场区、大厅区和休息室区域。该设计使得马来西亚建筑从仍在流行的后殖民主义建筑中脱离出来，新的外观和建筑语言为新时代的国民和马来西亚大学教育提供了支点。此外，马来地区的文化建筑的景观配置常常作为独立的分区，在建筑室外空间中起着陪衬附属的作用，有助于缓解建筑材质粗朗的外表，表达出优美的环境条件。

其三，将岭南地区和马来半岛地区的文化建筑场所氛围方面进行比较。以两地的典型文化建筑图书馆为例，既存在着相同的某些特征，又各自具有不同的建筑表达意义。具有典型性的是，两地的图书馆建筑的创作中都注重典雅庄重的场所氛围的营造，都采用了宽阔的台阶将人流引入学术的殿堂（表4–6）。然而建筑造型意义的内涵表达是不同的，在岭南的华工图书馆那里，十分注重建筑的经济实用性能，建筑师将原来的古典宫殿式造型图书馆改造成外观为竖向线条立面，与馆内书库的设置相对应，经济适用而又符合其结构特征。

两地文化建筑场所氛围比较　　表4–6

	岭南地区（华南理工大学图书馆）		马来半岛地区（新加坡图书馆）	
设置台阶		宽敞的台阶将人流引导到二层，给人以学术殿堂的感觉		台阶周围是红砖柱廊，烘托乡土气氛
建筑造型		经济实用，竖向线条主导的立面		砖作为主要的建筑材料，模仿古典乡村风格

（来源：左侧图来自《岭南近现代优秀建筑·1949—1990卷》；右侧图来自*BUILDING MEMORIES*）

对于马来半岛新独立的国家来说，图书馆是十分重要的公民教育场所，需要唤起对于本地传统的记忆与公共国家意识，具有历史代表性的当地材料成为了设计师选择的首要建筑材质。因此，新加坡国家图书馆注重乡土材料的运用，以红砖作为主要的建筑材料，五条嵌有砖线的条纹环绕着最底层的墙壁，建筑物的红砖整体外观体现出模仿古典的乡村风格。此外，与岭南地区华南理工大学的图书馆不同，新加坡通向图书馆的台阶周围虽然也是红砖柱廊，但却起到了烘托乡土气氛和营造传统记忆的神圣感氛围的作用。

岭南和马来半岛地区的文化建筑，在外部、内部及场所氛围中，呈现出显著的差异和各自不同的空间特征。对于上述差异，可以从文化建筑的时代地域特征差异等方面来理解。文化建筑相对于其他建筑类型来说，对于社会背景的变化更为敏感，例如欧洲毕尔巴鄂古根汉姆博物馆就是步入新千年的时代产物，蕴意了当时不稳定、不确定的社会大环境。

建筑理论家克里斯蒂·诺伯格·舒尔茨认为：建筑是一种文化客体，通过文化的象征性，建筑与社会环境的形成有着密不可分的联系，所以，当社会环境出现变革时，建筑必然会转换其角色，像其他的文化形式一样[①]。因此岭南地区在相对轻松的时代环境中追求因地制宜，经济适用，以场地条件为切入点，灵活、多样，融入城市环境，低成本、高品质。而马来地区的现代文化建筑以激动人心的形式表达民族主义，为新兴国家提供了赋予其政治权力以物质形式的机会，利用文化建筑的力量来强化集体意识，并将忠诚和民族主义的思想嵌入其中以塑造社会的公共意识。

4.1.2 人民的基本生活需求推进集体住宅的发展

第二次世界大战后，各国进入调整发展阶段。社会对公有住宅的需求量猛增，解决住房问题成为各国政府的紧迫任务，各地涌现出大规模的重建项目，城市化发展建设突飞猛进。刚成立的中华人民共和国和马来地区为应对这一变化，针对公有住宅类项目在各区域进行了一系列创作实践。岭南地区表现为低层低密度的集体住房为主，而马来地区则逐步发展为高层高密度的综合开发。

4.1.2.1 岭南地区：低层低密度的集体住房

中华人民共和国成立以来的城市亟待建设，为岭南地区城市的开发建设带来了大量的发展机遇，广州解放初期，大量劳动人民涌入广州，推动工业生产快速发展[②]，快速城市化也推动了居住街区建设。另外，在中华人民共和国成立初期广州的居民区房屋破毁所占的比例相当大，人口与房屋的比例十分悬殊，为提高人民的生活质量，市区建设了一批面积约150万平方米的居住街区（图4-6、图4-7）。1950～1970年代这段时期为我国的计划经济时期，广州在此时期以发展工业为主，政府很难投放较多的资金用于住宅建设，住宅建设的投资总量始终维持在一个较低水平，重点在于改善基本居住条件和一些工业区配套项目，因此住宅多为低层低密度建设，形成了一些行列式的集合住区（图4-8）。

① 王丽君. 文化建筑：城市复兴的引擎[J]. 华中建筑，2007（06）：12-14.
② 莫伯治. 广州居住建筑的规划与建设[J]. 建筑学报，1959（08）：21-25.

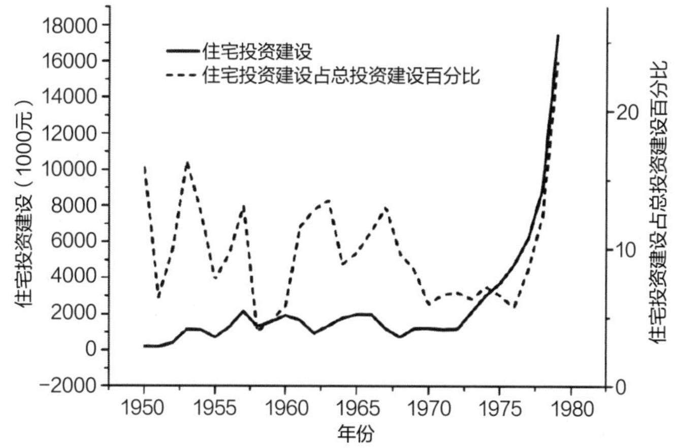

图4-6　1950～1979 年住宅建设投资情况
（来源：《形态类型视角下20世纪初以来广州住区特征与演进》）

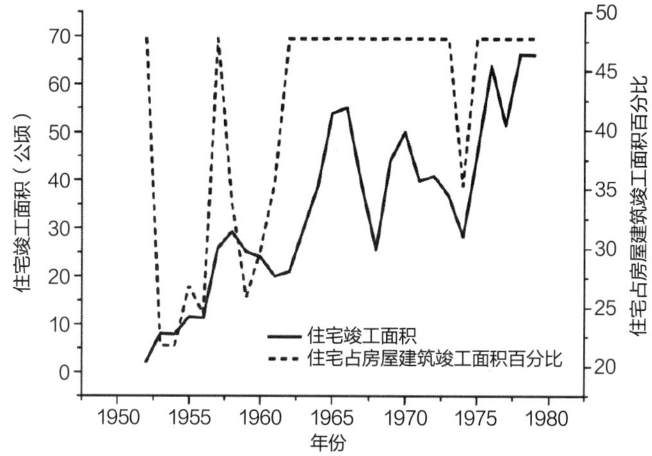

图4-7　1950～1979 年住宅竣工面积情况
（来源：《形态类型视角下20世纪初以来广州住区特征与演进》）

工人新村名称	用地面积（公顷）	总建筑面积（万 m^2）	建筑密度（%）	容积率	平均层数（层）
小港新村	1.80	0.59	32.80	0.33	1
第一重型机器厂生活区	6.97	5.32	25.00	0.75	3
小港南园新村	5.52	4.15	25.00	0.75	3
第二棉纺厂生活区	2.87	2.61	30.00	0.90	3
钢铁厂居住区	7.79	7.01	30.00	0.90	3
商业局职工眷属宿舍	0.73	0.63	29.00	0.87	3
冼家庄工人生活区	1.62	1.00	20.60	0.62	3
员村新村	23.65	14.70	23.10	0.62	4
文冲居住区	99.86	60.60	24.00	0.61	4.8
沙冲居住区	88.36	48.73	23.40	0.55	5
黄埔新港生活区	12.97	9.69	25.00	0.75	4.97
广州石油化工厂生活区	11.82	7.61	31.00	0.64	4.8

图4-8　广州部分工人新村技术指标一览表
（来源：《1949～1978年广州住区规划发展研究》）

该时期的岭南地区新建住宅主要表现为宅间距较小、楼层低、密度低的小型街坊，其居民类型有工厂、企业职工及其家属，以及机关干部、院校教工和学生的宿舍等。房屋类型多为公寓式底层住宅、单身集体宿舍以及双拼联式住宅等，以广州美专教工宿舍为例，其住宅布局顺应地势沿街道布置，由于顺坡建筑土方工程量过大，采用体形较小的双拼联式住宅，并争取朝南光线（图4–9）。建筑通风采光性能良好，生活用房和辅助间都有直接通风采光的窗户，开窗较大。设计运用阳台、露台、宽敞的外廊以及转角阳台等，满足人们眺望户外景观的需求，建筑外观的色调轻淡，立面通透，风格轻快活泼（图4–10）。

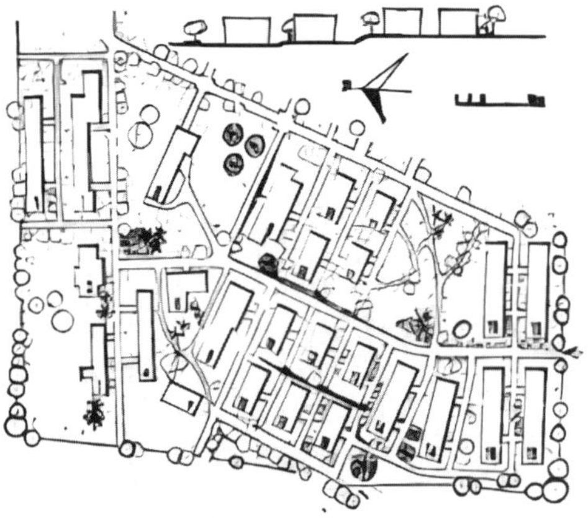

图4–9　广州美专教工宿舍
（来源：广东省建筑设计院）

比较新颖的是按组团布置的华侨居住小区住房，政府根据华侨的生活习惯，修建了许多华侨住宅和新村，其中以华侨新村的建设最为典型（表4–7）。华侨新村1957年由林克明主持建设，保留了场地原有山冈地形，在村前崖地挖筑人工湖，整个住区被分成了7个组团，文化建筑成为统领各住区组团的中心。住区内部文化建筑与公共服务设施齐全，住宅类型多样，表现出对地域气候的适应，进深较小，各房间横向紧凑排列，据统计，1954～1965年间，华侨新村地块内的建筑覆盖率为19%～48%[①]，组团平面呈几何形顺山势分布，组团内单体结合地势高差分层分级布置。

图4–10　广州美专教工宿舍
（来源：广东省建筑设计院）

① 王敏. 广州市华侨新村地区城市形态演变及动因研究[D]. 广州：华南理工大学，2012.

华侨新村分析 表4-7

<table>
<tr><th>项目</th><th>特色</th><th>平面分析图</th><th>1963 年与 1973 年华侨新村建筑高度比较分析</th></tr>
<tr><td rowspan="2">华侨新村
（1957 ~ 1964）

建筑师：
林克明</td><td rowspan="2">低密度，具有花园住宅的明显特征</td><td></td><td></td></tr>
<tr><td></td><td>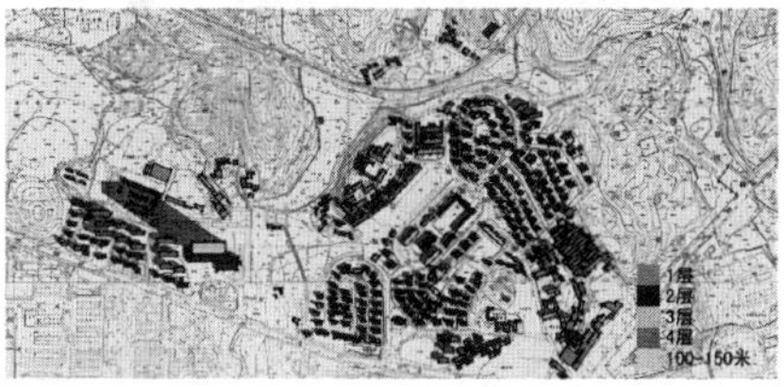</td></tr>
</table>

（来源：左上图根据相关资料自绘；左下图来自《广州华侨新村》；右图来自《广州市华侨新村地区城市形态演变及动因研究》）

4.1.2.2 马来半岛：高层高密度的综合开发

马来半岛在社会巨大变革的背景下，战后重建时期人们的居住环境普遍较差，解决民众住房需求成为当务之急。1959年，新加坡74%的人口居住在只占全国总面积1.2%的市区里①，而且这些住区多为构造简陋、安全隐患严重的贫民窟。因此新加坡政府于1960年代成立了建屋发展局，并推出公共住房计划，为人民提供大量经济、舒适的公共住房，并为此投入大量资金建造了诸多成功的高层高密度的公共住房。

在1960 ~ 1979年期间，一系列相互关联的事件影响了随后以商业活动为中心的概念和公共空间形式。新加坡第二任总理吴作栋于1960年制定了一项为期五年的新加坡发展计划，1961年8月成立经济发展局（EDB）以吸引外国跨国公司到新加坡投资，其后是联合国工业发展代表团访问，促成了裕廊工业区以及其内有住宅区的卫星城镇的规划，这些住宅与勒·柯布西耶1923年尝试的现代线性城市计划不谋而合。马来半岛的公共住房项目对自然地形的灵活适应和社会需求的积极回应，为全世界发展中国家提供了参考范例。

其一，以高层住宅的高容积率开发满足更多住户要求。设置高密度的单元房间以满足高容积率的要求，并且兼顾高层建筑的景观视线和内部庭院的营造。以1976年建成的珍珠银行公寓为例，由谭成雄设计的珍珠银行公寓高达113米，共38层，是当时超高层高密度住宅的典范。一方面，为了压低城市住房成本，公寓设置了尽可能多的单

① 艾亨音. 新加坡公共建屋发展概况[J]. 新建筑. 1986（02）：78-80.

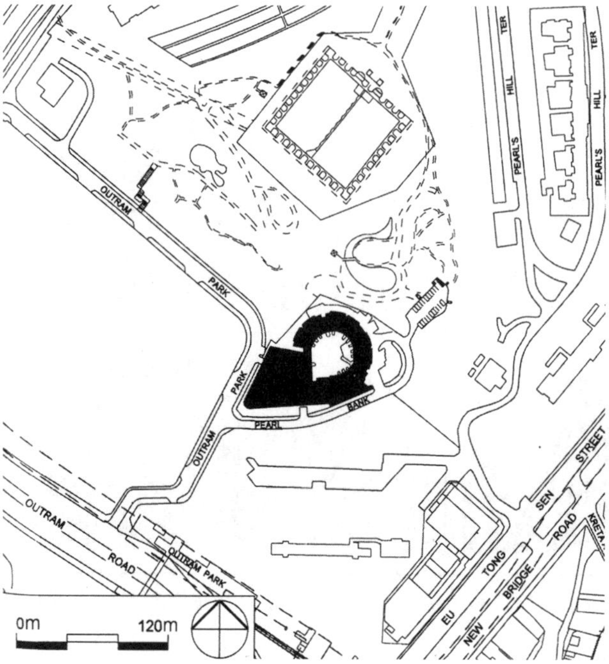

图4-11　珍珠银行公寓平面
（来源：作者自绘）

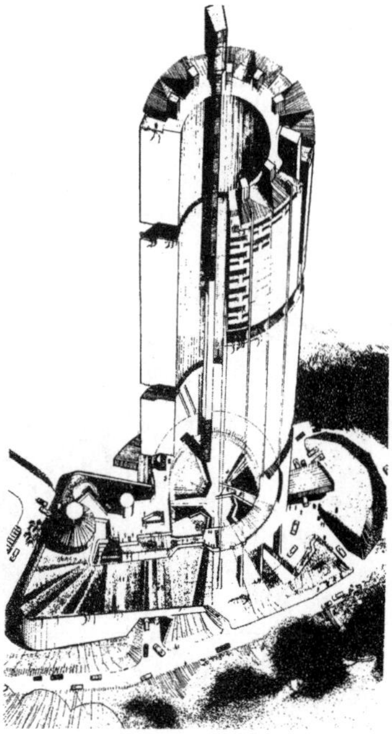

图4-12　珍珠银行公寓透视
（来源：*Singapore 1：1-city*）

元房间；另一方面，马蹄形外弧向外打开，借北侧珍珠山公园的优美风景，内弧形成内向型庭院空间，形成了良好的居住氛围（图4-11）。马蹄形塔楼提供了最小的壁面比，使材料利用更加经济高效，同时，塔楼为所有单元提供日光、通风和最大的景观视野，并将居民与邻居连接起来。圆形结构的开口朝向西方，最大限度地减少了西晒带来的热量和光线，圆形内院直径达30米，具有向心感和内聚效果，圆形板中的狭缝也允许有效通风和一部分阳光进入内部庭院，营造了舒适宜人的生活环境（图4-12、图4-13）。

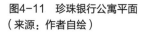

图4-13　珍珠银行公寓实景
（来源：作者自摄）

珍珠银行公寓的平面布局上，公寓的每个单元被进一步划分为公共和私人区域，公用设施和服务区位于公寓的后方，最大程度地为居住者提供了较好的景观视野。卧室和起居室等私人区域位于外缘，公用服务设施等公共区位于马蹄形内弧一侧，能够俯瞰建筑的中央庭院。中央庭院和珍珠山公园的景观得到了最大程度的利用，视线通透无障碍，俯瞰远眺两相宜。单元的空间规划巧妙利用了建筑错层法，竖向空间交错半层，前后分为三种标高，满足高密度住宅内部通风、采光的需求，户型通透。珍珠银行公寓是新加坡高层、高密度住宅的先驱之一，也是当代住宅设计的典范，并成为新加坡和整个东南亚的高密度城市发展的先行者。

此外，马来西亚的高层公有住宅代表性案例有Sungai公寓，当时马来西亚城市居民大多生活在环境脏乱的贫民窟，因此为其提供住房成为迫切需求。Sungai公寓是一个面向贫困家庭的公共住房项目，包含高层塔楼和两栋四层楼高的公寓楼，建成后成为怡保市当时最高的高层建筑。公寓内单元密度大，设计师通过楼与楼之间用步行桥连接，在内部庭院为居民提供了交流活动的开敞空间，围合的建筑增加了社区的亲切感。

其二，以多功能大型综合体的建设满足居民综合的生活需求。综合体建筑将住宅、零售、办公空间整合到一起，形成复合化的多层次空间模式。以新加坡人民公园综合体为例，建筑师将购物中心与高层住宅融为一体，并在原有单层商铺和餐馆的基础上，进行了更新和发展。这是新加坡首次尝试在综合体内修建大型中庭，该项目将中庭公共空间变为一个受欢迎的“城市客厅”，重新构建了这片街区的运作模式，加强了建筑与周边地带的交流联系，从而激发该片区的生机与活力。

新加坡人民公园综合体有三个特色。首先，人民公园综合体是新加坡第一个多功能建筑，也是亚洲首个将住宅、零售、办公空间整合到一起的建筑。住宅的25层被称为“空中街道”，为社交互动和混合提供融合点。屋顶公共区域设有托儿所、露天游乐场等公共设施，活跃了社区生活的氛围。其次，尝试在大型文化建筑内部修建中庭。建筑师创造性地将公民需求纳入设计范畴，结合“一个大建筑需要一个大空间”的理念，为其开辟出公共空间中庭，并把中庭作为社区的核心空间来运营，表现出大型建筑中社会意义和人文精神的重要性。中庭引入自然通风和采光，回应了热带气候特征，为人们提供了简单、舒适、休闲的环境，中庭还与“购物中心”模式相辅相成，竖向贯通的中庭形成一个大型多层空间，同时与商铺平台内侧的走廊相连。这种针对大型零售住宅空间的管理方式，后来被该地区其他购物中心借鉴。

第三，人民公园综合体内部还提供了多层次互动交往空间。预算的限制使电梯只能每隔五层停一次，设计师将这个限制转变为亮点，在住宅塔楼的每个电梯停靠层设计一个露天公共空间，供居民互动（表4-8），从而每五层形成一个集群，各自组成垂直社区，是对居民传统生活习惯和互动方式的回应。人民公园综合体是新加坡标志性的塔台形建筑，也是新加坡独立后最重要的建筑作品之一，推动新加坡建筑走向世界。

其三，在新加坡的高层密集住房建筑中，内部庭院和聚会空间是极具标志性的设计手法，公共空间被纳入建筑群的设计中，不仅很好地美化了居住的景观空间，还为人们提供了社会交往的机会。以丹戎巴葛广场为例，项目是新加坡住房和发展委员会（HDB）第二代高层建筑的一个例子，密集的公共住房综合体类型建于1974～1977年之

多层次的互动交往空间　　表4-8

项目	特色	平面分析图	建筑实景
新加坡人民公园综合体	建筑群结合庭院，围绕榕树布置	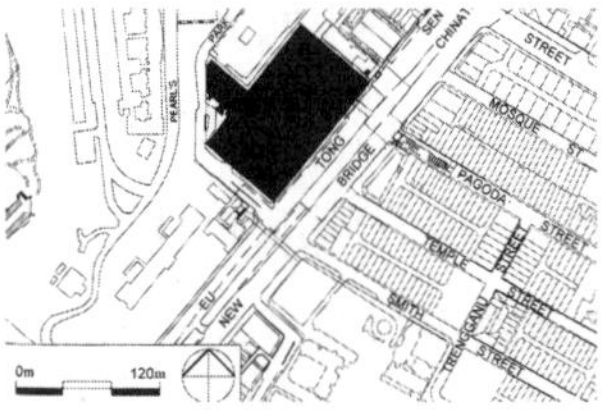	
丹戎巴葛广场（1977） 建筑师：Mohd Asaduz Zaman	庭院是该综合体的公共中心，为裙楼区域提供光线和通风	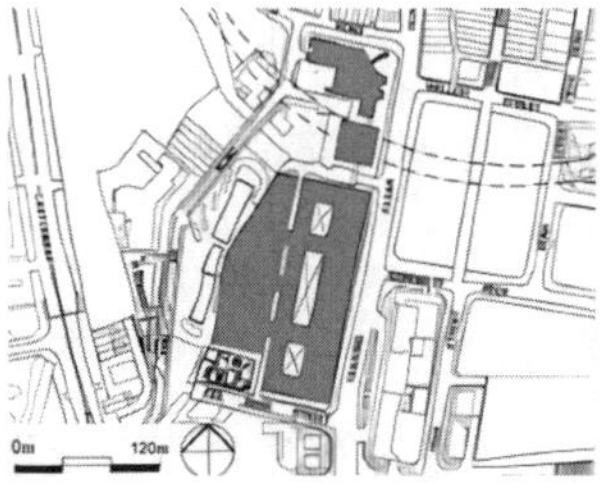	

（来源：左上、左下图根据相关资料自绘；左上图来自*Singapore 1：1-city*；右下图为自摄）

间。该综合体包括五个住宅楼板，楼高18～22层，两个尖塔楼位于商业楼梯上方，设有零售服务和公共设施，如幼儿园、邮局和银行。这个公共住房项目位于一个历史悠久的低层建筑和商店区内，旨在呼应其城市环境的规模。内部园景庭院贯穿整个商业裙楼，原先设置有观赏池和岩石花园，现在有一个开放式广场，中央庭院两端花园都有座位并设有一个观赏亭。因此，公共空间不仅被纳入建筑群的设计中，作为提供光线和通风的手段，而且还为居民和发展用户之间的社交聚会创造了一个非正式的交流场所。

4.1.2.3　两地集体住宅开发的比较分析

将岭南和马来半岛地区的集体住宅比较发现，在社会适应、功能复合化方面存在较大差异，具体论述如下：

1．不同点：因社会制度的不同表现出不同的开发模式

岭南地区集体住宅在当时公有化的社会背景下出现均质趋同的现象，且多为公共住宅，大部分的建设用地都是政府统一管理。大量的住宅建筑都是工人宿舍的形式，早期的集体住宅的形式都讲究“居室均等”以呼应共产主义的社会理想，而且，厨房和浴室、厕所都是公用的，在后期的时候独立的住房形式才开始涌现。建筑组合形式大多都是行列式布局，间距朝向以及室外空间等都大同小异，而华侨新村作为一种与众不同的灵活布局方式，则是为特殊人群，吸引华侨归国而设计的住区。因此岭南地区公有住宅的建筑功能较为单一，岭南地区底层低密度的集体住房形式限制了建筑内部功能的发展，公寓楼内部仅供居住使用，公共活动空间往往转移至街巷空地或社区花园这些建筑以外的区域。

而新加坡的集体住宅由私人和国家共同资助管理，并由最初的小居室发展为高层高密度住区。1959年的新加坡实现内部自治后，人口众多且收入较低，1964年公共住房计划起初从小居室入手，供不应求后很快转而发展高层高密度公共住房。20世纪60年代末和70年代，多功能的大型综合体开始出现。人民公园综合体就是公共建筑进行私人开发的实例，该项目是中央地区向私人开发商出售的14个城市用地之一。新政府对人民公园进行私人内部公共空间的重新分配，基于市场原则进行重建，由国家共同资助、计划和管理，因此呈现出复杂多变的建筑综合体特征。马来地区高层高密度的住区特点为公共活动创造了条件，住区内的公共走廊、中庭、屋顶平台成为社区活动场所（表4-9）。

社会变革影响下的两地公有住宅建筑创作比较　　表4-9

岭南地区（广州美专教工宿舍）			马来半岛地区（新加坡人民公园综合体）	
建筑平面	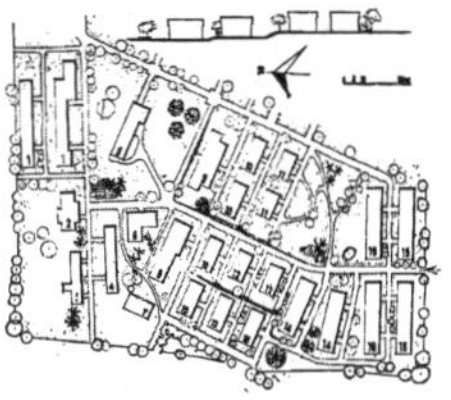	住宅多为低层排列紧密的房屋，组成街巷式组团	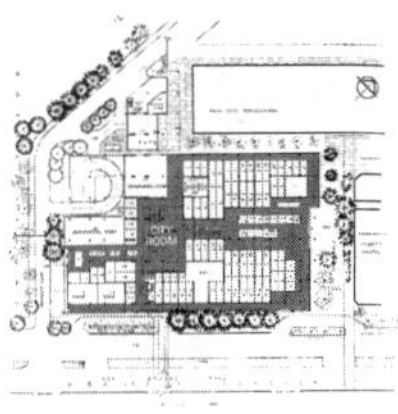	功能多样的复合空间，将住宅、零售、办公空间整合到一起
建成效果		双拼联式住宅有宅间距小、楼层低、密度低的特点		野兽派建筑风格，清水混凝土暴露在外，棱柱状的塔楼与裙楼衔接感强烈

（来源：左侧图来自广东省城市建筑设计院；右侧图来自*Singapore 1 : 1-city*）

2. 相同点：岭南和马来地区的住房都从低收入小居室起步

两地集体住宅的平面布局都表现出对社会问题和使用需求的回应（表4-10）。建设早期，两地都采用将一居室作为主要房型，满足社会最急迫的需求，而且仅用于出租，这类公寓建造难度低，成本低，迎合了低收入家庭的迫切需求，帮助解决基本生存问题。在岭南和马来地区早期的集体住房中，厕所和厨房设施共用，这在今天是不可想象的，却是当时的现实①。新加坡公寓住宅在1950年代初开始建造国际风格的高层建筑，作为街区主要造型者的阳台被走廊取代，其中SIT的第一座高层建筑是上品·皮克林（Upper Pickering）公寓，14层的福法尔之家（Forfar House）于1955年12月建成，它耸立

① KOH KIM CHAY, EUGENE ONG. Singapore’s vanished public housing estates[M]. Singapore: Als Odo Minic, 2017.

社会变革影响下的两地住宅户型比较 表4-10

	岭南地区		马来半岛地区	
廊间式住宅建筑	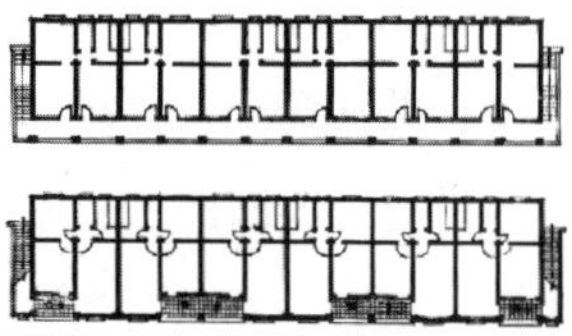	广州华侨糖厂外廊式住宅首层（上）与二层（下）	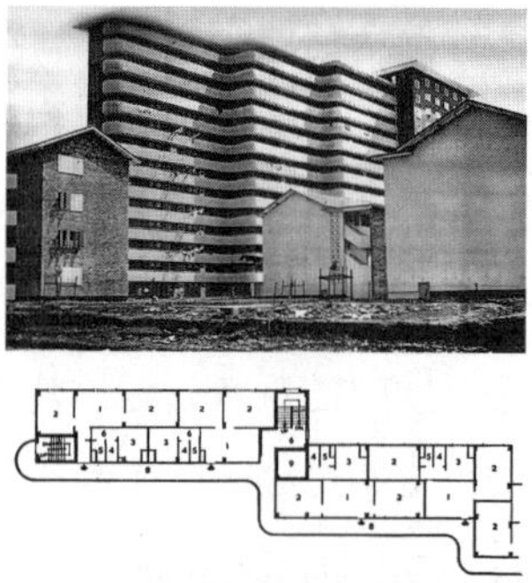	10层高的Upper Pickering公寓
	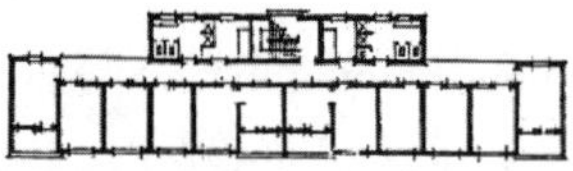	小港新村内外廊式住宅		
梯间式住宅建筑		冼家庄住宅平面与外观		14层高的Forfar House在低层公寓中崛起

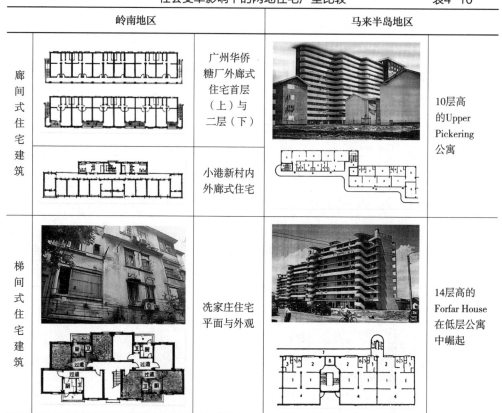

（来源：左侧图来自《形态类型视角下20世纪初以来广州住区特征与演进》；右侧图来自*Singapore 1：1-city*）

在周围的低层建筑之中，其最引人注目的特征是14层走廊，曲线栏杆贯穿整个立面。在1950年代，新加坡的这两个公寓楼在世界其他地方的集体住宅中脱颖而出。

4.1.3 经济增长与对外交流使宾馆建筑初现繁荣

4.1.3.1 岭南地区：广交会配套带动宾馆建设

由于岭南地区一直以来的商贸特色，宾馆建筑成为岭南现代建筑风格的主要体现，广州自清“十三行”到现代“广交会”的一系列商贸活动，带来了岭南地区宾馆业的持续发展，1930年代的爱群大酒店曾是广州当时的标志性建筑。中华人民共和国成立后，广州既是对内和外交接待的重要场所，又作为全国对外出入境的重要口岸，大量海外人士经广州进入国门，这些因素叠合在一起，极大地增加了广州对宾馆建筑的社会需求。在广交会的需求带动下，广州等地出现大容量的高层宾馆建设，宾馆建筑成为1950～1970年代表现岭南现代建筑风格最为鲜明的建筑类型。

岭南地区的宾馆建设初步繁荣，该类型建筑的创作从岭南市民的日常生活中提取创作素材，围绕世俗性的庭园交往空间创作了具有岭南特色的宾馆建筑。到了20世纪70年代，随着岭南地区的国际交流频繁，广州的外来游客与日俱增，为了接待国外旅游团体，港澳侨胞以及大陆的旅客，建设了一批小型庭园旅游旅馆。这类旅馆主要有山庄旅舍（1962）、矿泉别墅（1974）、中山温泉（1980）、顺德中旅社（1976）、深圳东湖宾馆（1983）等（表4–11）。

植根于市民生活的多层宾馆　　表4–11

项目	特色	平面图	建筑实景
山庄旅社（1962） 建筑师：莫伯治	是政府为了扩大对外交流而建成的高标准招待所建筑	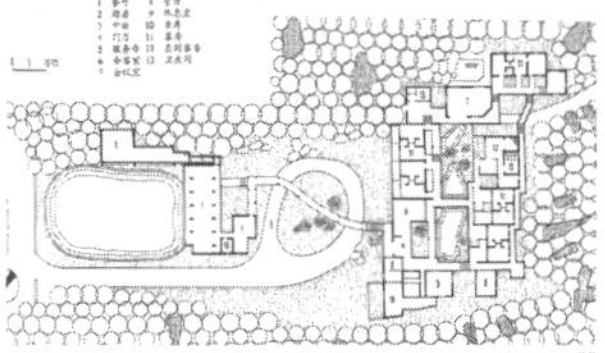	
矿泉客舍（1974）	建筑底层架空的庭园，具有适宜的体型和朴素的格调	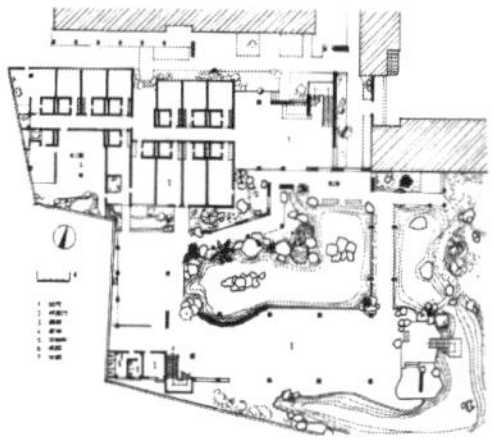	
广东顺德旅行社（1976）	建筑是顺德籍港澳同胞参加广交会时使用，是园林式宾馆	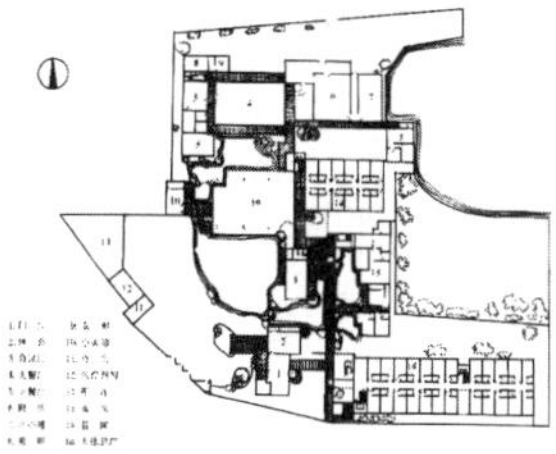	

（来源：《莫伯治文集》《岭南人文·性格·建筑》）

为了适应新中国外贸活动的发展，尤其是广交会接待的需要，新爱群大厦是为了满足广交会接待任务而建设的第一项重点工程。后来随着外贸活动规模的增大，对外交流日益频繁，原有的宾馆建筑容量不够，因此在广州地区新建了一大批多层宾馆，包括广州宾馆（1968）、东方宾馆新楼（1973）、流花宾馆（1974）、白云宾馆（1976）、广州白天鹅宾馆（1983）、中国大酒店（1983）、华侨酒店（1982）、广州南湖宾馆（1981）、深圳东湖宾馆（1983）等。

岭南现代高层旅馆设计糅合岭南传统造园的艺术理念，通过园林组景将各公共活动部分组成多层次的园林活动空间。以白云宾馆为例，为在1976年10月中旬举行的第40届广交会投入使用而建设，在总体布局上，保留用地南部的山岗地以及用地内3株古榕，宾馆建筑群结合庭院并围绕榕树布置。在建筑立面造型上，采用了高低层结合的空间处理方式，不追求绝对对称，板式的主楼以带形窗、裙房、顶层游廊等水平线条塑造主体的水平感，再辅以山墙和竖板的竖向分隔等处理手法，使宾馆的板式立面灵活多变但不失稳重、简洁大方（表4-12）。

广交会带动下的高层宾馆　　表4-12

项目	特色	平面图	建筑外观
广州宾馆（1968）	由政府拨款建设，并高于当时国内最高的上海国际饭店		
东方宾馆（1973）	宾馆西楼工程是1970年代为广交会建设的广州外贸工程之一	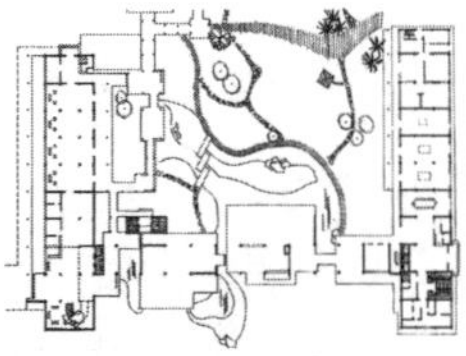	
白云宾馆（1976） 建筑师：莫伯治	距离广交会仅4公里，更便于参与广交会的外宾和客商入住	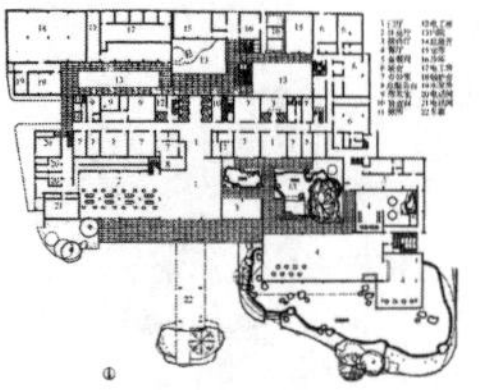	
白天鹅宾馆（1983） 建筑师：佘畯男 莫伯治	白天鹅其中庭“故乡水”充分反映了游子返乡和思乡的情感	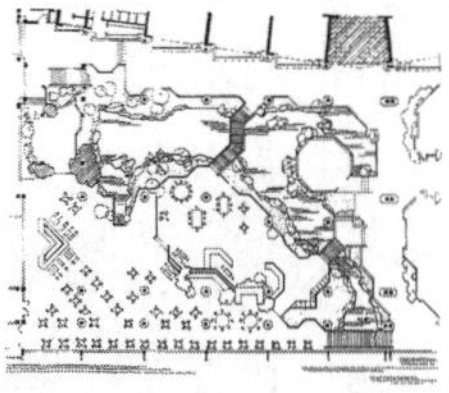	

（来源：《莫伯治文集》《岭南人文·性格·建筑》）

4.1.3.2　马来半岛：城市商业开发推动宾馆兴建

在城市商业开发的推动下，马来半岛地区宾馆酒店建筑蓬勃发展。新加坡市建局通过兴建酒店等商业项目，来促进旅游业发展，助推新加坡经济增长。1970年代末，新加坡的现代建筑创作热点由住宅转向宾馆酒店建设，并成为现代新加坡城市规划的重点。政府出售私人开发用地计划是促进城市发展和经济增长的重要工具，市建局会为每块售卖的土地制定非常具体的规划和设计要求，市建局出售的地盘计划亦提供很多财政奖励，以吸引投标者进行投标。招标文件明确规定，除了提供的价格外，市建局小组在决定投标中标单位时也非常重视配套的设计方案，通过这种方式促进良好设计的形成，同时也培养和帮助发现更多有才华的建筑师。

在马来西亚则以联邦酒店较为典型，该类型建筑的社会背景是当时马来西亚正在准备独立于英国，即将成为总理的东姑（Tunku）担心吉隆坡缺乏专门接待外国政要的住所。当时马来西亚自有的酒店容量不足，而且大多数酒店都没有达到国际标准，政府决定建立一个具有国际品质的酒店，并邀请建筑师刘蝶（Low Yat）进行设计。

联邦酒店位于吉隆坡星光大道，是当时的高档酒店之一。设计旨在呼应自由、解放的时代精神，并设定新的国家酒店标准，目的是以此彰显酒店在当时的简明性和独特性。联邦酒店在设计中运用了现代建筑的语言，主体建筑是一个简洁的矩形体块，每个房间都有凹进去的窗户。富有表现力的设计赋予了酒店现代化的特色，这使它不同于当时在马来亚设计的其他酒店建筑，也是全国第一家拥有旋转餐厅的酒店[①]。该酒店还拥有吉隆坡第一架自动扶梯，近年来，该酒店经历了多次翻新，然而它的许多功能并没有改变，大部分装饰品仍然保留建筑师最初设计时的模样（表4-13）。

马来西亚联邦酒店分析　　表4-13

项目	特色	平面分析图	建筑外观
马来西亚联邦酒店（1957） 建筑师：Low Yat	设计旨在呼应自由、解放的时代精神，并设定新的国家酒店标准	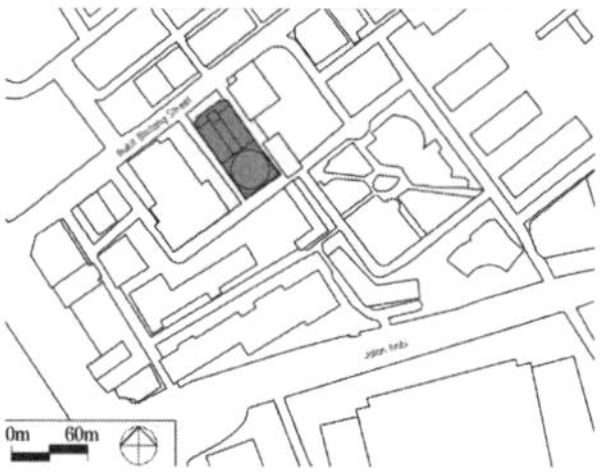	
	建筑外观图		

（来源：左上图根据相关资料自绘；右上图来自*The Living Machines*；左下、右下图为自摄）

① AR AZAIDDY ABDULLAH. The living machines: Malaysia's modern architectural heritage[M]. Kuala Lumpur: Pertubuhan Akitek Malaysia in Collaboration with Taylor's University, 2015.

新加坡香格里拉大酒店的特色在于其地面和建筑内营造了绿意葱葱的植物，在高度城市化的环境中创造出一个真正的植物天堂。新加坡香格里拉大酒店是一个集观景、休闲、住宿为一体的豪华酒店，酒店的区位从一开始就是影响设计方案构思的重要因素，因为场地既紧邻乌节路繁忙的交通，又身处闹市中的植物园，这样闹中取静的特点造就了设计师将其打造为一个城市度假胜地的概念。在5.1公顷的场地范围内，设计师规划了一个三洞高尔夫球场和自由形游泳池等娱乐设施。通过对场地要素的充分考虑和对建筑功能的合理分析，探索建筑与环境的关系，同时增强了酒店的独特性，使其商业价值倍增。

在建筑形体的处理上，钢筋混凝土穹顶和弧线阳台成为香格里拉大酒店的标志性特征，通过穹顶的空间化处理和阳台的动态的流线型设计，使建筑的外观得到适当的软化，同时建筑的造型也显得更加通透轻盈。阳台使用将景观引入半室内的处理手法使建筑整体与其所处的环境更加协调，从19层的客房塔楼看，屋面拱顶的有机曲线也打破了建筑轮廓的单调和消解了屋顶形式的厚重，与阳台的处理形成呼应（表4–14）。

新加坡香格里拉大酒店分析　　表4–14

项目	特色	平面分析图	建筑外观
新加坡香格里拉大酒店	在地面和建筑内营造绿色植物是它的独特的遗产价值	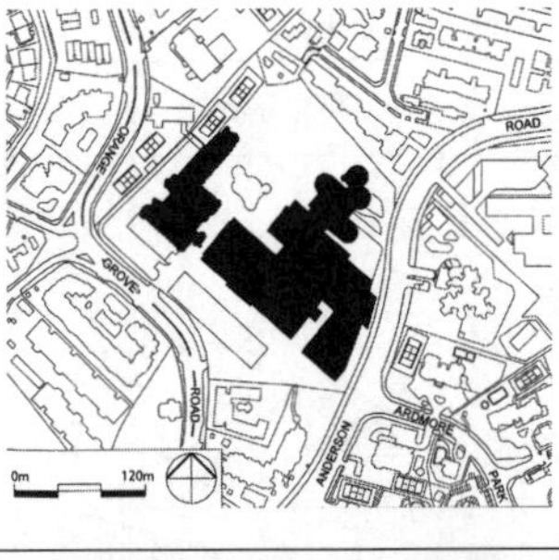	
	透视图与细部		
	剖面图	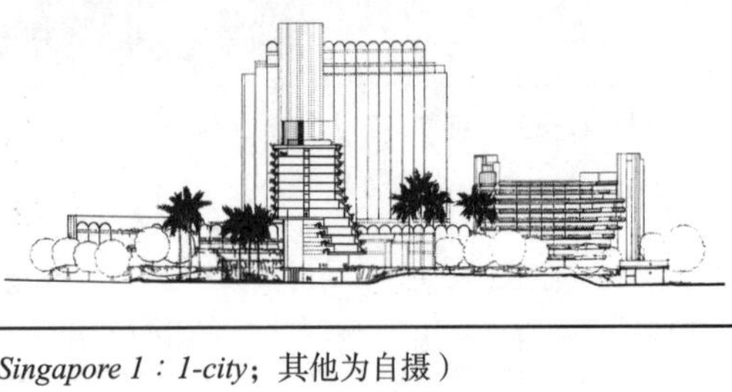	

（来源：左上图根据相关资料自绘；下图来自*Singapore 1：1-city*；其他为自摄）

4.1.3.3 两地宾馆建筑创作手法的异同

岭南和马来地区的商业性建筑因其商业消费的需求而具有某些共同之处，如建筑造型自由活泼，采用中庭或庭园的处理方式。究其原因，是因为在宾馆建筑中，顾客的使用和消费规律成为建筑创作的重要依据，而不是政治意图和行政机关的决策。

两地宾馆建筑造型活泼，不讲求对称，建筑体型自由。尽管该时期多数重要建筑都采用了中轴对称的造型，但岭南的多数宾馆没有受到中轴对称形式的限制，而是依据商业用途的理性分区，采用高低层结合的处理办法，客房集中在高层主体建筑内，其他公共服务以及设备用房在低层来解决。例如广州宾馆和展会隔路相望，地块规模相差较大，所以在布局上不强调重复对称，应对用地局促的另一方面则采用主体向上拔高并同时留出前广场，表现了宾馆建筑相应的特征与风格。

而在马来半岛地区，商业酒店建筑的造型也十分灵活多变，在现代酒店业的早期阶段，将城市酒店转变为绿洲的创意是新加坡城市发展的一个独特因素。新加坡希尔顿酒店就是这样的代表，在乌节路的喧嚣和紧凑场地的实际需求中突出地展现了它的经典特色。建筑在其23层高的塔楼内组织设施和服务，采用独特的垂直整合系统——从地下室车库，街区商店到屋顶游泳池。建筑的独特性延伸至其外部，石板块的外壳适应了热带的太阳，房间的外墙有深悬的遮阳，而凹陷的结构提供了这种类型的城市酒店少有的风景。栏杆设计给人一种东方主义的感觉，这也体现在屋顶设计的中餐厅馆，屋顶可享受城市的全景，乌节路就像移动的风景散发着生机与活力。设计从商业的实用和灵活性出发，不拘泥于建筑与城市轴线的对称关系，而是尽力塑造活泼的商贸形象。

两地都形成了以中庭为特色的宾馆空间形式，对商业交往空间的需求使得建筑内部形成了庭园、架空层这类半室内空间，满足人们的自然交往需求。在宾馆建筑中引入庭园，将建筑与自然空间有机结合，自然景物与建筑相互渗透，建筑整体呈现自然和谐的特点。岭南地区的酒店建筑如广州白云山庄客舍（1962）、双溪别墅（1963）等都将庭园引入建筑内部，除此之外，广西桂林、广东南海、汕头等地的一些宾馆也是如此，建筑结合气候、地形，充分发挥空间的调节联系作用和庭园的景观作用。马来地区酒店建筑的中庭也应用广泛，如上文所述的新加坡丽晶酒店内部形成了12层的中庭空间。1973年3月开业的马来西亚安邦公园购物中心，是马来西亚建造的第一个购物中心，以其鲜明的马来风格而著称。建成后的中庭通过自然交叉通风冷却，与面向街道的商店传统相比，现代建筑面向内部街道或中庭可以具有绿色节能的巨大优势。

两地宾馆建筑的不同之处在于：岭南建筑采取了内部引入庭院空间处理办法，而马来半岛的宾馆建筑更强调形体和绿化。例如新加坡香格里拉酒店坐落在面积15公顷的葱郁热带园林之中，酒店内部种植超过十万株花草树木，水生植物、花木果树随处可见，建筑完美地与景观环境互相结合。在建筑造型方面也十分注重垂直绿化。为了呼应新加坡倡导的绿化政策，即超越“花园城市”而成为“花园里的城市”。无论是阳台上或是建筑屋顶，种植着热带植物的小花园在酒店的体块之间，绿色充满了整个建筑，使得建筑仿佛没有内外的界限。将绿色植物引入建筑，给予了建筑开放的形式和视觉上的透明，使微风穿过建筑物以获得良好的交叉通风，建筑内部的公共区域变得更加舒适（表4–15）。

社会变革影响下的两地宾馆建筑创作比较　　表4–15

	岭南地区（白云宾馆）		马来半岛地区（新加坡香格里拉酒店）	
建筑平面	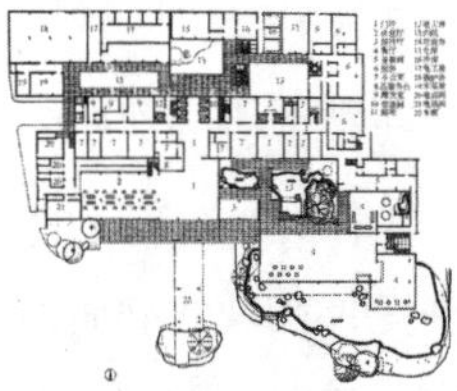	距离原广交会流花馆4公里，保留用地南部的山岗地	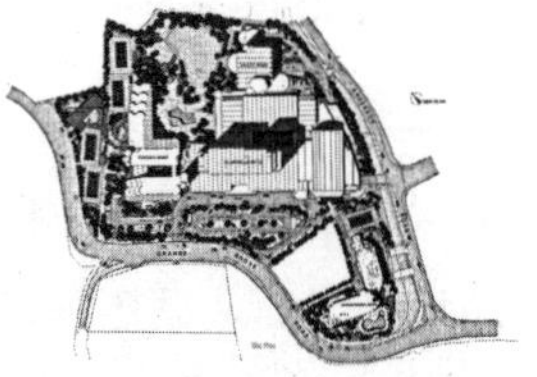	“城市度假村”的设计定位，在高度城市化环境中创造出真正的植物天堂
效果图		采用高低层结合的空间处理方式，不追求绝对对称		钢筋混凝土穹顶和绿化阳台作为酒店的标志性特征

（来源：左上、左下图来自《岭南近现代优秀建筑1949—1990》；右上图来自*Singapore 1：1-city*；右下图为自摄）

再以新加坡丽晶酒店和白天鹅宾馆为例进行分析比较。新加坡丽晶酒店是新加坡第一家采用封闭式内部中庭概念的酒店，又称为新加坡洲际酒店，是1977年第六届政府土地销售计划中的代表。丽晶酒店位于新加坡的核心腹地，酒店由两幢14层高的平行板块组成，包括四层高的公共区域。丽晶酒店也是著名建筑师约翰·波特曼在美国以外建造的第一家酒店，波特曼被誉为“中庭之父”，他设计的国际酒店以其高耸的中庭大厅而闻名，这个镂空的金字塔形中庭空间拥有多层豪华套房，两侧设有开放式画廊（表4–16）。

丽晶酒店的中庭是强调人工营造的室内环境氛围，白天鹅宾馆则不同，其表现出来的自然是相互融合且密不可分的，通过多个空间过渡转换形成特定体系并将其升华。从两位设计师的思想比较来看，“共享空间”是波特曼宾馆建筑思想的具体体现，集中反映了他的建筑哲学①，而莫伯治的宾馆设计思想可归纳为现代建筑空间与传统庭园空间的结合。从深层文化心理结构上分析，丽景酒店表达的是对现代科学技术和大尺度空间的赞颂，其效果是震撼性的，而白天鹅宾馆表达的是对传统历史文化和建筑艺术自然美的追求，它满足了人的传统文化诉求，表达出深远的意境。

① 傅娟，肖大威．约翰·波特曼与莫伯治宾馆设计思想之比较[J]．建筑学报，2005,（06）：58-61.

社会变革影响下的两地宾馆中庭比较　　表4-16

	岭南地区（白天鹅宾馆）		马来半岛地区（新加坡丽晶酒店）	
建筑平面	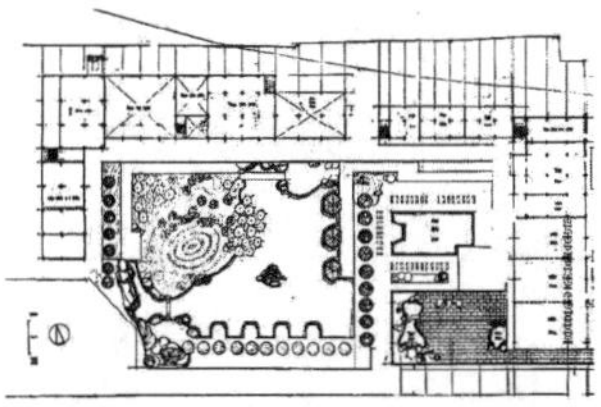	“故乡水”中庭将岭南特色和现代化功能完美结合	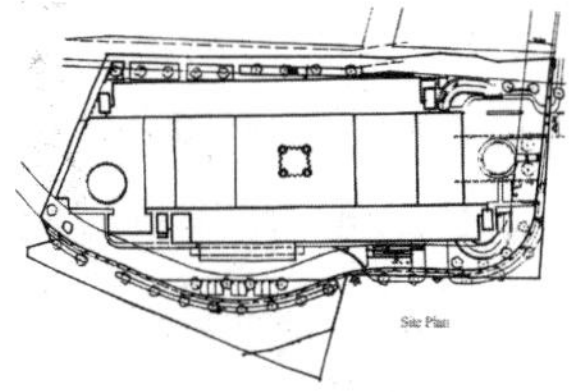	酒店中庭的表现手法具有代表性，已经成为新加坡花园之城的当代象征
建筑外观		宾馆南面临江，北面与原有的住宅区内的道路相邻		酒店外立面的垂直绿化较为出彩
空间对比	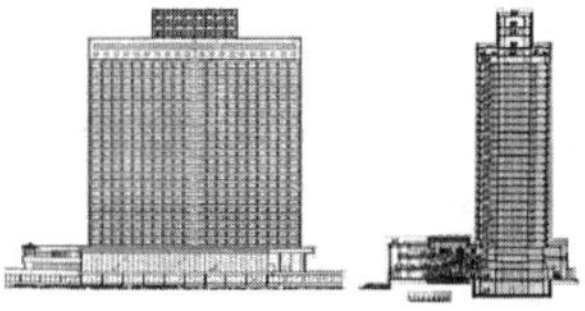	分析图完整体现中国传统建筑中轴线序列空间的关系	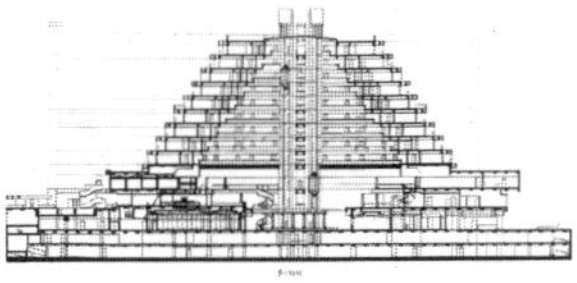	巨大尺度的中庭由于人的活动而充满活力，让人震撼

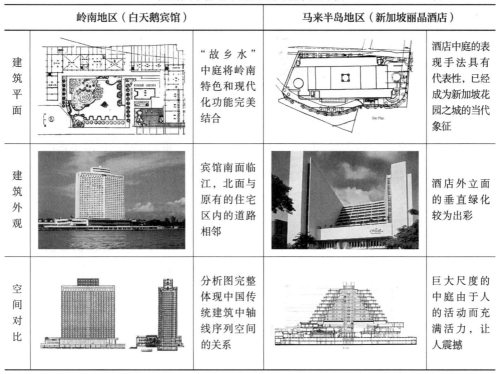

（来源：左上图来自《建筑学报》；左下图来自《岭南近现代优秀建筑1949—1990》；右边图来自*Singapore 1：1-city*）

4.2 特定经济条件下两地建筑成本控制策略比较

经济条件对建筑创作的影响，不仅体现在建设成本等造价类问题上，也在建筑布局、材料和风格等多方面影响着建筑创作理念。在当时拮据的经济状况下，两地建筑师以理性实用主义精神探索建筑成本控制策略：岭南建筑师通过最大化节约策略以实现建筑的低造价，马来半岛建筑师则采用模块化设计降低批量建设成本。

4.2.1 两地建筑师共同的理性实用主义精神

不同于绘画、雕塑等其他艺术，建筑在艺术层面上一旦脱离了适用性与经济性就毫无意义可言[①]。在新国家经济预算有限的初创时期，岭南和马来半岛建筑师在创作中倾向采用理性实用主义为创作理念，通过对国家起步期拮据经济状况的顺应、对低成本建筑材料的应用以及对建筑施工过程的全面把控等措施来控制建筑成本。

① 陈伯齐. 有关建筑艺术的一些意见[J]. 南方建筑，1996（03）：41-42.

4.2.1.1 顺应起步期的拮据经济状况

中华人民共和国成立初期面对诸多困难，采用高度集中的计划经济体制，虽在特殊时期促进了社会发展，但“大锅饭”思想导致生产效率低下，经济发展水平同世界的差距较大，这期间广东作为国防前线被排除在重点发展地区之外，其经济发展缓慢。以1978年为例，广东全省国民生产总值为185.85亿元，地方财政收入为39.46亿元，经济总量仅居全国中下游水平，发展速度低于全国的平均水平①。在当时极端严苛的社会条件下，岭南建筑师执着于创作理念的突破，将地理、气候、经济的适应性要求转化为对岭南风格和传统庭园的创新运用，这些探索显得弥足珍贵。

新加坡在1940年代后期开始在住房、教育和医疗方面开展了一系列雄心勃勃的发展计划，以应对窘迫的社会和政治环境。马来西亚独立之后，建筑师们在欧美国际风格的影响下，探索解决限制建筑创作的技术、政治、经济以及美学问题的方法。其中的公共建筑倾向借用野兽派风格表达“英雄式”的纪念特征，以鲜明的几何形外观和曲线形混凝土构件，展示出低成本建筑的多样性与可能性，例如马里亚大学医学中心的设计运用简洁的建筑语言，使用低成本的钢筋混凝土等材料，采用清晰的逻辑构筑出丰富的系统。

4.2.1.2 探索低成本材料的利用

材料费在建筑工程造价中所占比例往往超过60%，因此岭南和马来半岛建筑师在思考建筑成本控制策略时，都将建筑材料的开发利用作为十分重要的探索方向。1950年代后，随着发达国家对高强度混凝土的研发和生产，低成本的钢筋混凝土成为当时建筑行业使用最广泛的材料。

马来半岛建筑师在建筑创作过程中借助钢筋混凝土的网格化设计和线性施工，实现了低成本下的最佳加载效率。钢筋混凝土在结构上具有组合的便利性和多样性，这一优势极大地满足了空间布局的灵活性，推动了正交或立方形式建筑的发展。在公共建筑领域，钢筋混凝土的使用日益成熟，立方体形式的设计日益精致，并在棱柱等轮廓细节的处理中强调建筑美学特征，如南洋商报大厦利用钢筋混凝土将主体结构布置为上下相同的形状，满足施工的便利性从而降低了整体造价。在住宅建筑领域，利用钢筋混凝土预制的快捷性，将建筑化解为便于拼装的功能组件，实现低成本的线性施工，如1950年代后期建造的港口工人住房和港口管理公寓，正是通过钢筋混凝土预制构件的快速组装完成了这种低成本的“盒子”式建筑。

同一时期的中国由于钢材等材料产量限制，可供利用的建材在种类和数量上都极其

① 陈俊凤. 广东经济发展探索录[M]. 广州：广东人民出版社，2009.

有限，因此在严格的材料选型控制下，岭南建筑师采取多种降低成本的方法。一方面是通过合理的平面规划，在满足功能的前提下尽可能减少构件数量从而节约材料；另一方面将有限的建筑材料加以灵活运用，如最大限度地利用已拆建筑的旧料，非主要承重结构处使用竹筋代替钢筋等材料替换，以及“高材、中材、低材、废材”等材料分类使用方法。佘畯南先生在设计广州市第一人民医院时，通过“山”字形平面布局，使医院各个分区紧密联系，从而节省了不必要的交通流线，此外，通过横向阳台和大面积玻璃窗的布置，以及平屋顶和光滑墙面的处理，将重点结构材料放在机能单元的构筑上，最大限度地节约了有限建材。

4.2.1.3 建筑师全面管控建筑施工

现代建筑的起源和理论基础，具有节省成本、便于复制、快速建造的优势，而在当时的经济背景下，两地建筑设计师为了控制成本，在理性实用主义精神指导下，建筑设计不仅停留在创意和构图阶段，更是贯穿于建筑施工的全过程中。

岭南建筑师对建筑施工过程的全面管控，一方面是通过对基址旧建筑的改造利用减少新建花费，另一方面是通过对拆除建筑材料的循环利用来节约成本。夏昌世在设计鼎湖山疗养所的过程中，对旧建筑能修的尽量进行修复使用，对无法修复的进行拆除，而拆除后的全部旧料都就地投入到新建筑的使用中。

马来半岛建筑师对施工过程的管控表现之一是进入施工现场进行驻场设计，在现场最大的好处就是能及时发现施工问题，并直接反映回绘图室进行处理，由此形成一个非常高效的系统。马来西亚议会大厦的设计团队就是在施工现场成立了工地绘图办公室，设计小组通过对施工过程的跟进，以建筑经济性为目的发现现场问题，并通过召集现场顾问及时商议出解决方法，从而最快地在图纸上进行设计调整。除了强调施工实用经济特点之外，驻场设计也更加有利于对建筑后期维护费用的关注，马来西亚建筑师金顿·路（Kington Loo）在访谈中回顾当时的施工过程时提及，在施工现场发现没有起重机、吊车等机械可以用于建筑立面维护，为了方便建筑窗户的清理工作，将窗台设置在建筑物内部，从而获得通道从里面进行清洗①。

4.2.2 岭南地区：最大化节省单体造价以适应短缺经济

岭南地区尤其是珠江三角洲一带是我国市场经济最为发达的地区之一，一直以来都有注重经济的传统。康有为在1905年的《物质救国论》中指出，岭南自古商贸发达，其

① CHEE KIEN LAI, CHEE CHEONG ANG. The merdeka interviews: architects, engineers and artists of Malaysia's independence[M]. Pertubuhan Akitek Malaysia, 2018.

"重商主用"的文化与中原"重农抑商"的传统文化有明显不同，表现为注重实效和实利。重商务实的岭南文化不但渗透在平民意识中，也对岭南建筑师的价值取向产生深厚的影响，在建筑创作中表现出服务于商贸用途的经济测算思维。在当时国家经济低迷的背景下，岭南建筑师通过改造利用遗存旧建筑、压缩体量提升建筑空间利用率以及灵活运用有限的建筑材料等措施，实现对建筑成本的控制。

其一，创新改造利用旧建筑。

由于战争遗存和社会发展更新，很多建设项目的现状用地都留有遗存建筑，利用旧房和古祠改建，对于投资的节省立竿见影，符合当时的社会和经济状况。在处理郊区遗存建筑时，建筑师更多地关注新旧建筑的整体性，以及建筑与周围环境的关联性，而对于市区遗存建筑，则侧重以功能需求为主导进行旧建筑改造。

在自然风景区中的建筑创作需要处理好旧有建筑和自然环境的整体关系，并对自然风貌特色加以发扬。由佘畯南1965年设计的黄婆洞度假村是由白云山麓水库以南的九座遗弃的弹药库改建而成，设计除了将现有建筑改成客房、大厅等功能性用房外，还重点处理了整体环境的改造优化，引上游的流水穿过建筑群里，将周边的自然景色纳入建筑之中。由于物质短缺的限制，创作的特色不能体现在旧有建筑的外观和室内硬件的改造投入中，而是充分利用原有场所的建筑素材与环境特色，并根据新的功能定位对其进行创新的塑造。将新旧建筑结合融入自然环境中，形成整体的场所氛围来吸引人，困难经济的严苛束缚，使这种经济性与艺术性得到巧妙结合（表4–17）。

在城市中的改扩建项目由于没有特别的自然资源可以借鉴，创作主要根植于现状进行发散创意。1966年，广州政府立项要求把一个旧化工厂改造成广州市少年宫，且项目资金仅有当时的23万元，对于偌大的项目而言是极为拮据的投资。佘畯南主导的设计小组在现场推进，采用"新建、改建、搬移"的总体策略，配合施工安装进度制订出图计划与具体做法，把极少的资金投资到新建的科学馆和芭蕾舞厅等项目中。将现有旧建筑的创意转化完成改建项目，如将化学科大缸和管道改建为"地道战""航天馆"和"长征之路"等建筑，以拆旧的木柱和木屋架搭建成飞机库。佘畯南曾充满感情地表示，这座很"简陋"的作品是他建筑生涯之中最重要的作品之一。

1976年的矿泉旅舍是由汽车修理厂的仓库改造扩建而来，其原本定位只是为接下来白云宾馆的建设做前期实验准备。莫伯治负责的设计组针对场地环境较为平淡的现状，一方面对旧建筑的现存房屋充分再利用，将原有空间按需改成套间、接待厅等；另一方面利用扩建对场所空间进行再创造，将加建的六号楼首层架空，室外的方形水景庭园与架空层庭园连而不绝，将新旧建筑不分彼此地融合在一起。设计没有去强调建筑形体和立面丰富，而是将建筑作为庭园环境的一部分，对旧建筑的创新性改造再利用，既留存了城市文脉，又节省了建筑造价。

现有建筑改造新用分析 表4-17

郊区类		市区类	
鼎湖山疗养所 建筑师： 夏昌世 将危楼拆下的旧料全部整理加以利用		矿泉客舍 建筑师： 莫伯治 简洁的立面处理成为庭园环境的一部分	
黄婆洞度假村 建筑师： 佘畯南 将青山碧水的自然景色纳入建筑之中		广州少年宫 建筑师： 佘畯南 通过巧妙创意，将现有旧建筑进行转化	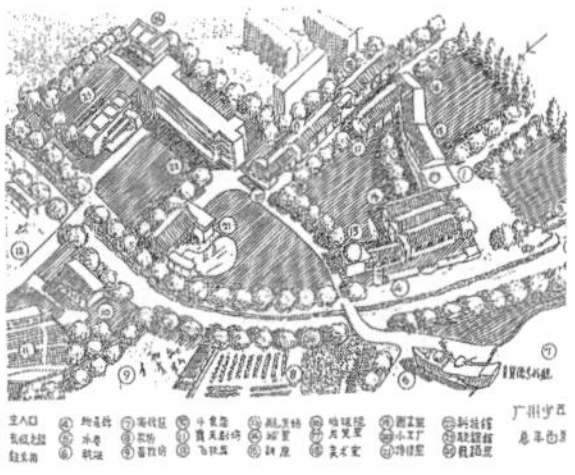

（来源：《岭南近现代优秀建筑·1949—1990卷》）

在极端困苦条件下的创新往往更能体现出以人为本的设计核心内涵，这与埃及建筑大师哈桑·法赛（1900—1989）的“贫民建筑”有共同之处：克服困难的经济条件束缚，尽可能满足人的基本需求并带来心灵的触动，而同时期的岭南建筑师，也进行着与哈桑·法赛一样艰苦而令人感动的探索。

其二，提升建筑空间利用率。

提升建筑空间利用率是在保证建筑空间满足使用需求的前提下，通过压缩建筑的体量达到节约建筑成本的目的，这也是岭南建筑适应短缺经济的重要方式之一。以紧凑的平面布置、合理的空间布局和巧妙的交通组织来实现“低造价高质量”的创作目标。以佘畯南的广州友谊剧院设计为例，其平面布置在确保观众厅和舞台面积的前提下减少辅助空间的面积，把建筑面积控制在原来方案的四分之三；在空间布局上，通过优化视线设计来控制建筑高度，同时采用宽座椅和窄排距组合的座椅设计方案，合理安排座椅深度和斜度，既满足舒适性又能节省空间；在交通组织上，将前厅作为序幕、观众休憩场所和上下联系的交通枢纽，最大化地发挥了公共空间的功能（表4–18）。

在1970年代末相对高规格的白天鹅宾馆中，设计团队利用“腰鼓形”的平面布置成功将每层的客房数量扩大了三分之一，层高从3米降到2.8米而使建筑高度相对减少了

空间体量高效利用分析　表4-18

项目	设计构思	技术图纸	建筑外观
友谊剧院 建筑师： 佘畯南	压缩前厅与后台之间的面积，将观众厅高度由原来的13米降为11米	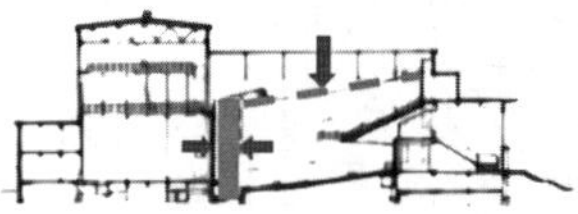	
白天鹅宾馆 建筑师： 莫伯治 佘畯南	利用腰鼓形平面，成功将每层的客房数量扩大了三分之一	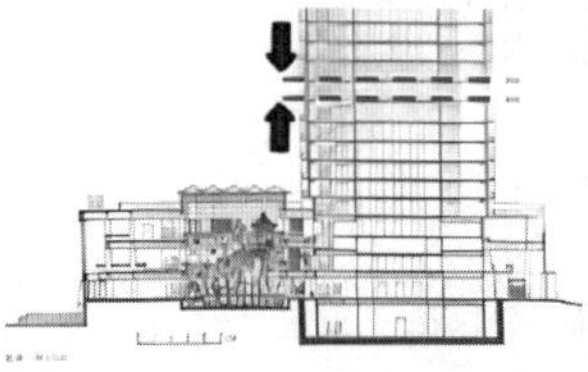	

（来源：左侧图来自《岭南近现代优秀建筑·1949—1990卷》；右侧图为自摄）

6层，最大限度地压缩了主楼建筑的体量，从而大幅降低了土建、管道设备、能源等造价，这种合理压缩空间的思路在1950～1970年代贯穿于岭南建筑师的创作中。

其三，灵活运用有限建材。

1950年代由于国民生产力低下，中国能用于建筑的钢和混凝土等材料产量十分有限，岭南建筑师在建筑创作过程中，通过灵活运用有限建材降低建筑单方造价（表4-19）。例如夏昌世在1954年设计的鼎湖山疗养所，除修复和改建庆喜堂、福善堂等现存建筑外，增建的建筑体量连接原有建筑，五段建筑逐级跌落而一气呵成，强化了建筑结合山体走势的图底关系，与原有的庆云寺院落及山地环境融为一体。拆除旧房子的材料加工用到新建房子上，就地取材把当地的石头用于挡土墙和钢筋混凝土的原料，在整个施工过程中都对材料的选用精打细算，每一事项均能灵活掌握，例如钢筋缺乏时采用竹筋代替，缺乏水泥时则改用钢筋楼面等措施，争取做到既节省，又不推迟工期①。

“高低档材料按需使用”的原则在友谊剧院的创作中得到充分的体现，在观众常到的地方用较好的材料，整个剧院除门面用了少量石材之外，其余地方尽量采用稍次的材料。把设计重心在尺度比例上严格按照美学要求来考虑以填补材料使用上的不足，力求做到“应高则高，该低则低，高中有低，高低结合”。而在经济宽裕状态下的1990年代，友谊剧院被整改得不伦不类，采用了很多在当时被人认为新颖的材料，建筑外立面也被

① 夏昌世．鼎湖山教工休养所建筑记要[J]．建筑学报．1956（09）：45-50.

灵活运用有限建材　　　　表4-19

项目	设计构思	建筑外观	建筑细部
鼎湖山疗养所	边设计边施工，先修建后新建，分段进行流水作业		
友谊剧院	高材精用、中材高用、低材料广用、废材利用，就地取材		

（来源：《岭南近现代优秀建筑·1949—1990卷》）

图案化的装饰彻底破坏，所幸后来在专家呼吁下成为保护建筑，再次改建又恢复到友谊剧院的初创状态，个中曲折令人反思。

岭南建筑在创作出高质量建筑艺术形象的同时，十分注重坚持经济节约的原则。1974年北京建工局专门派学习小组到广州学习节约造价的经验，广州人民大厦、广州宾馆等5幢高层建筑的平均单方总造价只相当于北京12层的民族饭店（1959）和16层的外交公寓（1973）两个工程的土建部分造价。据莫伯治先生回忆，1983年白天鹅宾馆的单方造价在当时我国同等标准的宾馆中也是最低的。总体而言，岭南建筑风格正是适应当时现实短缺经济条件的结果，也是岭南人自古重商务实的特质反映，不盲目追求唯美的形式，而是重视功能合理、技术可行和经济节约，秉承最为朴素的经济创作观。

岭南建筑师在短缺时期的节约型创造，不仅在那个困难时期创造了丰富人们生活的美好环境，其灵活策略的智慧也可为当代城市旧建筑和旧街区的改造更新所借鉴：一是从经济节约出发，以新颖的设计创意代替铺张的投入，在功能更新和立面改造的过程中体现灵巧的构思；二是将场所整体化考虑，融合现状留存与场地资源，与建筑一起共同形成舒适宜人的整体环境。

4.2.3　马来半岛：采用标准化类型设计以降低建设成本

第二次世界大战后，各国的经济都在困难束缚中起步，建筑创作在成本、效率和经济等方面要求下，战前盛行的装饰性历史风格难以为继，新加坡和马来西亚的公共工程部门建筑师转而采用模块化类型设计、简洁形体组合以及标准化预制构件等方式来应对国家建设资金紧张的局面。

4.2.3.1 推广标准化的类型设计

独立后的马来半岛地区开始了一个积极的建设时期，大量建造各种办公室、学校、医院等公共建筑，建筑师在创作过程中的挑战在于要同时兼顾经济、技术和艺术上的可行性，为此，政府公共工程部（PWD）对设计和建造过程的标准化和模块化进行了专项探索，制定了标准计划Jabatan Kerja Raya（简称JKR），标准计划下的建筑以现代风格和统一的建筑语言体现着国家的新生景象。

马来西亚JKR计划在1958年开始实施，其标准化的设计思想为解决建筑成本问题提供了模板，使建筑师能将更多的精力放在建筑细节处理和艺术探索中。模块化的技术指导满足了国家公共建筑和住宅建筑的快速施工需求，促进了国家在拮据的经济环境中建设活动的高速发展。

1950年代末，作为JKR的主要负责人，马来西亚公共工程部的建筑师希普利（Shipley）开始带领团队用工业化构件和模块化技术来建造建筑。其设计的第一个JKR原型是JKR研究部门的新办公室，使用长宽3米×7米，高2.7米模块的排列组合，通过两端开放式的悬臂走廊连接每一层，三层高、平屋顶的长条建筑用高跷支撑，用透光玻璃作为办公室开窗，通过构件的灵活组合形成不同的功能翼，成为全国通用的标准办公楼方案[①]。标准化施工速度快且造价经济，并能使承建商快速熟悉建造系统和流程，以最低的成本在全国范围内进行建造活动。另外，JKR标准方案还在适应气候方面体现其核心理念，即采用自然通风的走廊系统和直线形走道，并在走廊两端布置开放式楼梯（图4-14）。

通过新的标准办公室计划，全国各地的JKR分支机构都可以利用标准化设计自行构建包括JKR的分支机构、警察局、学院等多类型建筑。这些建筑物采用被动能源设计策略，最大限度地降低长期运营成本，具有绿色和可持续的特点，能适应大多数场地条件，为有限预算下国家建设活动的快速发展起到重要的支持作用。在JKR计划的指导下，马来西亚各地建成了200多座类似办公楼[②]。

新加坡校园建筑在使用JKR方法控制建筑成本的过程中，按照公共工程部门（PWD）推行的标准采用了模块组合的创作方法，按空间要求、房间尺寸和立面外观将待建建筑合理归纳为几种类型，然后根据不同的位置进行定制，形成了以模块组合为建

① AR AZAIDDY ABDULLAH. The living machines: Malaysia's modern architectural heritage[M]. Kuala Lumpur: Pertubuhan Akitek Malaysia in Collaboration with Taylor's University, 2015.

② AR AZAIDDY ABDULLAH. The living machines: Malaysia's modern architectural heritage[M]. Kuala Lumpur: Pertubuhan Akitek Malaysia in Collaboration with Taylor's University, 2015.

图4-14 JKR办公楼
（来源：*The Living Machines: Malaysia's Modern Architectural Heritage*）

造方法的整体式设计，模块化设计通过批量快捷的建筑复制降低了建筑成本。建筑的标准化和模块化并非简单的复制和集合，JKR建筑的优点在于同时满足了经济性、可持续性和节奏感。在对超过四十年历史的JKR复合体结构的检查中，除了少数几个为具有更多样化程序和复杂设计需求的新建筑物让路外，绝大多数建筑仍然坚固且具有健全的细节，最重要的是仍然符合当下的功能需求①。这些JKR方式建造的建筑以其高效的空间利用方式、较少的建造时间和成本、简洁优雅的外观形式以及对气候的理性回应，体现出马来半岛PWD公共设计部门的成熟设计理念。

4.2.3.2 采用模块化的单元组合

经济紧缩使建筑造价、施工效率和建造速度等成为影响建筑创作的首要因素。由于规模化建设方式可以大幅度降低成本，因此在标准化和模块化的创作思想下，通过简洁形体组合的建造方式实现规模化建设是提升建造效益的有效途径。在这种组合方式中，墙壁和地板以直角交接，屋顶以水平覆盖其上，可实现各构件堆叠的多样性和空间规划的灵活性，这一优势推动了马来半岛战后立方体建筑的发展。

在住宅建筑领域，为实现快速建设以节约成本，新加坡的住宅大多采用了标准化设计（表4-20）。无论是圆形阳台、格架和弯曲屋顶等构件的预制，还是通过交错、堆砌、倾斜等完成长方体的组合，都有统一的标准。采用规则的结构网格为标准平面，通过组合构建成简洁形体，大大降低了材料和劳动力成本。

1960年新加坡开始实施低成本建造住房计划，当时建屋发展局主席林金山（Lim Kim San）在塞雷吉（Selegie）路的低成本住房展开幕式上，谈到此次展览的首要目的

① Teng Ngiom Lim. Shapers of Modern Malaysia: The Lives and Works of the PAM Gold Medallists[M]. Kuala Lumpur: Malaysian Institute of Architects, 2010.

模块化单元组合比较　　表4-20

项目	建筑外观	项目	建筑外观
重建计划下多层购物中心		正在建设的Outram Road	
Duchess住宅区		Princess住宅区	

（来源：左上、右上图来自《新加坡居住创造》；左下、右下图来自*Eugene Ong. Singapore's Vanished Public Housing Estates*）

就是推广政府“为新加坡公民建造尽可能多廉价房屋”的政策①。在此政策的影响下，新加坡HDB实现了用最短时间和最低成本完成最大数量单位建设的目标，其关键首先是建屋发展局通过建造大量小单元的单室和双室来满足住房需求数量的结果。其次，也与标准化的平面构图设计以及价格合理且易于组装的建筑材料供应密切相关。新加坡第二个五年计划于1970年结束，在此期间，通过建屋发展局建造公共住房单位总数增加到118000多个。虽然有建筑师认为，该时期公共设施和建筑细节的个性设计在建设标准化的实施中被忽视了②，但总体而言是在当时经济发展的限制下的理性做法。

在公共建筑领域，使用方形建筑形体的模块化组合不仅能极大地缩短建造工期，其模块化网格系统还能适应不断更新的服务设施。新加坡理工学院校园（1958）通过楼板和墙体正交式连接组合成立方体式形体的方法，建造了行政建筑、图书馆、两个阶梯教室、十栋教学楼、五座工厂大楼和三个食堂，以及位于边界的公共交通站点。各立方体形体之间自然形成方格状的连接通道，其间布置必要的服务设施如空调、管道以及服务于整个综合体的设备。在连接通道的旁边，大约每40米就有单独的通道，这些通道除用于垂直连接，还包括了楼梯、电梯和厕所，体现了设计的灵活性。

① KOH KIM CHAY, EUGENE ONG. Singapore's vanished public housing estates[M]. Singapore: Als Odo Minic, 2017.

② CHYE KIANG HENG. Singapore 50 years of urban planning[M]. WSPC, 2016.

4.2.3.3 推行标准化的预制构件

无论是标准化、模块化的类型设计，还是以简洁形体组合的建造方式，都需要以能快速复制的结构构件为材料基础，而钢筋混凝土预制构件以低造价和强可塑性，成为材料基础的最佳选择。混凝土预制构件在马来半岛早期就已开始使用，如“二战”前的通风口和“二战”后的穿孔砌块，具有体积小、重量轻的特点，一个工人可以一次提起一个或多个。“二战”后钢筋混凝土预制技术日益成熟，在立方体式的标准化设计初期更加强调轮廓的清晰、外表面的质感和棱柱交接的精致准确。而随着建筑项目的使用功能变得复杂，功能构件被表达为一个个相互联系的“盒子”，更加强调组合关系的整体性和对抽象立体主义艺术的表达。

随着预制混凝土构件的精细化，为预制构件组合方式提供了更多的可能性，进一步推动标准化设计，如新加坡狮城酒店（1968）的细长阳台护栏包含T形穿孔，是为了方便现场安装过程中的挂吊钩。而1970年代以改进的预制技术建造的半岛广场（1981），通过看似简单的预制混凝土护墙板，表达出一致的比例、细长的间隙和光滑的表面，并在清晰的形状上显示出机器般的精确度（表4–21）。此外，马来亚大学演讲厅的预制遮光板通过相同间距的布置体现出建筑细部的韵律感；前圣约翰陆军学校在建筑正立面通

马来半岛建筑的预制构件　　表4–21

项目	建筑外观	项目	建筑外观
马来亚大学演讲厅		新加坡半岛广场	
狮城酒店		马来西亚苏邦机场	
前圣约翰陆军学校		淡马锡初级学院	

（来源：*Our modern past: a visual survey of Singapore architecture 1920s—1970s*）

过正交相连的遮阳板体现出不同时间下光线跳动的节奏感；淡马锡初级学院通过预制构件的布置体现出校园建筑的整体性；吉隆坡渣打银行大楼以大尺度的悬臂式梁板作为建筑形象的标志，而裙楼立面与塔楼东北立面采用模块化板片堆叠而成，呈现出清晰的层次感。由此可见，预制构件在满足建筑经济性要求的同时，通过巧妙的布置也能符合建筑审美规律。

在公共住房领域，则采用规则间隔的结构网格形成的“标准化”平面，通过模块重叠即可完成公共住房的建造，大大降低了材料和劳动力成本。SUNGAI（双溪）公寓使用了具有标志性的模块化混凝土屋顶和整体钢筋混凝土结构，成为当时公共住房的标志。而在马来西亚苏邦机场的创作过程中，预算非常有限，在完成所有的设计工作后被告知必须将建筑成本削减30%预算，最大限度地利用模块化混凝土预制构件成功地解决了这一难题。主体建筑以预制立柱支撑60个相互连接的壳形预制屋顶，以低造价的混凝土预制构件完成了建筑的主要承重结构。在空间规划上则利用自然采光和自然通风节省能源消耗，符合今天的绿色建筑标准。该建筑是在混凝土技术的全盛时期建造的，体现了当时的模块化混凝土建筑方法和技术水平。

4.2.4 两地建筑成本控制策略的差异分析

在1950年代困难起步和后期经济逐步发展的相似背景下，岭南建筑师和马来半岛建筑师以理性实用主义精神探索节约建造成本的各种方法，体现出两种各有特色的倾向：岭南建筑师重视在微观层面上，对建筑单体创作进行节约化的探索，例如前述的旧建筑改造、压缩空间和体量等方式；而马来半岛建筑师则侧重在宏观层面上，思考区域范围内所有建筑的标准化设计，如推行模块化的类型设计和标准化的建筑预制构件。通过分析，这些差异主要受到以下三方面因素的影响。

其一，受到该时期两地区经济和技术水平的影响。

作为重要的建筑材料之一，钢材是制作钢筋混凝土构件的重要组成部分，因此，钢材产量对于当时的建筑创作和施工有着重要的制约作用。马来半岛钢铁行业的发展为其建筑标准化和模块化提供了材料基础，而同一时期的中国由于社会动荡，钢铁行业几乎停滞不前，匮乏的钢产量限制了当时全国范围内的建筑活动。尤其在1950～1970年代，由于中国长期处于“短缺经济”的状态，国家建设的指导方针是以“多、快、好、省地建设社会主义”和“实用、经济、在可能条件下注意美观”为主要基调，设计中的各项建设指标严苛，对于建筑的用钢量以及每平方米的造价都有严格的标准和规定。因此，当时的岭南建筑师们在以理性现实主义思考建筑成本控制策略时，不得不从本地区的现实条件出发，将短缺经济的制约转换成创新的动力，形成低成本建设的节约型创作思路，思考大量存在的旧建筑单体的改造利用以及小体量大空间的成本控制方法。

其二，两地政府在组织意识引导上的差异。

马来半岛政府有意识地主导了全国范围规模化建设和标准化计划，为建筑师的创作活动提供了指导。例如新加坡政府在1950年代末推出了商店住宅的高层版本，其中具有代表性的Albert（艾伯特）公寓建于1957年，以平台屋顶花园开创了新的“商店住宅”类型。新加坡政府在确定住房规划设计标准时，家庭与工作地之间的距离以及学校、食品中心和市场的分布是关键的影响因素。通过反复的改进，住房规划从早期的紧急街区发展到包含标准改进单元的街区，而公共住宅的落成都是通过对独立街区、地产和新市镇等多标度规划设计完成的①。这是首个由连续排线组成的地下商铺，公寓楼以商铺顶的钢筋混凝土雨篷为基准线坐落在上方，整个建筑高出街道几级，以分隔车辆和行人。购物中心的屋顶包含一个铺有路面的花园和操场，是城市中心第一个为儿童专门建造的玩耍空间，Albert公寓的落成标志着商品住宅向购物平台和住宅塔楼类型迈进了一步。同时，马来西亚政府也通过对住房规划设计标准的引导，推动了住宅建设的迅速发展。

与马来半岛国家政府组织意识不同，岭南当地政府更多是在建筑创作观念上的引导，较少宏观层面的统一计划，所以岭南建筑师的创作活动更大程度上局限在个体的建筑项目上，难以从国家或区域范围内推进建筑活动的成本控制策略。

其三，对待科学化和标准化的价值理念不同。

如果把中国传统社会和世界上其他封建国家做一个对比，首先使我们获得难忘印象的就是它的“大一统”②，古代中国大一统的局面得益于统治者对于社会稳定性的控制。在中国古代生产力低下、思想保守的中央专制集权下，科技的创生和发展往往由于交通通讯水平低下，不能及时为统治者掌握而遭受猜忌，因此其更多地代表着社会的不安定因素而遭受打压，而文化艺术较之科学的创新性而言更多的是注重传承性，十分契合中国封建社会统治稳定性和传统宗族血缘关系维系的需要。

儒家的“道器观念”和宋代理学中“文以载道”的思想导致中国传统文化发展的任务在于建立伦理型的理论体系，而贬低了外向的科学探索，由此逐渐形成了中国重文轻理的社会发展理念。在《论语》中，据统计有关自然知识的材料共有54条，囊括了天文、物理、化学、动植物、农业、手工业等科学知识，十分丰富，但是其目的却是通过自然科学现象来说明哲学文化等方面的道理③。岭南地区政府在1950年代之后主导的建设活动也多以文化观念上的引导为主，而缺乏专门性的科学标准，因此岭南建筑师在思考建筑成本控制策略的过程中，较少同一时期马来半岛所盛行的标准化设计思维。

---

① KOH KIM CHAY, EUGENE ONG. Singapore's vanished public housing estates[M]. Singapore: Als Odo Minic, 2017.

② 金观涛，刘青峰. 兴盛与危机：论中国社会超稳定结构[M]. 北京：法律出版社，2010.

③ 代利萍. 论吴汝纶古文创作中的“重文轻理”说[J]. 淮南师范学院学报，2015,17（04）：82-84.

两地建筑师在这些因素的影响下，以不同的创作策略控制着建筑成本，其差异对今天的建筑创作仍然具有重要的启示。正如岭南建筑师林克明所认为，建筑创作是在此时此地的社会、经济和技术等多种条件下，从现实出发，从建筑功能要求出发，选择相应的材料和结构作出最经济的方案[①]。在当时的社会时代背景下，两地建筑师对职业的极端热忱，将不发达的经济转化为设计的动力，这些因短缺而形成的建筑经验在今天仍有积极意义。

4.3 国家政策调控下两地建筑创作机制比较

建筑的产生过程需要极大的社会资源投入，因此建筑创作会受到政策调控与权力机制的直接影响。社会学家布迪厄认为，现代社会是高度分化的社会，由充满着权力斗争的大量“场域”所构成，所有“场域”都是依靠权力关系来运作和维系的[②]。

建筑师既是创作者，也是创作团队的管理者和组织架构的设计者，适应社会的团队机制是展开创作的基础和前提。创作机制与政策权力的关系，包括建筑的投资者、承建者、城建管理者、地方领导等社会关系，他们都对建筑创作产生直接和重大的影响。本节研究引入社会学和管理学的视角和方法，以创作机制为切入点，研究两地现代建筑创作思想与行政权力等因素的关系。

4.3.1 两地国有设计机构发挥主导作用

岭南与马来半岛在国家成立之初都以国营经济为主，建筑行业在政策支持下走向本土化，在国家的扶持下本土建筑师获得更多成长的机会。

4.3.1.1 政策扶持促进本土建筑师的成长

中华人民共和国成立后开始实行计划经济，国家主导所有工程建设，国营建筑机构取代了私营建筑机构。社会主义建设热情空前高涨，通过国家和政府的大力扶持，国营建筑设计机构迎来了蓬勃的发展机遇，在百废待兴的时代使现代建筑得以全面发展。

1950年代，随着马来半岛国家的独立，建筑行业也逐渐本土化，政府以调控和减少委托的方式，使外籍建筑师慢慢退出建筑领域。此外，由外籍建筑师建立的私人建筑公司，要么采取本地化的策略，要么由当地的合伙人接管，他们所能接触到的项目机会也越来越少。由于民族主义情绪的高涨，带有殖民主义色彩的公司名称也必须调整，许多设计公司开始使用马来语来命名。通过这种民族保护的方式，为国内建筑师和事务所的

---

① 林克明. 建筑教育、建筑创作实践六十二年[J]. 南方建筑，1995（02）：45-54.

② 朱伟珏. 权力与时尚再生产布迪厄文化消费理论再考察[J]. 社会，2012（01）：88-103.

成长赢得了宝贵的20年，使得他们在1970年代建筑市场重新开放时，能够较为从容地应对国际建筑师事务所的竞争。

1970年代末期，新加坡出于国家开放的考虑开始重新引入国外事务所，国际建筑师再次进入新加坡建筑市场。巧合的是，中国和新加坡引入的第一个国际建筑师都是贝聿铭，反映出中国和新加坡以华人为主体的民族认同。贝聿铭在1972年设计的新加坡OCBC银行具有简单的体块，清晰的结构表达，百叶窗幕墙为建筑内部提供遮阴的同时形成自然通风，充分体现对热带气候的适应性。而在1979年贝聿铭受中国之邀接下了香山饭店的设计任务，他将中国传统园林符号引入到现代建筑中的手法引起了热烈讨论，引发了本地建筑师对现代建筑中国化的探索。

4.3.1.2 特殊时期下国有机构发挥高效能

中华人民共和国成立后将近30年都是实行计划经济，工程建设受国家政策调控影响极大，国有设计单位隶属于相关管理部门，一般都服务于部门体系或是指定的建设需求。在面对难度大的重点项目时，采取抽调各单位人才组建攻关小组，为中华人民共和国成立初期生产和生活的快速恢复起到重要的支撑作用。

与此相类似地，新加坡和马来西亚都设置了公共工程部门（Public Work Department，简称PWD），其职能与中国国有设计单位基本相同。PWD进行了许多大型公共建筑等的设计和建设，最初由外籍人士主导，后来逐步由本土建筑师负责。政府配备有测绘工程师、土木工程师和结构工程师等专业人员，配有实验室和研发部门，大多数建筑都是由政府直接委托设计，很少有私人建筑师能得到政府的委托。

PWD是一个非常高效的组织，管理费用非常低，私人建筑师设计费用一般占一栋建筑的造价大约10%，而PWD的成本在2.5%左右，并且效率非常高①。很多重要建筑师都曾作为PWD的建筑师工作过，马来西亚PWD建筑部门里面有4个团队，分别由伊恩·斯图尔特（Iain Stewart）、雷蒙德·哈尼（Raymond Honey）、艾弗·希普利（Ivor Shipley）、霍华德·阿什利（Howard Ashley）带领，其中伊恩是PWD的首席建筑师，雷蒙德带领的团队只负责校园建筑，艾弗的团队仅仅有助手，没有高级建筑师。首席建筑师会公开一个概要，然后每个团队就会着手完成任务，各个团队相互合作形成一个系统性的整体。

在1960年代中期，马来西亚建筑师巴哈鲁丁（Baharuddin）从国家规划部门转到PWD工作，参与了国家清真寺等项目，他在PWD的建筑部门的办公室位于八打灵再也（Petaling Jaya）的联邦大楼。建筑师希沙姆（Hisham）在马来西亚工作的第一个重大项

---

① CHEE KIEN LAI, CHEE CHEONG ANG. The merdeka interviews: architects, engineers and artists of Malaysia's independence[M]. Pertubuhan Akitek Malaysia, 2018.

目也是国家清真寺，他在马来西亚独立后几年与巴哈鲁丁一起，在公共工程部门的团队中工作。希沙姆在伦敦学习热带建筑时离开了项目，而巴哈鲁丁则继续完成该项目，国家清真寺的许多特征都可以在巴哈鲁丁的其他建筑中找到，而希沙姆则从一种建筑风格逐渐转移到另一种建筑风格。

马来半岛和中华人民共和国成立初期多为国有经济，国有机构承接重大建设任务，建筑师在国有机构的从业经历一定程度上保证了本土建筑师稳步成长，为建国初生产和生活的恢复和发展提供了重要保障。

4.3.1.3 现场设计的工作方式促成建筑精品

除了建筑师职业素养等个人因素外，政府机构委托这一因素有助于当时的建筑师加大各方面投入并长期扎根现场。在北园酒家的建造过程中，莫伯治为节省建筑成本，曾多次到珠江三角洲的农村地区收集农民拆房剩下的旧砖瓦、旧门窗构件、“满洲窗”彩色玻璃等，回到广州进行再加工后作为北园酒家中的特色材料，这种旧料的使用从收集到现场契合施工都需要建筑师花费数倍于常规做法的付出。岭南传统民居中的建筑形式作为北园酒家的参考依据，传统构件、老旧原始材料的细致雕琢为建筑增强了地域特色，呈现出园林建筑精致的装饰艺术，齐康认为北园酒家将古建筑构件“拿来”“移植”而为今用，开拓了新境界。

与莫伯治注重现场工作相类似，马来西亚PWD的建筑师艾弗·希普利（Ivor Shipley）也十分强调驻扎现场，他在马来西亚议会大厦项目上，就和团队搬到现场工作，还在工地上建了一间办公室，后来还建成了绘图办公室等。他认为，一旦搬到现场，在一个非常高效的承包商和建筑团队的帮助下，问题可以很快得到解决。如果在图纸上有问题，很明显会转化成建造中的问题，在现场最大的好处就是他们可以带着卷尺去大楼进行测量，然后直接回到绘图室整理，现场发现的任何问题都可以得到较为高效的解决。艾弗的团队在现场有一个五分钟会议的形式，他们将问题分类讨论，在现场做图纸，然后指导工匠马上工作。他认为，现场工作是一个非常高效的系统，项目的顺利开展与其说是设计的结果，不如说是执行的结果（图4-15、图4-16）。

4.3.2 岭南地区：集体设计组为特定项目而持续创作

岭南建筑发展过程中，在华南土特产展览交流大会、广交会等重要事件的带动下，出现了“旅游设计组”这一长时间组合的建筑师创作群体，并以集体智慧创作出一批优秀项目，使岭南建筑创作机制形成区别于其他地区的特色。

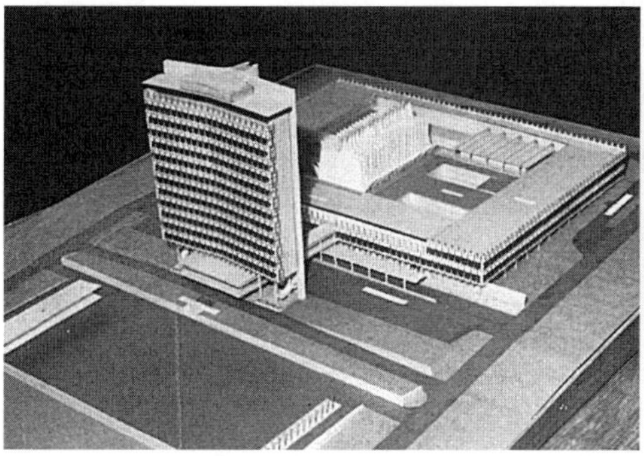

图4-15　议会大厦初期模型
（来源：*The Merdeka Interviews*）

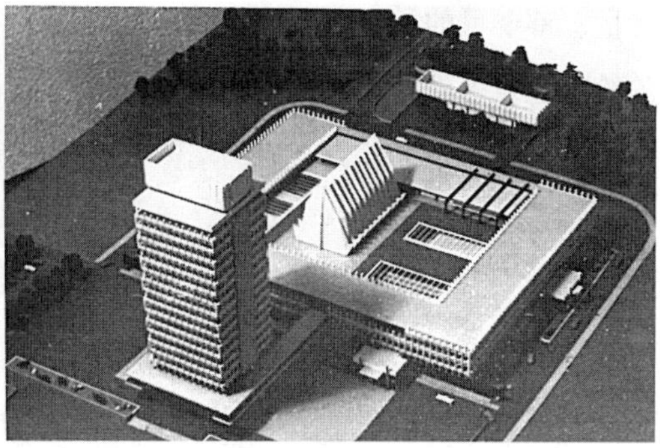

图4-16　议会大厦最终模型
（来源：*The Merdeka Interviews*）

4.3.2.1　在极短时间内攻克非常规的挑战

1951年，广州政府在南方大厦附近的一处废弃土地上，选定当时在西堤一个待清理的地段作为建设“华南土特产展览大会”的展览场地。大会建设项目的11位建筑师分别来自5个单位，设计工作由林克明统筹协调，采取集体合作分工负责的方法，每个人在一个月内完成展览建筑的设计，12个展馆从场地清拆、设计到建成只耗时3个月就全部完成。这是当时在中华人民共和国成立初期的一项大型工程设计，成为以专家为首的集体创作先例①，作品明确地传递出对现代主义建筑文化的认同，给当时行业内带来了强烈的视觉冲击和思考。

与后来“旅游设计组”集中在单栋建筑中创作有所不同，华南土特产展览交流大会是群体建筑，建筑师可对单体创作独立负责，只需要在规划上与总负责人协调。由于行政主管领导的开放管理方式，建筑师创作的自由度较高，并且按设计完整付诸实施，使得集中统一中又有丰富性。后来1953年的武汉三校校园规划与建筑设计与此相似，陈伯齐、夏昌世与柳士英等多位重要的建筑师汇聚在一起，各自负责一些建筑，夏昌世主张的现代主义平屋顶和柳士英坚持的固有式风格大屋顶都和谐共存，成为集群设计中设计理念求同存异的写照。

中国当代集群设计如东莞市松山湖理工学院（2002）、南京国际建筑艺术实践展（2003）、安仁建川博物馆聚落（2003）等，与前述案例相比的相同之处在于合作方式，都是选择一块集中的场地范围，多个建筑师各自负责一栋建筑，其中一个作为规划和总协调人。不同在于，当代的集群设计是建立在充裕的资金和情怀之上，设计更为从容，包含对建筑艺术的实验探索、商业化运营等，一般而言，对城市形象、建筑创作和业主期望都达到共赢。1950年代集群设计的出发点是更为现实的经济状况，有着更为实际的

① 林克明. 世纪回顾——林克明回忆录[M]. 广州市政协文史资料委员会编，1995.

考量，首要目的是配合完成建设任务，建筑艺术的追求在主办方看来是其次的，而当时的岭南建筑师就是在这样不完善的创作前提下，仍然进行了丰富、深入的创作，除了各自的热忱与才华之外，有效的集体创作机制也是重要的原因。

4.3.2.2 持续发展的设计团队与项目类型

第一届广交会1957年在广州开幕，刚刚推翻“三座大山”的中国百废待兴，而西方敌对势力妄图用“政治上遏制、经济上封锁”的手段把新生的中华人民共和国扼杀在摇篮之中。大力发展与友好国家和地区的经贸关系，就成为中华人民共和国赖以发展的一个重要方面，创办广交会是其中一项重要工作。党中央、国务院把广交会的会址定在广州，希望利用广东“毗邻港澳，华侨众多”的优势，吸引更多外商前来，开辟更多的外经贸渠道。“旅游设计组”成立的主要目的是服务于广交会配套及一批外贸工程，从1964年爱群大厦扩建工程的立项开始，到1983年白天鹅宾馆的落成结束，中间因为历史原因而两次长时间中断。特殊的涉外性质、落后的经济条件和变换多端的政治环境是其主要的社会背景，在当时的困难情形下，“旅游设计组”取得一定成就与宝贵经验，分析主要原因如下。

一方面是由于特殊时期下主要人才的相对集中，“旅游设计组”是以广州城市规划处为基础组建，莫伯治一直作为负责人，每个阶段均同时创作两个项目，创作延续性较强，林兆璋、蔡德道、黄汉炎等主要成员相对稳定。1979年，为中山温泉宾馆别墅区和白天鹅宾馆项目再次组建时，佘峻南加入其中并成为与莫伯治并列的主要负责人，两位岭南建筑带头人的良好合作成为业界佳话。1983年，白天鹅宾馆结束后，设计组成员返回各自所属单位，为“旅游设计组”的历史使命画上圆满句号。

另一方面是经验的不断积累使集体智慧得到继承和提高，由于项目类型基本都是宾馆建筑，因而可以清晰地看到前后作品之间的延续和演变。1972年的白云宾馆集中采用了之前积累的经验：广州宾馆探索的塔楼与裙楼高低层结合的形体处理，采用灵活的空间处理来配合原有环境；矿泉别墅将现代建筑与传统庭园相结合，把庭园引入到建筑架空层内部；从新爱群大厦开始的外立面水平线条做法，在外墙每层窗户出挑悬臂、连续横板，利用构造的方法解决外墙维修、清洁和防雨遮阳的问题。而白云宾馆在70米长的主楼不设伸缩缝，也为后来白天鹅宾馆更长的尺度不设缝积累了经验。由此可见，“旅游设计组”之前的实践为白云宾馆在理念和技术上都作了充分的准备，而白云宾馆又为后来的白天鹅宾馆进一步积累经验，这是一个创作集体和作品都逐步成长和成熟的过程①（图4-17~图4-19）。

① 冯健明. 广州旅游设计组建筑创作研究[D]. 广州：华南理工大学，2007.

图4-17　新爱群大厦
（来源：《岭南近现代优秀建筑·1949—1990卷》）

图4-18　广州宾馆
（来源：《岭南近现代优秀建筑·1949—1990卷》）

图4-19　白云宾馆
（来源：《岭南近现代优秀建筑·1949—1990卷》）

4.3.2.3　灵活有效的团队组织和工作方式

1979年的白天鹅宾馆是“旅游设计组”的巅峰之作，也是其收官之作，那时候刚刚打开国门，五星级酒店对国人来说还是个新鲜事物，建筑师在设计之时才到香港的五星级酒店测绘学习，这样的前提下要做设计，其困难可想而知。因此白天鹅宾馆设计最后的成功给人强烈的震撼。不仅在于其自身的创作特色，而且在于前提条件与创作成果的巨大反差，当时的《人民日报》作出了“博得了中外人士的交口称誉”“使港商大为震惊”的热情评价，对照苛刻的前提条件来看待成果，确实是“一个了不起的突破”。

白天鹅宾馆设计组共有57名设计人员，包括建筑设计和结构等专业，组织管理上也是一种挑战。莫伯治和佘峻南两位为项目总负责人，统筹设计方向和总控全过程，其他几位骨干建筑师负责落实设计意图，其中陈伟廉、林兆璋、陈立言主要负责具体问题的解决以及建筑绘图工作，蔡德道负责主楼客房，并跟进施工现场和采购材料设备。大家针对具体问题先行提出解决方案，经组内开会讨论再作决策。这样灵活有效的组织方式在很大程度上促进了项目的顺利开展。

4.3.3　马来半岛：私人建筑师事务所逐步扩大影响力

随着时间的推移和国家发展的逐步放开，马来半岛的私人建筑事务所通过一系列的建筑竞赛在马来西亚和新加坡的现代建筑运动中不断开创，逐步发挥出重要作用。

4.3.3.1　合伙人共同学习和理念一致的背景

林冲济（Lim Chong Keat，1930—）、林少伟（William S. W. Lim，1932—）和曾文辉（Chen Voon Fee，1931—）于1960年共同成立马来亚建筑师事务所（MAC），三位都是在英国学习期间相互熟悉的同时代人。1954年，他们在伦敦的热带建筑会议上第一次见面，相似的背景和兴趣、对西方建筑广泛的研究使他们走到一起，在现代主义创作实践中，他们发现了一种可以根据当地气候、建筑技术和文化进行改造的具体化语言[①]。

新加坡于1959年获得自治，初始阶段的建筑行业主要都是由外籍建筑师主导，新加坡会议厅和工会大厦是马来亚建筑师事务所第一次在重要的建筑公开竞赛中获胜的项目。两名本地建筑师作为评委，分别是新加坡首位海外培训的本地建筑师吴景祥（Ng Keng Siang）和新加坡国家图书馆的建筑师钱迪森（Tio Seng Chin）。竞赛共收到16个参赛作品，既有来自国外大公司的，也有来自当地小公司的，1962年3月公布比赛结果，将该项目设计权授予马来亚建筑师事务所[②]。该设计根据当地条件进行调整，以混凝土塑造建筑形体，各个层次都表现出了统一性以及清晰的空间规划，建筑最终在1965年建成，成为向经典现代主义大师致敬的标志（图4–20、图4–21）。

图4–20　新加坡会议厅和工会大厦研究模型
（来源：东南亚建筑研究协作会提供）

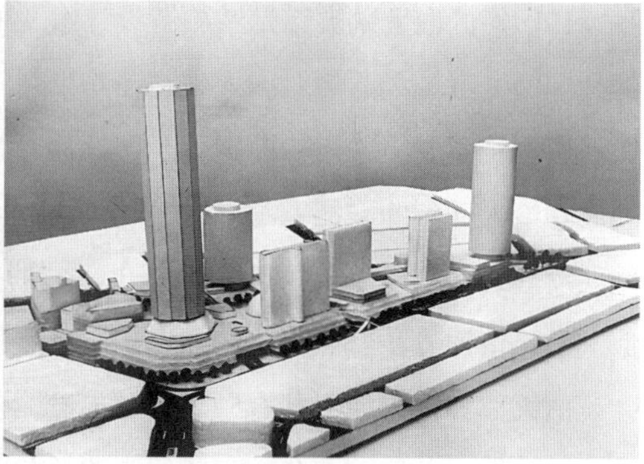

图4–21　槟城市中心研究模型
（来源：东南亚建筑研究协作会提供）

4.3.3.2　以参加公开投标为获得项目的主要方式

不同于政府直接委托的方式，马来半岛的私人建筑事务所更多是以参加公开投标获得项目，这种方式激发了他们的创作热情，使他们进一步成长并逐步发挥重要作用。该时期的MAC事务所赢得了多项设计竞赛，如马来西亚的森美兰州清真寺和槟城的Bank Negara（马来西亚央行）大楼（后来更名为Bank Rakyat（拉克亚特银行））等项目。其中的森美兰州清真寺是其重要的代表作品，他们在1963年的竞赛中胜出，建筑于1967年建成，这座建筑主要由钢筋混凝土建造而成，建筑最重要部位为双曲面凹形的混凝土壳屋顶，充分利用了钢筋混凝土的特性，其轻盈性与传统的清真寺设计形成鲜明对比，具有鲜明的创新性（图4–22）。

① DP ARCHITECTS. DP architects 50 years since 1967[M]. Singapore: Artifice Books on Architecture, 2017: 18.

② LAI CHEE KIEN, KOH HONG TENG, CHUAN YEO. Building memories: people architecture independce[M]. Singapore: Achates 360 Pte Ltd, 2016.

图4-22 森美兰清真寺剖面与局部
（来源：*Shapers of Modern Malaysia: The Lives and Works of the PAM Gold Medallists*）

MAC事务所最初三个合作伙伴的工作方法有很大的不同，而项目的大量涌入激化了不同的观点和意识形态，最终在1967年MAC解散，几位主要的创始人重新组建了自己的团队。林冲济与吉隆坡的巴哈鲁丁·阿布卡西姆（Baharuddin Abukassim）和林钦实（Lim Chin See）成立建筑师三人团队（Architects Team 3），此团队中还包括新加坡的康可绍（Kok Siew Hong）、王塔克（Teoh Ong Tuck）等人。在新加坡当地建筑公司很少并且该行业仍然由外籍人士主导的时候，巴哈鲁丁在扩大MAC本地公司成长方面发挥了关键作用。

裕廊市政厅是建筑师三人组AT3成立后赢得的第一场竞赛，该建筑表现形式简洁明了，具有现代主义特征，展现了多边形的建筑表现手法（图4-23）。除裕廊市政厅外，AT3还设计了新加坡一些主要的早期高层建筑，对新加坡天际线产生了重大影响。其中于1967年设计的新加坡航空公司大楼还包含了最早的屋顶花园和公共艺术品（图4-24），大厦成为新加坡最早的公共建筑之一，林冲济还为其创作了一个名为“Triform”的户外金属雕塑。

4.3.3.3 建筑师在团队中的作用前后发生变化

林少伟（William S. W. Lim）和郑庆顺（Kheng Soon Tay）于1967年离开马来亚建筑师事务所后成立DP建筑师事务所（Design Partnership），旨在开发一种标准建筑服务之外的独特工作方法。自1960年代末以来经济快速发展，为建筑师创造了巨大的设计机会，早期DP由林少伟主导的代表作品有人民公园大楼、黄金坊综合体和圣安德鲁初级学院。到1975年，郑庆顺离开DP，在马来西亚从事以研究为基础的实践，全心全意研究低层高密度住宅，受吉隆坡市长的委托，1976年完工的Cheras和1978年完工的Setapak Jaya实现了郑庆顺在新加坡提出的概念，开发了低层、高密度、低收入的项目。而后郑庆顺回到新加坡，建立了名为Akitek Tenggara事务所。

图4-23　裕廊市政厅大楼模型
（来源：*SIAJ*）

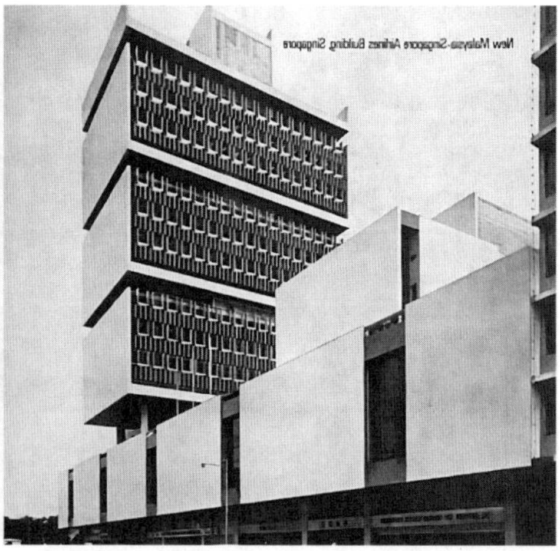

图4-24　新加坡航空公司大楼街景
（来源：*SIAJ*）

林少伟于1981年从DP事务所退出[①]，建立了自己的工作室。出于对新加坡城市快速发展的关注，林少伟于1965年与其他年轻建筑师和规划师一起成立了一个名为新加坡规划和城市研究（SPUR）的讨论小组，该小组随后扩大到包括私营部门的其他专业人士和不同学科的学者。SPUR小组讨论、审查和推广了许多与建筑、规划和城市环境有关的问题，设计合作伙伴给予了相当大的支持，并为集团的运营提供了保障，另外小组组织了许多研讨会，成功出版了两个出版物，题为《SPUR 65–67》和《SPUR 68–71》，是讨论新独立的新加坡早期规划问题的开创性著作。在区域层面，林少伟是一个名为亚洲规划与建筑顾问（APAC）的小型协作组的创始成员，该组织由该地区的专业人士组成，成员包括来自日本的Fumihiko Maki和Koichi Nagashima、来自中国香港的Tao Ho、来自泰国的Sumet Jumsai、来自印度的Charles Correa以及来自新加坡的林少伟。

马来西亚和新加坡的建筑事务所经过不断发展变化而逐渐成长，事务所的合伙人前后经过变化，交织互相影响，逐渐形成各自的特色。还有一些其他重要的事务所，例如总部设在马来西亚的BEP建筑事务所（Booty Edwards & Partners），由拉尔夫·布蒂（Ralph Booty）和西德尼·詹姆斯（Sidney James）于1910年在新加坡建立，该公司作为20世纪东南亚建筑发展的主要力量，引入了由SOM创立的建筑合伙人新机制。

Kumpulan Arkitek事务所最初于1957年在新加坡以Cav Chew & Partners的名义成立，1964年扩大并注册为Kumpulan Akitek，在吉隆坡和新加坡都设有办事处。自1957年以来，该事务所参与了马来西亚和新加坡的建筑发展，希沙姆（Hisham）管理Kumpulan Arkitek事务所，并由维克特·周（Victor Chew）负责，后来由其他人继承。他们的一个

① DP ARCHITECTS. DP architects 50 years since 1967[M]. Singapore: Artifice Books on Architecture, 2017.

代表建筑作品是下属法院（1975年建成，现更名为州法院）。下属法院有着别致的外部形式，将法官室和审判室设置在一起，在较低的两层，不同的空间围绕八边形核心空间，该核心空间还包括中央中庭和螺旋状楼梯、升降电梯和走廊。所有的结构和循环系统都集中在一个多层中庭及其四个大型电梯和楼梯轴上，中庭将自然光引入到巨大的建筑中，作为建筑使用者的主要定位点。在顶部的两层，空间略有不同，围绕八边形核心旋转，形成一个旋转系统，精心设计的循环系统将不同的用户群体引导到专用通道中，建筑内部区域与区域之间有着十分显著的开放性和透明性。

在其他Kumpulan Akitek的作品中也可以找到使用八边形作为组织形式的例子，其设计策略是清晰的外部体积特征。例如，在他们早期的住宅开发Hilltops（山顶）公寓（1965）中，每层楼的7个独立公寓围绕着一个八边形组织，形成一个开敞的中庭（图4-25）。每个公寓不仅是一个独特的外部空间，还拥有连续的视野，同时也保证了各自的私密性。在他们的另一个住宅项目Highpoint（高点）公寓中，八角形也被用作组织几何，三个不同大小的八边形聚集在一起形成一个全方位的公寓。其中三间公寓依次放置在每个楼层，长长的走廊作为连接，多边形图案在外部通过阳台的倾斜形状和遮阳卷进一步突出。

图4-25　Hilltops公寓和Highpoint公寓
（来源：*Kumpulan Akitek*手册）

4.3.4　两地创作机制比较的启发与讨论

权力尤其是政府管理机构对建筑创作的影响不可避免，权力与建筑师积极合作的良性互动关系带来了更多的创作自由，也有利于建筑创作思想和设计方法上的更新，两地建筑在该时期的蓬勃发展离不开建设过程中各种权力的合理化协作。

4.3.4.1　建筑师与政府及权力机构的互动关系

政府是该时期两地建设项目的主要投资者和管理者，对建筑创作的管理和审批具有决定性的话语权，而行政主管领导则代表政府行使这种权利。林西（1916—1993）在1950年代至1980年代初的30年内直接领导和负责广州建设，这一时期以广州副市长林西为代表的建设管理层，在设计管理上主要从方针政策上指导把关，在技术层面较少干预，给了建筑师更多的自由，带来岭南建筑创作思想和设计方法上的更新。林西对当代岭南建筑创作的发展作出重要贡献，其主管建设时间之长与思想之连贯在国内建设行业中非常突出。林西与夏昌世、莫伯治、佘畯南等岭南建筑师不仅在工作管理上配合高效，而且在建筑专业理念上也交流默契，甚至有时展现出更为开阔的专业视野，例如林西到东南亚考察带回了建筑专业资料和现代设计理念，都对莫伯治等岭南代表建筑师产生了重要影响。

林西主动学习现代主义建筑思想，尤其对柯布西耶等四位现代主义建筑大师有深入理解。他提出在山地条件下建设宾馆时，应把房子分散布置在各不同水平的盆地上，根据不同功能而分组，然后连之以山路，抓住了山地建筑的核心环境问题，并提出具体的创作方法。从1963年双溪别墅采用转角阳台取消立柱，到1971年东方宾馆新楼的天台花园，再到1972年矿泉旅舍的架空层庭园和白云宾馆门前的水景，特殊的历史时期使建筑创作形式也政治化了，稍越雷池一步就可能是深渊。林西或迂回解释，或力排众议，为这些创新设想最终能成为现实功不可没①。

权力对建筑创作的影响在任何时代和国家都不可避免，只不过表现的形式不同。通过体制层面的优化和个人层面的调适，尽可能达到一种良性的互动关系，而这种关系的良好程度与经济是否发达无关。林西曾对参加白天鹅宾馆建设的人员说，要尊重建筑师的意见，凡是经总建筑师最后确定拍板的东西都不要改②。在1950～1970年代，岭南建筑师与主管城建的广州副市长林西之间的良好协作，成为岭南现代建筑史上的一段佳话。

4.3.4.2 建筑师在产业链上的专业话语权

建筑既关系到整个社会的很多方面，也与栖身其中的每个人的切身利益相连，因此，建筑师对于社会有着特殊的意义③。建筑是现实生活中多种复杂因素相互博弈下的产物，业主和社会关系是建筑得以建造的缘起，建筑师应该善于协调和统筹各种社会关系。就此而言，华人建筑大师贝聿铭的成功经历值得研究，其创作的肯尼迪图书馆、美国国家美术馆东馆等建筑都是政治敏感和大众关注的项目，尤其在法国卢浮宫的扩建项目中，他融合东西方处理关系的手法，获得密特朗总统的强力支持，这使得他在专业的坚守中实现了伟大的作品。纵观建筑行业内，不能处理好社会关系的建筑师，大多数只能望“图”兴叹而无法实现专业理想，或是在建设过程中陷入被动的漩涡难以自拔。

建设行业决策层比建筑师的权力要大，两者的互动关系对一个项目的最后成败甚为重要，上至影响决策层的专业意识，下至培养大众的审美能力，对今天的岭南当代建筑创作具有启示意义，而从专业体制的角度而言，增大建筑师的专业话语权更有利于建筑事业的健康发展。

---

① 佘畯南. 林西——岭南建筑的巨人[J]. 南方建筑. 1996（01）: 58-59.

② 莫伯治. 白云珠海寄深情——忆广州市副市长林西同志[J]. 南方建筑. 2000（03）: 60-61.

③ 路中康. 民国时期建筑师群体研究[D]. 武汉：华中师范大学，2009.

第5章 基于人文适应性的两地现代建筑创作比较

在人文适应性维度下，将两地建筑创作思想和作品置于时代的文化背景中。从现代主义与城市精神方面，岭南建筑师以人本主义作为设计的价值追求，马来半岛建筑师则重视国家独立形象的塑造与宏伟城市精神的表达；在民族风格与族群意识的探索中，岭南建筑创作在庭园中蕴含时空结合的设计思维与情景交融的意境追求，马来半岛建筑师则以抽象手法提取传统建筑元素，表达各自族群的文化意识；从地方价值与信仰文化的比较中，岭南地区通过对空间的情感加工和场景的主题化形成一种和谐文化，而马来半岛以混合性包含各族群的不同需求，以地域性构建国家认同。

建筑创作的人文适应性与建筑的自然适应性、社会适应性是互相联系的一个整体，可以说，自然适应性是建筑产生的基础和前提，社会适应性是建筑发展的动力，人文适应性是建筑追求的目标，也是决定建筑丰富性和差异性的重要原因。作为更广泛的一类文化符号，建筑是理解国家民族文化的核心方式，可以表达民族主义情感、集体意识或激动人心的历史事件。本章将岭南与马来半岛1950～1970年代这段时期建筑创作思想和作品置于时代的文化背景中，通过对现代主义与城市精神、民族风格与族群意识、地方价值与信仰文化的比较研究，挖掘建筑创作的价值取向与文化表达蕴含的理想内涵。

5.1 建筑创作中对现代主义和城市精神的发扬

5.1.1 两地现代主义建筑美学的共同表现

二战后的1950年代，现代主义建筑理念因其实用与高效的特征在急需建设的亚洲国家得到了广泛推广，现代建筑注重功能与实用，以工业化的思维解决工业社会带来的建筑问题，其建筑形式来源于现代的功能、材料、工业化的生产方式。该时期岭南与马来半岛的建筑师大都有海外留学背景或受到现代主义建筑思想的熏陶，对现代建筑地域化的探索实践呈现出一些共同的美学特征。

共同表现一：方正的几何形体强调光影效果

在现代主义的理性思维中，方正的几何形体更有利于功能的分布及空间的节约，即使对于功能复杂的建筑，也是将方正的形体加以组合并形成丰富的整体效果。作为岭南地区形体组合的典型案例，中国出口商品交易会流花展馆是当时广东最大的单体民用建筑，其新增建筑与现状组合，形成5个较大的院落和若干小内院，主楼南立面采用不对称构图，建筑体量朝向四面，各独立展馆既分又连，形成了丰富的建筑形体。在广交会展馆的设计中，建筑师引进先进技术和创新艺术表现，设计出满足多功能需求的建筑形体，以功能导向的立方体组合体使得光影效果更加丰富（图5-1）。在马来半岛也多采用类似手法，以方形体量组合，以细部处理形成丰富光影效果，例如TNB总部大楼及马来西亚国家银行总部。其中的马来西亚国家银行总部由一个银行大厅裙楼体量和一个18层高的塔楼体量组合而成，整体造型简洁，通过立面窗洞的内凹处理形成丰富韵律，同时也强化了立面的阴影效果（图5-2）。

共同表现二：水平带状的条窗横向舒展

将光线引入建筑成为现代建筑突破传统束缚的重要特点，钢筋混凝土框架结构的成熟、玻璃的推广应用、采光通风及视觉美学的需求等原因使建筑开窗模式得以改变。钢筋混凝土框架结构在现代建筑中的兴起，意味着墙体在结构上不再具有承重作用，因此

图5-1　中国出口商品交易会流花展馆鸟瞰
（来源：来自《岭南近现代优秀建筑·1949—1990卷》）

图5-2　马来西亚国家银行总部外观
（来源：自摄）

可以按需要穿孔和打开。为了最大限度地扩大视野和增强通风效果，增大窗洞尺寸形成水平长条状开口，随着建筑构件的标准化生产及标准层的叠加，产生了由窗户开口分层的带状结构立面。而战后玻璃制造工艺的进步也使玻璃在大型建筑中得到广泛应用，1950年代到1960年代初，条形窗作为承重外墙消亡后新的立面解决方案在湿热地区流行，常配合穿孔屏风及其他遮阳设备来促进自然通风。

以水平带状的条窗形成建筑横向舒展样式，两地代表案例有岭南的广州宾馆、东方宾馆扩建工程，马来半岛的森林大厦、希尔顿酒店等。以1950年代中期的南通香保大厦为例，立面设计采用水平带状玻璃窗，通透的玻璃和清晰的水平鳍片增强了建筑的立方体形状，细节的深入使得立面层次更加丰富，呈现强烈的雕塑感和机器美学。水平带状条窗使建筑立面视觉效果更加自由舒展，既满足了湿热的马来半岛地区采光通风需求，优化了室内采光与通风效果，又改变了竖向分割立面的严肃呆板，很大程度上改变了空间体验和使用模式，展示了地域特色与现代理念的紧密结合（表5-1）。

共同表现三：高效便捷的平面流线组织

岭南与马来半岛地区的建筑流线组织注重解决实际问题，强调交通效率与功能联系，体现了现代主义建筑重功能、讲效率的理念。岭南地区以流线组织高效见长，代表案例如夏昌世设计的华南土特产展览交流大会水产馆。水产馆设计以圆形为造型母题，以“水”为主题，内部功能组织合理，平面分区将圆形22等分，以圆形的中庭为枢纽组织各展区空间，以八个同心圆为逻辑布置墙体和柱子，流线连贯通畅，空间开敞连续，反映了岭南人讲求实效的社会心理以及现代主义对于平面流线组织的高效要求。

在马来半岛由黄铭贤（Alfred Wong）设计的新加坡理工学院亦有此特征。该项目以学科部门之间的互联互动为总规划主要概念，不同于单学科部门彼此严格隔离的平面组织模式，以便捷的流线组织7万平方米的建筑平面，增强学科部门建筑和设施间的连接。平面组织系统由灵活高效的连廊组成，连接了重要的功能节点，如行政楼、图书馆、教

水平带状的条窗　　表5-1

项目	建筑外观	项目	建筑外观
东方宾馆扩建 建筑师：佘峻南		广州宾馆 建筑师：莫伯治	
森林大厦 建筑师：DP事务所		希尔顿酒店 建筑师：金顿·路（Kington Loo）	

（来源：左上、右上图来自《岭南近现代优秀建筑·1949—1990卷》；左下图为自摄；右下图来自*The Living Machines: Malaysia's Modern Architectural Heritage*）

学楼和食堂等。这个系统还提供必要的服务设施，如空调、管道以及服务于整个综合体的电缆。连廊在每间隔约40米的位置设置了单独的通道用于垂直连接，其中包括楼梯、电梯和厕所等，各功能区连接有序、分区合理、流线组织简洁高效，具有明显的现代主义特征。

基于现代主义建筑理念的技术共性与适应城市湿热气候的共同特征，岭南与马来半岛两地建筑在造型特色、立面层次、平面流线中分别有着追求丰富的光影效果、舒展的视觉感受、高效便捷的空间组织等共同的美学表现，反映了对现代主义与城市精神的继承与发展。

5.1.2　岭南地区：基于生活尺度的人本主义理念

无论在早期艰苦苛刻的社会经济条件下，还是在当代经济发展相对宽松的环境中，岭南建筑师深刻理解人在建筑中的重要地位，将以人为本的思想观念具体落实到建筑创作中的各个方面。

5.1.2.1　以人为本的建筑理念

岭南建筑师在创作中首要考虑到人的生活习惯和功能需求，秉持“物为人用”的原则，以设计组织各类因素以满足人的需求。林克明将其设计思想立足于“以人为主，对

图5-3 广州火车站候车大厅
（来源：来自《中国著名建筑师林克明》）

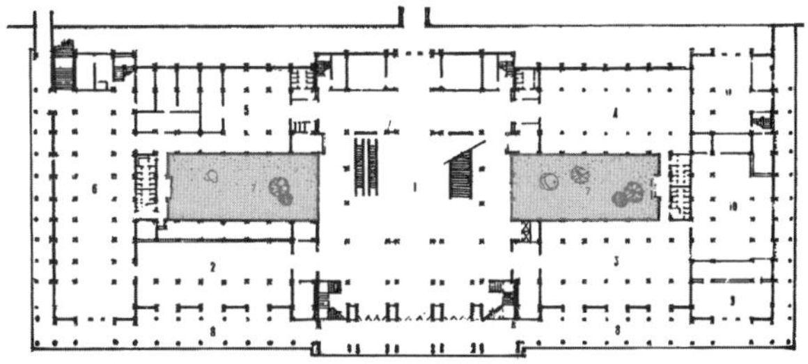

图5-4 广州火车站首层平面
（来源：根据相关资料自绘）

人关怀”的基础上，通过研究总结出在湿热气候条件下，为满足人们的切实生活需求须采用轻巧通透、遮阳架空等处理方式。当有技术矛盾时，林克明认为应综合客观存在的人、事、物这三者条件，首要是满足人的要求，在满足基本的建筑功能后，还需要不断优化拓展①。在广州火车站的设计中，林克明在站内设置庭院，不仅优化了室内的通风采光效果，使空间更加开阔通透，也提供了可供旅客休息的庭院，配以绿色植物，有利于调节局部微气候和消减旅客候车时的焦虑情绪，在当时国内交通建筑设计中属于较为领先的特色做法（图5-3、图5-4）。

岭南建筑师的创作善于从现存不合理的问题中发掘人们的潜在需求，通过合理的创造给予超前一步的解决方案。夏昌世于1950年代发现广州房屋为了适应亚热带地区的炎热气候，每年夏季都要搭建凉棚来遮挡过强的阳光和热辐射，每次翻新重搭的费用较高且不耐用，对建筑和城市的形象有负面影响，而且还易引起火灾和风灾②。从这些不合理的现象中，夏昌世总结出人们对于防热的需求，进而在鼎湖休养所等项目实践中，通过在建筑外立面设置遮阳板、在屋顶增设隔热层的方式来解决实际问题，形成一种符合

① 林克明. 世纪回顾——林克明回忆录[M]. 广州市政协文史资料委员会编，1995.
② 夏昌世，钟锦文，林铁. 中山医学院第一附属医院[J]. 建筑学报，1957（05）：24-35.

地域特点的新建筑形式。由此可见，岭南现代建筑的地域风格是在切实解决人性化的需求中逐步形成的。

5.1.2.2 以人的尺度为准则

现代岭南建筑创作以人的尺度为准则，佘畯南在一系列的创作思想论文中深入研究了“人”对于建筑的重要意义，并在其后期的文章《我的建筑观——建筑是为“人”而不是为“物”》中旗帜鲜明地表达了以人为本的核心思想“建筑是为人，人是万物的尺度，建筑设计必须以人为核心来思考一切事物”[①]。

在广州友谊剧院设计中，建筑创作回归到建筑是“为人”的本质，去除多余装饰和摒弃宏伟的尺度，以人与空间的适当比例为设计依据，打破了1960年代全国剧院建筑普遍存在的形式主义做法。剧院建筑空间的高低大小参考人的尺度设置，大厅依据人的使用习惯仅在入口右侧布置了一个楼梯，并按照步行习惯分成90度的两段，在第一梯段台阶数的设计中，经过在施工现场反复权衡比较，建筑师最后依据使用者的步行习惯选定梯台的踏步为6级，在楼梯下的空间设置了水池以避免使用者在楼梯下碰头，设计从使用者的体验出发并进行反复考量，在具体项目实践中充分体现了建筑师的理论思考（图5-5、图5-6）。

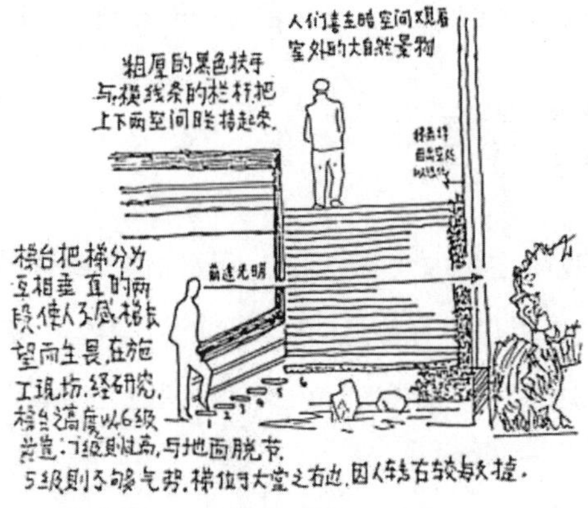

图5-5 广州友谊剧院大堂楼梯分析图
（来源：来自《岭南近现代优秀建筑1949—1990卷》）

图5-6 广州友谊剧院大堂楼梯彩图
（来源：自摄）

以人的尺度作为模数，在特殊情况下建筑师也有意运用较大或较小的尺度以形成空间的变化。广州白天鹅宾馆正面采用了较大尺度的伞形雨篷及支撑立柱，作为小尺度的人与大尺度的主楼建筑两者之间的过渡。宾馆中庭的金瓦亭有意采用了比常规亭子略小

① 佘畯南. 我的建筑观——建筑是为“人”而不是为“物”[J]. 建筑学报，1996（07）：32-36.

的尺度，以对比的手法扩大中庭空间的宽阔感，同时以金色瓦面的厚重质感来平衡亭子的略小尺度。可见，建筑师在丰富多样的空间尺度处理手法中，维持不变的是以人为本，对人的尺度和感受进行细腻的研究和反复的斟酌。

夏昌世和莫伯治在对岭南庭园的调研中总结，人从室内到庭园以致接触到水石景是一个连续感觉的过程，因而水石景的造型及位置距离，必须和建筑取得同一的比例尺度，统一协调才能引起人们的真实感觉①。在岭南庭园建筑中，设计以人体工学、视觉美学、行为心理学为基础，从流线组织、景观营造、尺度推敲、细部处理到空间的转换变化，无不以人的尺度为参照以满足使用者的感官愉悦及精神需求。

5.1.2.3 体现人文关怀的价值

建筑是为人服务的，建筑最重要的不是表现自身，而是体现出对人的关怀。以夏昌世为代表的岭南建筑师关注建筑的适用性，以人为本，身临其境地构想建筑空间，讲求功能布局的合理和使用的人性化。

夏昌世在1958年《亚热带建筑的降温问题——遮阳·隔热·通风》一文中系统总结了若干适应亚热带气候的方法和经验，例如细节处理方面，出于人文关怀在普通窗扇上加设胎窗、在窗台下增设小气窗。在中山医学院门诊部及内科病房、中山医学院生化楼等一系列医院建筑作品中，基于岭南地区湿热的气候特征，出于环境质量提升可改善使用者体验的人性化考虑，夏昌世对建筑外立面遮阳方式展开了探索。

创作以人的使用为首要考虑因素，注重平面功能的适用与流线组织的合理，尤其以细节处理展现人文关怀。中山医学院第一附属医院是1950年代中国第一个单侧候诊布局的医院，传统的医院一般是将两边诊室中的走廊加宽用于候诊，而中山医学院一附院门诊部的设计，采取了南面单侧候诊的布局方式，把诊室设在北面，因为北面稳定的光线更利于医生开展工作，而把病人候诊区设在南面，可以有充足的阳光和良好的通风，设计还将医院病房门洞墙体的直角处理成弧形，这些手法在当时经济紧张的背景下显得尤为可贵（图5-7、图5-8）。

在阿尔瓦·阿尔托看来，只有把技术功能主义的内涵加以扩展，甚至使其覆盖心理领域，才是实现建筑人性化的正确方法②。人们的需求呈现多元化，岭南建筑师基于切身生活体验，在满足使用者物质和精神综合需求的创作中，秉持以人为本的建筑理念和人文关怀。体现“以人为本”的宗旨，为建筑物的使用者着想，设计良好、适用的建筑空间，是衡量建筑设计水平优劣、质量高低的根本判别准则③。

---

① 夏昌世，莫伯治. 岭南庭园[M]. 北京：中国建筑工业出版社，2008：193.

② 单晓宇. 阿尔瓦·阿尔托建筑作品及创作思想研究[D]. 杭州：浙江大学，2011.

③ 吴硕贤. 建筑学的重要研究方向——使用后评价[J]. 南方建筑，2009（01）：4-7.

图5-7　中山医学院生化楼
（来源：《岭南近现代优秀建筑1949—1990卷》）

图5-8　中山医学院一附院门诊部
（来源：《岭南近现代优秀建筑1949—1990卷》）

5.1.3　马来半岛：追求纪念空间的英雄主义情怀

在马来半岛，现代主义所追求的理想主义与新共和国的独立自强精神不谋而合。现代主义及其语言在1950年代成为“进步”的象征，其风格反映了新国家的进步形象，其建筑语言具有理想主义意味，象征着与过去彻底决裂，对有着多元文化背景的马来半岛民众具有普遍较强的吸引力。1950～1970年代在马来半岛的建筑实践中，对现代主义粗野的形体、竖向的倾斜、结构的外现、曲线元素等的运用，表现了英雄主义及民族独立精神，成为摆脱殖民统治获取独立自由的象征，也代表着一个民族对传统的突破。

5.1.3.1　以粗野形体体现宏伟的城市精神

现代主义被视为新独立国家建设的一种实用工具，以建筑的象征意义来激发民族精神和爱国主义。勒·柯布西耶、史密森等建筑师作为现代主义建筑的重要奠基人及战后建筑设计发展的重要促进人物，其作品中的“粗野主义”对马来半岛城市精神的表达影响深远。

马来半岛的粗野主义代表案例，建于20世纪70年代早期的新加坡法院经政府委托由Kumpulan Akitek设计（表5-2）。为解决建筑室内闷热嘈杂的问题，以及更好地适应不断扩大的下级法院系统，新加坡法院采用集中化设计以提高效率、安全性和舒适性。建筑以典型的粗野主义风格来突出建筑主要的功能和服务空间，二十多个审判室设计为从中庭水平伸出的多层体块，相互成90度和45度角，形成了一个动态的、多面的造型。新加坡法院的实体造型反映了法庭对于密封和内省的需求，同时也强化了建筑的场所感，周围裸露的灰白色骨料表面形成的粗糙石头纹理，与点缀在建筑周围的草坪和树荫产生了良好的互动关系，更加凸显了建筑的粗野特质。

对于城市形象的展现，新加坡法院并非个案，在立面材质的选用上，新加坡航空公司（MSA）大楼与新加坡电力大厦（PUB）皆摈弃了光滑玻璃材质等细腻表达的方式

新加坡下属法院分析　　表5-2

项目	特色	技术分析图	建筑外观及细节
新加坡下属法院 建筑师：Kumpulan Akitek	集中化设计，动态、多面造型，强化建筑的场所感，凸显建筑的粗野特质	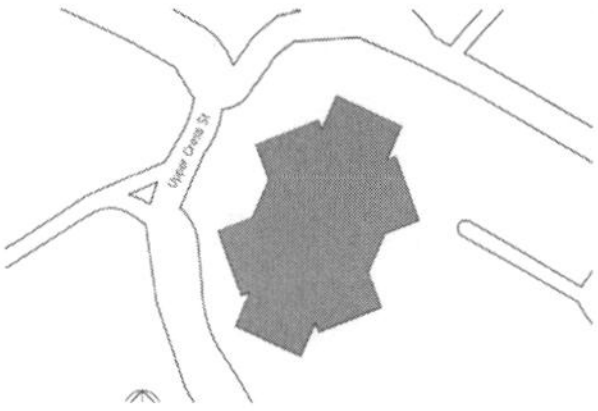	
		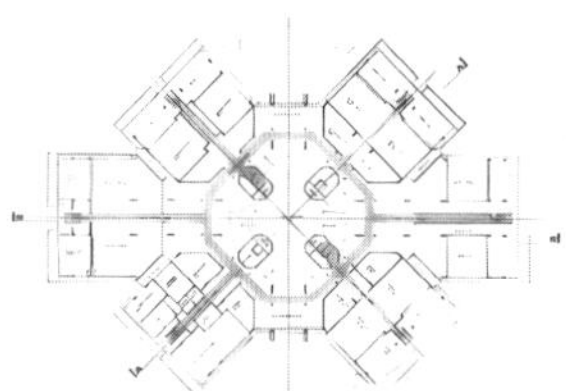	

（来源：左上图根据相关资料自绘；其他来自*Our modern past*）

（图5-9、图5-10），选用了更粗糙的钢筋混凝土材质。在形体方面摈弃了简洁的形体组合方式和清晰的结构，采用更复杂的形体组合。例如新加坡航空公司（MSA）大楼以水平基座办公平台、矗立的垂直巨型核心和三个立方体模块化办公“托盘”组合成粗野的造型，PUB大厦的整个建筑造型则从上部悬臂式的形体向下逐渐变为深凹式的形体，从上至下逐渐缩小的立面形成了粗犷的结构轮廓，表现了粗野主义的特质和宏伟的城市精神①。

图5-9　新加坡航空公司大楼
（来源：来自*Shapers of Modern Malaysia*）

图5-10　新加坡PUB大厦鸟瞰图
（来源：来自*Singapore 1：1-city*）

5.1.3.2　以竖向的倾斜塑造热带建筑新形态

从1960年代末开始，为寻找更加适合热带城市环境的建筑新形态，同时在城市形象

① DARREN SOH. Before it all goes arhcitecture from Singapore's early independence years[M]. Singapore: Dominie Press Pte Ltd, 2018.

表现上有所突破和创新，马来半岛的建筑师开始探索新的建筑形态表现方式，尝试创作竖向倾斜的多层建筑。

作为竖向倾斜建筑的代表，新加坡黄金坊综合体呈现逐步后退的梯田造型，是早期融多种功能于一体的建筑综合体（表5-3）。黄金坊于1973年建成，位于两条城市道路之间的黄金地带，综合体的阶梯式部分共16层，裙楼共9层，建筑采用大尺度的悬挑楼梯及大型柱支撑其倾斜架空结构，形成虚实变化的立面效果。为了回应自然环境、与环境形成良好的对话关系，进一步打开景观视线，综合体的公寓部分面向加朗水湾，自下而上呈阶梯状逐层后退。所有公寓单元都设有阳台和双层复式阁楼，向后倒退的阶梯形式还能保护公寓免受午后阳光的照射。裙楼后方为高速公路，阶梯式露台的设计减少了道路交通噪声对居民生活的影响。黄金坊构思大胆、形式独特、空间复杂，尝试将城市中的各类社会需求整合到一起，整体造型受到英国粗野主义的影响，以竖向倾斜造型建设一个高密度、多功能的城市综合体，其逐层退台的露天平台形成丰富的立面层次，不仅有利于观景视域最大化，更展示了一个新兴城市的独特风貌。

与阶梯式建筑不同的是，同为竖向上倾斜的外挑结构更需要坚固的悬臂结构和大量的柱支撑。如以林冲济为核心的建筑师团队设计的裕廊市政厅，作为新加坡国家工业化象征的里程碑，其倾斜的造型及反重力的形式在视觉上给人留下了深刻印象，出于气候考虑，上部突出的楼层能够遮挡下部楼层的阳光和雨水，当投影足够深时，其下方形成适宜活动的半遮蔽空间。裕廊市政厅整体造型以现代结构技术为支撑，反映了国家工业化以及建筑现代化的发达程度，具有鲜明的地域和时代特征。

黄金坊综合体　　表5-3

项目	特色	技术图纸	建筑外观
黄金坊综合体 建筑师： 甘英翁 （Gan Eng Oon）、 林少伟 （William Lim）、 郑庆顺 （Tay Kheng Soon）	逐步后退的梯田结构，结构新颖独特，立面层次丰富	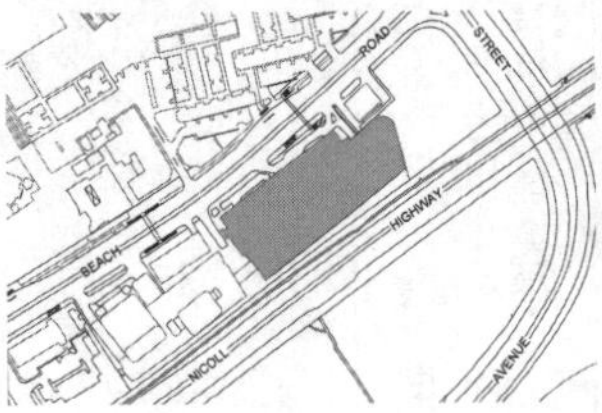 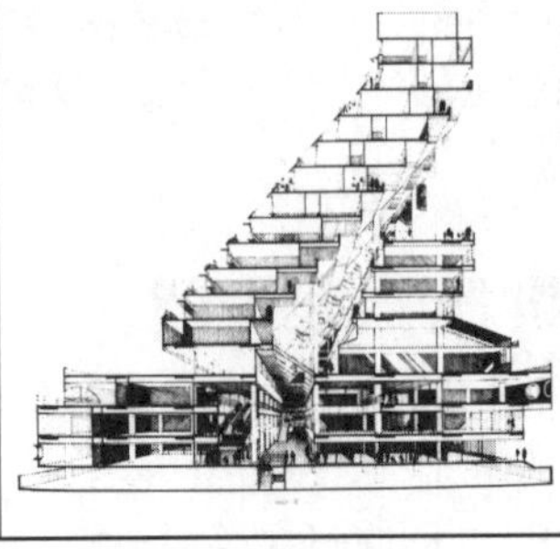	 

（来源：左上图根据相关资料自绘；左下、右下图来自*Singapore 1：1-city*；右上图为自摄）

5.1.3.3　以结构本体展现质朴的审美特征

基于工业的标准化生产，为满足社会发展需要大量建设并缩短建设周期和降低建造成本，现代主义建筑得以在马来半岛地区快速蔓延，展现建筑结构及材质的结构美学也应运而生，以外观裸露的结构构件凸显了充满力量的浑厚美感，以新加坡三一神学院、CSF汽车零部件厂等为代表（图5-11、图5-12）。新加坡三一神学院作为20世纪60年代中期校园扩建的一部分，裸露的建筑部件展示了建筑的承重结构，“人”字形屋顶由两个大致对称、一高一低的“L”形混凝土结构屋面组合而成，两部分屋面中间的采光缝引入天光，同时也凸显了室内的结构形态。建筑表皮以红白色为主调，无多余装饰，外挑的构件形成丰富的韵律，内部空间简洁，构件的接头暴露在外，但精细的细节处理以及对光线的巧妙运用，使结构本身成为一种装饰，强化了建筑的外在形象。结构美学在马来半岛得到广泛认同，不仅满足短时间内大量建造的现实发展需求，其纯结构、露节点、去装饰等特点既符合独立初期马来半岛独立自强的社会心理，也反映了马来地区质朴的审美特征。

图5-11　新加坡三一神学院
（来源：*Our modern past: a visual survey of Singapore architecture*）

图5-12　CSF汽车零部件厂
（来源：*Our modern past: a visual survey of Singapore architecture*）

5.1.3.4　以曲线造型探索新形象

早期的现代主义机器美学倾向于笔直的形状，马来半岛建筑受到西方未来主义与乐观主义的影响，在形态上有着独特的探索，倾向于突破立方体的造型去设计曲线和动态的建筑形式。

新加坡Futura公寓是采用曲线造型的典型代表，采用大胆的未来主义表达方式，放

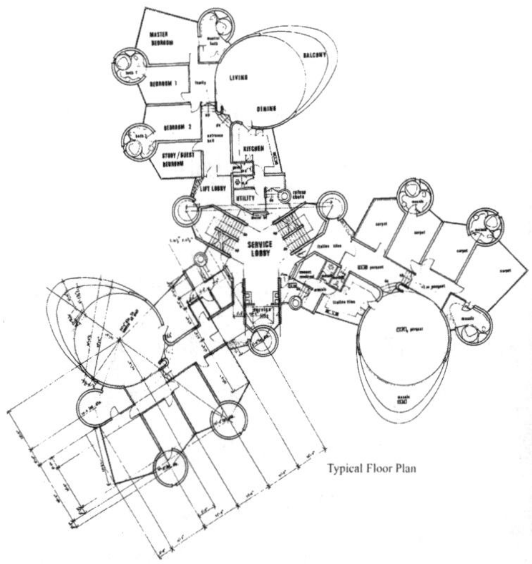

图5-13　Futura公寓平面
（来源：*Singapore 1：1-city*）

图5-14　Futura公寓外观
（来源：*Singapore 1：1-city*）

弃常规的均匀形体和线性结构，以突破常规的立方体造型（图5-13、图5-14）。Futura公寓由建筑师Timothy Seow于1976年设计，建筑由三个放射状机翼组成，111.4米高的公寓通过一个中心服务核连接。独特的风车型平面自下而上层叠，25层虚实交错，横向实墙、玻璃幕墙、曲线阳台三者的组合变化，增强了建筑的节奏感和韵律感，端部的椭圆形平台强化了其动态曲线感，三排垂直投影的椭圆形生活空间自下而上增强了建筑挺拔的视觉效果。椭圆形平面布局使餐厅、客厅等空间更具内聚性，同时使位于“机翼”部分的卧室、厨卫、书房以及位于边缘部分的阳台视线更加开敞，观景视域最大化。建筑整体造型纤长轻盈、富有动感，非传统的曲线造型激发了人们对高层住宅及城市形象的新认识，反映了建筑师对城市独立精神的探索[①]。

曲线美学还体现在建筑棱角与棱角的衔接处理上，模仿塑料或其他先进材料制成的产品，使棱角之间的衔接从坚硬刚直变得柔软圆润，与立方体造型的棱角鲜明形成强烈的对比。以黄金试片室综合楼为代表（图5-15），设计综合使用圆形、弧形等曲线元素，在建筑造型上采用圆润的门厅、楼梯间等体量进行穿插组合，在立面处理上采用阵列的椭圆形窗扇，在建筑边线处理上采用圆弧形衔接。在黄金试片室的设计中，曲线元素的综合使用强化了建筑的曲线视觉效果，削弱了体量感与厚重感，突破了立方体建筑棱角鲜明的造型特征，这也是曲线美学在城市公共建筑上的一次积极尝试。

---

① WENG HIN HO, DINESH NAIDU, KAR LIN TAN. Our modern past: a visual survey of Singapore architecture 1920s—1970s (Post-Independence 1966—1980) [M]. Singapore: Copublished by Singapore Heritage Society and SIA Press Pte Ltd, 2015.

图5-15 黄金试片室
（来源：自摄）

这一批深受英联邦教育体系影响的马来半岛建筑师，受现代建筑英雄主义及马来地区多元文化的影响，对马来半岛的建筑创作发展产生了重大影响。这些建筑作品以推动国家振兴崛起为目标，重视国家独立形象的塑造与宏伟城市精神的表达，在建筑设计中以纪念性尺度、粗野形体、清晰的结构、竖向倾斜造型、曲线元素等来营造恢弘的形象，彰显新兴国家自由独立的城市精神。

5.1.4 两地现代建筑新地域特色的差异分析

现代主义建筑理念通过建筑师和建筑作品在岭南地区和马来半岛地区得以传播与发展，建筑师受教育背景与审美文化的差异，使两地建筑在现代化与地域化双向互动过程中形成了各自的地域特色。

一方面，从主创建筑师教育背景的角度分析。受价值理性的现代主义建筑理念的影响，岭南建筑师高度关注社会民生，以人的尺度作为设计的衡量标准，注重实践、注重功能、注重技术，强调效率与情感表达的统一，于实践中探索现代主义与岭南地域特色的融合。以夏昌世、陈伯齐为代表的岭南地区第一代建筑师大都有着以德日为主的国外留学经历，在与现代建筑理念及作品的接触中逐渐形成对现代建筑及社会运行机制的理解，为现代建筑在岭南的传播与发展奠定了坚实的基础。

受英联邦建筑教育体系的影响，早期的马来半岛建筑师有着强烈的爱国情怀及使命意识，认识到他们的角色是为了建立一个新兴国家，并热衷于在建筑中表达独立的立场。马来半岛第一代建筑师大都在以英国和澳大利亚为主的海外国家接受培训，自然成为现代建筑文化的传播者，对马来半岛地区的建筑现代化发展产生了决定性的影响。例如在曼彻斯特大学留学的曾文辉等人，在英国伦敦建筑协会建筑学院学习的林少伟等人，以及在墨尔本大学学习的娄可龙（Low Ah Long）等人①，将对现代主义的理解与马来西亚环境结合，注重建筑与环境的融合以及宏伟纪念尺度的营造。马来半岛建筑师在西方现代文化与英雄主义的熏陶下，探索现代主义与地域表达的平衡，在城市精神、热带建筑形态、结构材料、曲线造型等方面进行了富有地域特色的探索。

另一方面，从两地审美文化差异影响的角度进行分析。建筑作为地域文化的物质载体，在建筑造型、立面、平面和细部构造等方面反映了地域文化的内涵，岭南与马来半岛地区建筑表现的区别也在于审美文化的差异，从而孕育了现代地域建筑的多样性与丰富性。

岭南朴素自然的审美追求在建筑创作上表现为对生活空间的营造及人性化尺度的重视。岭南是现代主义最先传入中国的地区之一，岭南开放创新的人文特点使岭南地区的民众没有太多历史包袱，从精英阶层到普通大众都愿意尝试和接受新观念，现代主义在地域化过程中融合了岭南开放融通、崇尚自然的文化精神，在空间营造方面更加关注空间品质的提升与情感表达。岭南现代建筑师法自然，充分吸收民间智慧，注重经济实用与世俗享用，在空间上重视对生活尺度的营造及情感化的叙事表达，丰富空间趣味和提升建筑意境，在人性化需求的满足中凸显其地域特色。

马来半岛地区雄伟恢宏的营建理想在建筑创作上体现为对粗野建筑形体、结构、材质等表现的强化与凸显。马来半岛地区受英联邦建筑教育影响深远，在其建筑现代化的过程中带有明显的英雄主义印记，新加坡独立后，在强大政治意愿的推动下，通过全面的再开发和住房计划，得以成功实现现代主义。马来半岛建筑师开展了结合国情的现代建筑创作，通过大尺度的空间营造崇高感与历史感，用粗野的、清晰的、竖向倾斜的、曲线的形态来表达城市的独立精神。

由于受教育理念及地域审美文化的区别，岭南与马来半岛两地建筑的现代主义地域化表达各具特色。两地建筑师借鉴现代建筑的理念和手法，在重视功能、理性和技术的前提下，尊重地域人文特点并充分吸收当地建构的智慧，使用适宜性技术和经济型材料来探索契合当地价值取向、审美趣味和审美理想的建筑形式，使现代建筑的地域化朝着更加丰富化与多元化的方向发展。

5.2 建筑创作中对民族风格与族群意识的表达

文化观念的冲突在任何时期、地域都存在。不管自觉与否，“传统”和“现代性”

① CHEE KIEN LAI, CHEE CHEONG ANG. The merdeka interviews: architects, engineers and artists of Malaysia’s independence[M]. Pertubuhan Akitek Malaysia, 2018.

这两个词常使人们想到矛盾对立双方之间长久较量的图景[①]。1950～1970年代正是现代主义走向自我审问意义的探索期，岭南与马来半岛建筑师都在寻找一种独特的本土建筑语言，既表达先进的现代性，又能与当地的气候条件、工艺材料以及文化符号等相互契合，特别是能表达出本地特有的传统文化意蕴。

5.2.1 在建筑创作中表达民族性的共同趋势

在岭南和马来半岛的建筑创作中都重视对传统文化传承的探索，其共同趋势表现在对两地传统民居建筑文化的汲取，以及在继承传统之上的创新发展。

5.2.1.1 从地方传统民居中汲取创作灵感

岭南建筑师们从岭南庭园、酒家及民居中寻找建筑创作的源泉，进行了广泛的调研测绘和营造实践，并对其进行了相关理论总结。以夏昌世为代表的岭南建筑师，率先开展了岭南庭园的理论研究工作，在1930年代夏昌世就和梁思成、刘敦祯等人共同对江南地区的中国传统园林进行了调研，其后一直注重对中国传统建筑的研究。1953年，岭南建筑师们共同开展民居建筑研究，从岭南民居建筑中汲取传统智慧指导建筑创作。《园林述要》是夏昌世对中国古典园林几十年不断探索和思考的宝贵成果，于1960年代初期开始撰写，对中国古典园林的研究不徒囿于怀古，而是吸收丰富的素材，孕生现代建筑创作新风格[②]。

除了对岭南庭园的调查和研究之外，从1956年底至1957年初，莫伯治对广州31家茶楼酒家进行详细调研和测绘，研究成果主要体现在对密集型建筑内部的庭园营造和明瓦天窗、天井、玻璃棚等多种采光方式，以及室内布局与传统装饰元素等的总结。这些总结在其后的创作中得到广泛运用，更为重要的是，这些茶楼的商业氛围和对市民消费需求的满足给莫伯治带来了深刻的启示，莫伯治于1958年创作的北园酒家成为他开启建筑师生涯的代表作品。

民间建筑平面布局中仍然有很多优良的传统手法可供今天借鉴，潮湿闷热的亚热带气候对岭南民居的通风提出很高的要求，因而民居建筑平面布局开敞通透，空间隔而不断、闭而不塞，身处有限空间而不感到拘束[③]。夏昌世的华南理工大学图书馆新馆（1952）采用较为宽敞的走廊纵横贯穿，带进穿堂风；莫伯治的矿泉别墅（1976）用建筑底层架空组织开敞的水庭空间；湛江国际海员俱乐部（1961）的设计借鉴当地民居的

① （美）克里斯·亚伯. 建筑技术与方法[M]. 项琳斐，译. 北京：中国建筑工业出版社，2009.
② 夏昌世. 园林述要[M]. 广州：华南理工大学出版社，1995.
③ 林克明. 关于建筑风格的几个问题——在“南方建筑风格”座谈会上的综合发言[J]. 建筑学报，1961（08）：1-4.

图5-16 民居调研
（来源：东南亚建筑研究会提供）

地域化形式，如阳台与挂落遮阳等，这些具体案例和设计手法都是对岭南传统民居建筑形式的借鉴与应用，体现了传统建筑对岭南现代建筑创作的巨大影响。

马来半岛建筑师也对地方传统民居建筑进行了广泛的考察，从中汲取创作灵感。林冲济在新加坡理工学院任职期间，注重传统民居的教学方式，带领学生到马来西亚考察马六甲民居建筑（图5-16）。林冲济还曾参与负责东南亚文化研究计划，该项目由东南亚研究所于1980年代初主办，主要资料来自建筑师研究员多萝西·佩尔泽（Dorothy Pelzer，1915—1972）在1960年代用数年时间记录的东南亚传统房屋。林少伟则将当地民居身份融入他的设计中，以建筑本身的形式表达社会目标，使用传统的地域元素如走廊、庭院、遮阳设施和当地材料等，将地域文化融入现代创作方式中。马来西亚处于热带地区且雨水充沛，传统马来屋具有底层架空、重檐大屋顶的形式特征，底层架空可以优化建筑的风环境，重檐大屋顶可以起到排水遮阳等实际作用，这些传统民居的营建智慧都充分运用于马来半岛建筑师的创作实践中。

民族统一的概念在马来半岛的城市规划和建筑形式中都反复出现，其中视觉意象上以具有民族特色的建筑形式尤为突出。在1957年独立后的几十年里，马来西亚的许多国家建筑都受到传统民居的启发，由于作为一系列地方传统遗产的基本表现，植根于马来传统的乡土建筑是国家认同的基础，从1960年代到现在，马来传统房屋和宫殿的传统形象元素一直被用作博物馆、文化中心、办公室、大学甚至商业餐厅的设计原型。

传统建筑经过了历史岁月的锤炼，从气候、材料、文化背景等影响因素中孕育出来，是对地域环境深刻理解后的当代选择。两地的现代建筑创作追求在全球和地方之间的平衡，既保持了当地的地域特征，又与现代建筑密切相关，所谓不失传统而又有创新，才是最好的继承[①]。

---

① 夏昌世．园林述要[M]．广州：华南理工大学出版社，1995：19.

5.2.1.2 两地早期对传统屋顶形式的探索

岭南和马来西亚现代建筑创作中都选择了传统建筑屋顶形式，以表达对国家传统文化和地域风格的尊重，凝结公众的族群意识和国家身份的认同感。木构架建筑的大屋顶具有遮蔽雨水的实用结构功能，传统的建筑形式可以经抽象化再提炼后用于现代建筑的创作中，以表达其民族特征和特殊象征意义。

中国建筑的发展一直未能脱离建筑形式的文化使命，即建筑需要体现出国家民族文化精神，从1930年代的“中国固有式”建筑，再到1950年代以来的“民族形式”，反映出中国对于民族传统符号的追寻从未间断的趋势。在中国的第一个五年计划之初，包括苏联建筑理论在内的社会主义文艺理论成为我国主流的社会主义文化，然而苏联建筑理论输入中国后却引起了理论的混乱①。该时期的建筑成为反映阶级斗争的产物，最后落实到“民族形式”上，1954年全国建筑界掀起了“大屋顶思潮”。

由于岭南建筑创作一直以满足现代生产生活和功能需求为基础，重视功能合理性与建造经济性，因而相对全国普遍的大屋顶做法，岭南建筑师的创作表现出一定的折中和简化。岭南的许多公共建筑采用了简化的民族主义，例如广东科学馆（1957）、广东地志博物馆（1959）和广东省农业展览馆（1960）。以1957年林克明设计的广东科学馆的屋顶形式为例，为了与西侧的中山纪念堂风格相配，建筑师设计了较小的屋顶，融入周边环境。在建筑平面和立面设计中，设计师运用了中国传统建筑的设计符号，通过隐喻、象征等图像学的表现方式，表现出民族文化传统、国家意识形态和革命精神等时代要素。

再以华南工学院档案馆（今华南理工大学二号楼）的建筑为例，夏昌世没有采用形制巨大的殿堂式大屋顶，而是将屋顶的尺度合理缩小，应用了传统民居的屋脊形式，并在坡度上采用平缓形式。设计者汲取岭南地区传统经验，在物质技术层面寻求地域化的载体，推动了岭南建筑风格的产生。现代建筑应在批判的基础上加以继承传统屋顶形式，而不可盲目运用，因其是脱离时代的假古董，对待传统的正确态度，应该首先明确认识古为今用，而不是以古范今②，如何鉴别传统的精华或去其糟粕，应以当前社会具体条件为尺度。

马来半岛地区在全球化压力中，建筑对国家身份的表达显得十分必要，因而也有一些建筑师致力于创作基于传统形式的标志性建筑。建筑师Hijjas在接受马来西亚PAM大奖采访时认为，建筑的形成过程中需关注文化符号与普通大众的记忆和情感联系，从而使人们获得民族传统文化认同感。民族主义意识的兴起，使得马来西亚人对国际风格提出了质疑，并围绕着建筑的民族身份展开了激烈的辩论，寻求马来人身份的认同逐渐成

---

① 邹德侬. 中国现代建筑史[M]. 天津：天津科学技术出版社，2001.

② 林克明. 关于建筑风格的几个问题——在“南方建筑风格”座谈会上的综合发言[J]. 建筑学报. 1961（08）：1-4.

为建筑设计关注的焦点。

马来西亚在成立之后开始兴建一系列纪念性建筑，以标志新民族国家的诞生，其中比较重要的是1963年完工的马来西亚国家博物馆。在马来西亚国家博物馆的早期方案中，政府公共工程部的一个英国建筑师采用了西方风格，没有得到政府认可。国家博物馆的定位是作为本土艺术和传统文化的展现场所，委托方提出的设计要求非常明确："不要玻璃，不要盒子……我们想要一个马来西亚的博物馆，一个当地的博物馆，而不是一个有盒子、有玻璃的博物馆①"。经过1959年反复的挑选和审查，主管部门把博物馆的设计委托给新加坡的华人建筑师何国霍（Ho KoK Hoe）。

国家博物馆是马来西亚独立精神的象征，首相要求建筑师采用传统建筑元素来设计，并邀请何国霍一同考察了吉达。何国霍还研究了马来西亚北部地区原住民的民居建筑形式，并以1898年建造的具有马来风格屋顶形式的巴莱贝萨尔（Balai Besar）的议会建筑为主要依据。何国霍的设计把现代建筑和马来风格有机结合起来，通过陡峭的马来屋顶、特色的屋顶山墙和顶尖的交叉装饰来表现民族标志性，形成浓厚的马来西亚民族特色。马来西亚建筑师协会认为，该博物馆是二战后第一座使用马来西亚主题的建筑，第一次将乡村房屋类型建筑转译成大型公共建筑（表5-4）。

马来西亚国家博物馆　　表5-4

项目	特色	分析图	建筑外观
马来西亚国家博物馆 建筑师：何国霍（Ho KoK Hoe）	具有强烈的地域主义符号元素	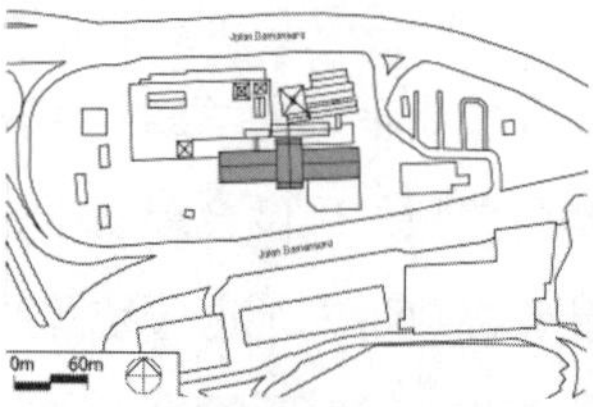	
	东南亚传统房屋	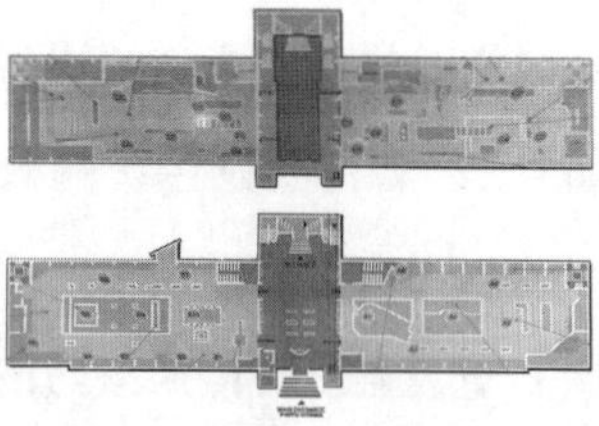	

（来源：左上图根据相关资料自绘；其他为自摄）

岭南和马来半岛地区存在着相似的发展趋势，两地在与国际潮流碰撞的过程中从传统民居和屋顶形式中寻求灵感成为共同的主题。在共同趋势之外，由于两地的政治历史

① CHEE KIEN LAI, CHEE CHEONG ANG. The merdeka interviews: architects, engineers and artists of Malaysia's independence[M]. Pertubuhan Akitek Malaysia, 2018.

文化背景和外来文化的影响程度各不相同，又表现出各自建筑的特色，岭南地区倾向于以传统的庭园空间表达民族文化，马来半岛则借助符号来表达民族现代建筑的独特性。

5.2.2 岭南地区：以庭园空间表达民族文化意境

由于大屋顶存在较为僵硬以及造价较高等缺点，岭南建筑师努力寻找大屋顶以外的办法，通过对岭南庭园的研究与现代建筑转用，开展以庭园表达民族文化的探索，反映了地域化的思维方式和实用性的价值取向。中国的艺术起源于对自然界的敏锐观察，庭园结合建筑可以实现人与自然的有效联系①，岭南建筑师将岭南庭园的研究成果运用于现代建筑创作实践中，走出一条有特色的新路。

5.2.2.1 在现代建筑中突出空间序列的时间性

建筑是一种时空的艺术，建筑空间的时间化是在空间的静态化中有效组织活动过程，融入时间因素从而形成游观的行进体验。中国传统景观意境的时空特质在于观者与景观时空的交互性，观者在时间线索中通过空间的叙事体悟传统景观意境所在②。岭南传统园林空间具有丰富的时间性变化，讲究空间起承转合的布局关系和交替变化的空间层次，岭南庭院建筑中将建筑、山石、植物、水体以及路径巧妙结合，通过景观空间序列的分隔与渗透，形成丰富变化的时间性体验。这种空间序列与游人行进过程中的时间历程巧妙对应，使人在游览过程中产生渐入佳境和游目骋怀的审美体验。建筑环境的时间性设计与建筑的空间布局紧密结合，了解人们在游览过程中的行为和心理规律，从而使人们在动态游览的时间进程中，时时处处都有可观、可游、可憩的处所和景观③。

岭南建筑师的作品空间序列求活多变，不仅在平面空间上开合有序，在时间及行进线路等方面，都强调丰富的变化，以达到“步移景异”的效果。如《园冶》所云“凡造作难于装修，惟园屋异乎家宅，曲折有条，端方非额，如端方中须寻曲折，到曲折处环定端方，相间得宜，错综为妙”。岭南庭园空间处理采用高低起伏、曲折迂回、互相渗透等手法扩大庭园内的空间，形成有高低起伏、迂回曲折的空间。每一个角度在创作时都要注意到清空而不单调，幽深而不局促，曲折而不做作，从而创造出变化多姿、丰富多彩的景物，予人们以美的感受④。庭院空间是一个连续的时间序列，所谓的变化，也正是随着行进的推进和时间的推移。蔡德道认为，夏昌世和莫伯治在其建筑创作生涯中始终关注空间的解放，力图将人工的建筑空间营造出自然的氛围，将庭园、天井、通天

① 黄健敏．贝聿铭的艺术世界[M]．北京：中国计划出版社，香港：贝思出版有限公司，1996：7.

② 莫娜，张伶伶，刘勇．中国传统景观意境的时空交互性[J]．华中建筑，2010（08）：18-20.

③ 吴硕贤．中国古典园林的时间性设计[J]．南方建筑，2012（01）：4-5.

④ 夏昌世，莫伯治．岭南庭园[M]．北京：中国建筑工业出版社，2008：193.

等穿插到建筑里，既加强了自然通风，又保护了人的隐私。岭南庭园中有着大量在现代建筑中依然有效的时空一体的创作手法[①]。

在直线递进时，进行开放收合的空间处理，实现丰富时间的设计目的。中轴空间序列的常规样式是对称、严整的递进形式，是利用呈序列展开的层层空间来营造重点空间的庄严感，而岭南建筑学派作品更为强调直线递进时的开放收合，结合轴线上的庭园穿插，营造丰富、生动的空间效果。莫伯治在1970年代主持设计的白云宾馆体现了直线递进中开放收合的空间序列：开阔前庭——封闭中庭——幽静后院，组成多层次的园林空间，间或设置的桥廊、天光庭园等形成丰富多变的室内空间，产生复杂的时间体验线路和丰富的时间情感认知，使人意犹未尽（表5-5）。其建筑空间的特质在于对动态的时间维度的关注，因而“步移景异”成为时间设计的代名词[②]。

求活多变的空间序列　　表5-5

项目	特色	平面分析图	透视图
白云宾馆 建筑师： 莫伯治	直线递进 开放收合	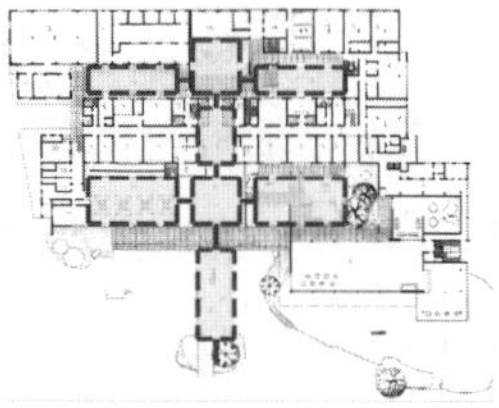	
山庄旅舍 建筑师： 莫伯治	转折突变 柳暗花明	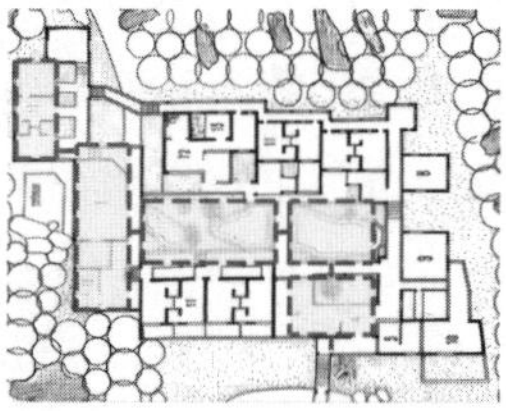	

（来源：左侧图根据相关资料自绘；右侧图为自摄）

在空间转折突变时，时间线与视线相互分离，产生神秘莫测的审美心理结果。岭南传统庭园常在有限的用地中，综合运用转折变化的手法创造深邃的意境。在北园酒家、矿泉别墅、南越王宫博物馆等作品中都运用了欲扬先抑的经典做法增加入口空间的戏剧性，达到“柳暗花明又一村”的效果。由于建筑与院落交替排列，建筑群横切轴线，在轴线延续的进程中，建筑成为坚定的驻止因素，更加强调轴线的存在，它自始至终将院落和建筑串联在一起，这是中国庭院建筑体系的传统手法的体现[③]。

① 黄玮．古典园林传统如何古为今用[J]．建筑学报，1980（05）：26-27.
② 陈晶晶，田芃，田朝阳．中国传统园林时间设计的整体空间“法式”初探[J]．风景园林，2015（08）：125-129.
③ 莫伯治，吴威亮．山庄旅舍庭园构图[J]．南方建筑，1981（第1期）.

岭南现代建筑在轴线转换中，或是因为场地地形的曲折或地势的变化需要转折，或是针对平直不大的场地有意转折，以增加空间的层次和场地的进深感。以莫伯治的山庄旅舍为例，基地属于溪谷型的“山林地”，设计者遵循因地制宜的原则，将不同功能空间分散为独立的小体量建筑，依据传统庭园的处理方式，组成不同大小的庭院体系，并在庭院叠山挖池，丰富空间层次①。设计结合溪谷狭长地形的特点，营造出不同的空间氛围，从晦暗的门厅转至内庭，一收一放的对比创造了戏剧性的强烈效果，形成了室内序列中的主要高潮。在这高潮空间中，交通流线顺势90度转折向左，沿着敞开的空廊拾级而上，流线到达会议厅后继续向右转折90度并作了空间的收合，到达小尺度私密的后院。多次轴线转折结合上升的地势与丰富的地形，在有限的建筑进深中创造了幽深的意趣。

5.2.2.2 有无相生的理景手法以丰富空间

传统园林的魅力在于将大自然环境中的山水绿植和楼台亭榭等相融，在内部空间能欣赏外部的景色，在户外又通过园林过渡进入室内。清华大学吴焕加认为，莫伯治在他的建筑创作中大力“因、循”传统庭园艺术，效果很好，北园、泮溪等园林酒家的建筑创作主要借鉴了中国传统园林艺术形式及岭南庭院处理手法，另外室内装修也是传统庭园风格，形成浓郁的民族性和地域性②。

在现代建筑创作的传统探索中，有无相生的理景手法主要体现在空间的因借与虚实变化以及景物渗透、框景、漏景与留白等处理手法上。首先是空间的因借与虚实变化，计成的《园冶》有云：“夫借景，林园之最要者也。如远借，邻借，仰借，俯借，因时而借”。通过借景，可以突破有限的空间而达到无限的空间，从而扩大空间，丰富空间，虚实莫测，呈现出有无相生的审美文化内涵。建筑与庭园之间空间的相互渗透，使得内外景观相互因借，扩大空间氛围。

景物的相互渗透也体现在围绕庭园的开敞式平面上，建筑围绕庭园采用开敞式平面，庭园周边布置开敞走廊、架空层、玻璃幕墙等通透空间，让室内外互相渗透，融为一体。莫伯治发表《广州北园酒家》一文总结道，“运用自然景物——山、水、花卉与亭、廊、轩馆、厅堂等建筑物结合起来，内外的空间密切渗透，使人停留在室内也有浸润在大自然气氛中的畅快感觉”③。建筑亭廊围绕着中心庭院而展开，廊桥仿照番禺余荫山房的形式而尺度略小，并通过对堆土山、挖池之法营造咫尺山林之感。

岭南建筑师将现代建筑形式与传统庭园空间相结合，丰富变化的绕庭建筑体现出空

---

① 曾昭奋．莫伯治与岭南佳构[J]．建筑学报，1993（09）：42-47.
② 吴焕加．解读莫伯治[J]．建筑学报．2002（02）：36-39.
③ 莫伯治，莫俊英，郑旺．广州北园酒家[J]．建筑学报，1958（09）：45-47.

间的虚实变化手法的运用。庭园平面作回廊曲院或在厅前凸出抱印亭，立面造型通透玲珑，檐口高低错落。如郑祖良设计的兰圃是1980年前后的经典作品。兰圃的园林空间含蓄幽静，园中的建筑静雅朴素，与周围的山溪、植物相互交融，园中的景点有惜荫轩、竹离茅舍、春光亭等，通过各式的景窗、通廊、景观小品营造虚实变化丰富的景观建筑空间。临水而建的惜荫轩为幽静的茶室，四周林木郁郁葱葱，兰亭通透开敞，建筑周围环绕种植有兰花，通过二者空间的交融互渗，若有若无的兰花香味使人感到亭在兰中，兰亦在亭中。

芳华园是兰圃中的精品小园，是1970年代末设计的一座样板园（表5-6）。芳华园以方亭、钓台、船厅为主要观赏点，园子面积较小，仅有540平方米，在小尺度空间中营造出岭南传统庭园风格的精致小园，园中的构筑物都是通透的设计，没有完全封闭的空间，从入口处的镂空照壁，以及通过景墙空窗的虚空间处理形成了丰富的构景变化，体现出空间的虚实处理变化。园中的定舫三面通透，仅有一面有玻璃屏进行半围合，使得位于建筑之中可以一览无余地欣赏到四周的景色。此外，建筑装饰彰显出丰富的岭南文化，如定舫主厅的刻花玻璃隔窗，其中有流花桥和流花女的故事彰显岭南文化特色。

广州兰圃芳华园分析　　表5-6

项目	特色	平面图	镂空的景墙
广州兰圃芳华园，1970年代末设计	精致小园，充分体现了岭南传统园林特色，以小见大	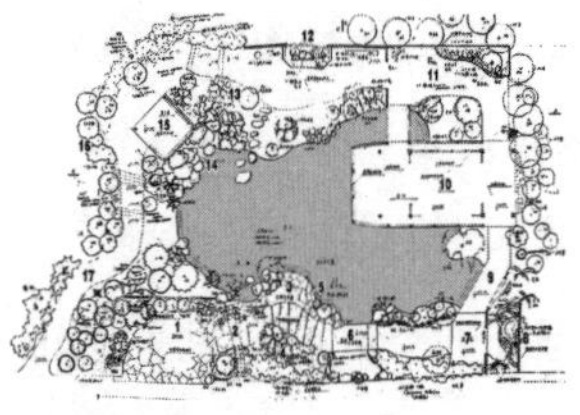	

（来源：左图来自广州市园林设计院档案室；右图来自《广州兰圃芳华园的营造特色及启示》）

5.2.2.3　以人文小品表达传统文化蕴意

岭南庭园的风格是在拥挤中求畅朗，在流动中求静观，在朴实中求轻巧，在繁丽中求雅淡①，岭南建筑师通过庭园景物与建筑之间共融，情与景之间交融渗透，在有限的空间环境中实现传统庭园的文化意境。

以人文景观小品表达园林景观的情感化，运用隐喻和象征手法实现艺术情感的共通，运用置石题名等景观小品元素，以及诗句等引起人们的审美联想与共鸣。如白天鹅宾馆中庭的“故乡水”一景，正是对“居之者忘老，寓之者忘归，游之者忘倦”这一传

① 邓其生. 岭南古建筑文化特色[J]. 建筑学报，1993（12）：16-18.

统情怀的现代阐释。“故乡水”景点令游览者触景生情，其成功之处正是抓住了岭南山水庭园的特点，可见建筑与水景、小型山石景、绿植等庭园要素相结合，实现着有生命的建筑设计理念。岭南建筑师还借鉴了中国传统园林中的“命题”一法，在建筑创作中融入情感从而引发游览者的审美想象，通过周边环境、建筑材质及室内装饰的综合作用达成了与岭南地域文化、社会公众情感的交流。

岭南建筑师以庭园空间中的景观小品等传达文化意蕴，例如在许多酒家园林中运用置石的手法将自然山川缩于一景。在泮溪酒家的室内空间设计中，壁山石景“东坡夜游赤壁”是典型的小品景观，形成了峰峦、峭壁、瀑涧等石景特征，在酒家的转角空间巧妙利用立峰置石来点缀，营造出地域特色明显的空间氛围。墙面设计为叠石墙体，地面配以小水池，富有自然山林的气息，令室外的景观元素与室内装饰融为一体。岭南现代建筑中还多有配置传统庭园构筑物，如假山、置石、院墙等景观元素，同时配合岭南乡土植物的运用。

5.2.3 马来半岛：借助符号象征表达民族独立性

文化符号承载了一个国家和民族的历史、文化、精神和集体记忆，并因此赋予个体对集体的价值认同和对自我的意义认知。马来半岛地区的现代建筑师选择借助符号与象征来展示民族的独立性，同时也满足国家对独立主张的表达需要，这里将从屋顶形式、建筑立面和装饰等方面展开论述。

5.2.3.1 屋顶形式集中表达建筑的象征意义

通过公共设施和场所设置来唤起国民对于国家传统文化的认同感，通过大众认可度高的符号与识别性高的象征来抽象表达地域文化，这些代表国家传统文化的原型符号既要简洁明了，又要对公众具有较高的可识别性。

马来半岛的地域位置和湿热多雨的气候特征，形成了该地区本土建筑最主要的特征之一，即宽大且陡峭的热带大屋顶形式，其屋顶形式的变化组合产生了现代建筑形式的象征意义。马来传统建筑的屋顶形式在国民记忆中十分突出，屋顶是乡土建筑赋予现代建筑文化特色的首要方式，可以有效地成为国家现代建筑的符号象征。陡峭的坡度和清晰的屋顶线条带来了一种突出的轮廓，构成了城市中独特的风景线和视觉形象，在马来半岛建筑师的创作中，将建筑的屋顶进行多元灵活组合，以符号化的建筑原型为基础，建造了大量的国家地标式建筑。马来半岛建筑师将地域认同与类型学相结合，将现代建筑升华为国家和民族身份的表达。

建筑屋顶形式蕴涵了丰富的文化表达意愿和潜在的意识形态影响，例如马来西亚国

马来西亚国会大厦分析　　表5-7

项目	特色	分析图	透视图
马来西亚国家国会大厦（1957～1963）	具有强烈的地域主义符号元素	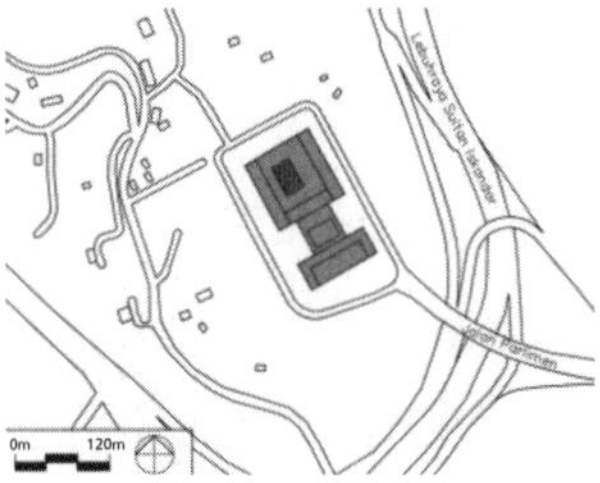	
	东南亚传统房屋		

（来源：左上图根据相关资料自绘；右下图来自*The Living Machines*）

会大厦是一座具有早期现代主义风格特征的建筑（表5-7），以体现马来西亚寻求新国家独特的建筑风格而闻名，具有强烈的地域主义符号元素。大厦裙楼和塔楼在不对称中追求建筑的平衡构成，象征着人民和政府的民主分配；在典型的现代主义风格中，裙楼建筑被一系列架空柱从地面抬起，从而形成了一个全方位的阳台，体现了马来西亚传统建筑中的高脚房屋的地域特色；国会大厦参议院大厅的尖顶形式可以让人想起马来传统建筑的屋顶形式，它体现了建筑对于不同受众以及不同种族的人群具有国家象征意义。建筑的整体语言是国际性的，重构的热带建筑形式仍可以传达重要的文化信息，因此实现了建筑多元文化向大众传播的意义。

国会大厦参议院的天窗采用伊斯兰图案的半透明玻璃装饰，众议院屋顶采用11个折叠的屋顶板构成尖锐三角形轮廓，代表当时马来亚联邦的州数量。这一主要特征反映马来亚土著地域屋顶形状的混合风格，成为建筑“民族主义”表现形式的亮点[①]。早期现代主义和地域主义的混合体现在其建筑屋顶形式中，地域与现代的混合形成了具有民族主义特征的建筑风格。

传统乡村的屋顶形式容易唤起人们的怀旧情怀和对过去家园的思念，地方元素回归到现代建筑师的视野，赋予马来西亚城市的地标性记忆和身份特征。例如马来西亚大学医学中心塔楼部分为板式高层，与水平向的裙楼衔接，塔楼上翘的混凝土屋顶借鉴于米南加保地区的传统住宅屋顶，为建筑增添了与众不同的地域特色（表5-8）。

① AR AZAIDDY ABDULLAH. The living machines: Malaysia's modern architectural heritage[M]. Kuala Lumpur: Pertubuhan Akitek Malaysia in Collaboration with Taylor's University, 2015.

马来西亚大学医学中心分析　　　　表5-8

项目	特色	分析图	建筑外观
马来西亚大学医学中心（UMMC） 建筑师：詹姆斯·库比特（James Cubitt）	上翘的屋顶形式，野兽派现代设计手法	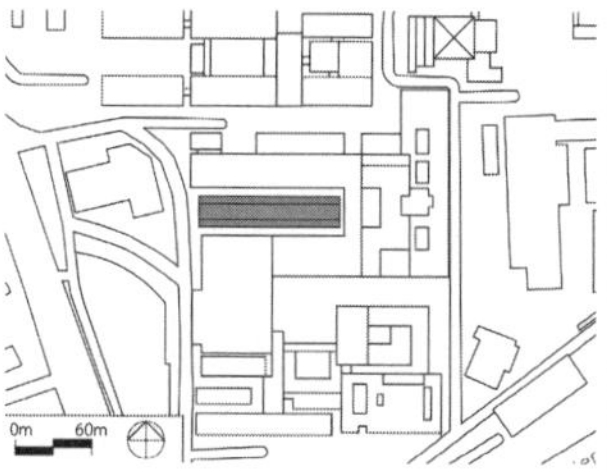	
	建筑细部		

（来源：左上图根据相关资料自绘；右下图为自摄；其他来自*The Living Machines*）

在国际主义浪潮中，吉隆坡城市建筑同质化的现象也日益明显，城市公共景观的纪念性品质缺失，基于建筑传统文脉日益丧失的现状，政府制定了一系列国家文化发展政策。1971年，马来西亚政府召开了一场全国文化大会，呼吁将艺术实践重新纳入国家文化议程的核心，讨论如何将多元民族文化进行重塑，以及如何形成马来西亚独具特色的文化特征。因此，马来政府倡导新兴社会的中心任务是使其建筑具有特定意义，人们将被其具有地域特色的轮廓、形状和意象等吸引，建筑将以一种共同的目标融合各方力量使国家团结一致。

5.2.3.2　建筑立面采用抽象化的传统元素

马来半岛地区政府在国家层面制定文化政策，鼓励建筑等艺术应力求反映国家身份，除了传承传统的现代屋顶形式外，建筑还大量使用抽象化的传统元素进行立面装饰。例如新加坡半岛广场外立面的设计手法十分典型，其装饰风格与当时的高层建筑形成了鲜明对比，表现了从传统和环境中提炼元素的装饰手法。半岛广场建筑包括高层的办公空间以及六层裙楼的购物中心，其建筑外观对结构功能的实用性做出回应，同时回应了场地历史背景和文脉，特别强调了与马路对面的圣安德鲁大教堂相呼应。

半岛广场的建筑外立面以现代方法表现出哥特式装饰图案（表5-9），其视觉特征有一种神秘感，对新哥特式的圣安德鲁大教堂进行了创造性诠释，并通过这种呼应增强了该场地的历史性。半岛广场的外立面采用一系列富有视觉冲击力的三维立柱拱门，这些立柱拱门既有结构作用也是装饰元素，创造出视觉上的高耸感和轻快感。

新加坡半岛广场 表5-9

项目	特色	平面分析图	建筑外观
新加坡半岛广场（1980） 建筑师： 王洪耀 （Edward H Y Wong）	对新哥特式的圣安德鲁大教堂进行了创造性诠释		
	半岛广场场地鸟瞰图以及圣安德鲁大教堂		
	新加半岛广场及周边建筑立面图		

（来源：左上、左下图根据相关资料自绘；右上、右中图为自摄；左中图来自*Singapore 1：1-city*）

5.2.3.3 通过装饰强化传统文化的表达

马来半岛建筑师还在壁画、浮雕等室内装饰部分强化建筑文化表达的内容，例如马来西亚国家博物馆正立面的大型壁画就是传递本土文化的重要方式。跨越入口的大型马赛克壁画描绘了该国的历史和文化，中间有一个宏大的入口大厅，两侧是宽敞的展厅，窗口、门槛图案借鉴了传统的马来木刻，两侧展厅的外部墙面有两张采用传统蜡染形式的巨大壁画，反映马来西亚的历史和文化的发展。国家博物馆壁画在艺术细节中体现出民族团结的理想，在马赛克构图中反映了情感主题，艺术作品兼具情感层面和思想层面的含义，通过精心雕琢建筑壁画作品，表达了一个年轻国家的理想主义。博物馆的壁画将艺术融入建筑，体现了更有力的“国家身份”，象征多元文化的审美理想。

除了壁画之外，还有其他建筑装饰部位，如墙体瓷砖图案、浮雕等。以新加坡会议厅和工会大厦室内门厅的墙面图案为例，其灵感来源于马来房屋和蒙古垫编织图案。由于建筑材料的高成本，马来西亚传统社区普遍使用自然资源来编织房屋的墙壁①。编织是马来社

① LAI CHEE KIEN, KOH HONG TENG, CHUAN YEO. Building memories: people architecture independce[M]. Singapore: Achates 360 Pte Ltd, 2016.

会数百年来普遍从事的一项活动，具有国家传统文化特性，可用于编织的各种资源包括棕榈叶、竹子、潘丹叶、藤等，棕榈叶和竹材料耐久性较好，还可使建筑内部保持凉爽。马来的编织活动已逐渐发展成为工艺精湛的传统艺术，并发展了一系列商业衍生品，如篮子、帽子、拖鞋和手袋等①。与这种手法相类似，岭南建筑师莫伯治在2000年的广州艺术博物院中，在室内门厅也采用了蒙德里安的风格画作为玄关屏风的构图（图5-17）。

传统伊斯兰教式的立面中有着大量抽象化的装饰图案，这是因为伊斯兰教认为真主没有外在显现的形象，而是脱离世俗的纯粹精神。所以清真寺里没有人或动物以及宗教情节为题材的装饰，大量运用抽象化的装饰纹样，如几何纹、植物纹、文字纹等，形成了光影变幻十分丰富的装饰效果②。例如马来西亚国家清真寺的立面与装饰都采用了伊斯兰几何图案样式，进一步强调其伊斯兰特色，同时镂空的结构使得建筑内外的视觉通透，将建筑自然地融入周围环境中，兼具通风和光照效果（图5-18）。

图5-17　新加坡会议厅入口的装饰图案
（来源：作者自摄）

图5-18　国家清真寺
（来源：作者自摄）

在浮雕装饰方面，例如1970年代的新加坡希尔顿酒店，为了减轻裙楼体块的厚重感，马来西亚艺术家Gerard d'Alton Henderson制作了17幅浮雕壁画。这些壁画的原始线条来自该地区的神秘主题和新加坡的神话，可见建筑装饰在传达文化价值方面的意义。

马来西亚国家清真寺周围的广场，广泛采用了伊斯兰教的菱形装饰图案，例如树池喷泉的图案均为组合菱形，同时水池和喷泉也是传统伊斯兰园林的典型要素，水池的设计不仅达到降温增湿的作用，还能带来宗教的神圣感（表5-10）。1990年代的吉隆坡双子塔在创作中也运用了该菱形符号，将其作为塔楼平面的图案原型，随着建筑高度的增

① LAI CHEE KIEN, KOH HONG TENG, CHUAN YEO. Building memories: people architecture independce[M]. Singapore: Achates 360 Pte Ltd, 2016: 85.

② 丘连峰，农红萍，欧阳东．建筑创作的文化擦痕——多元文化环境下的新加坡、马来西亚建筑[J]．广西城镇建设，2006（6）：16-19.

伊斯兰特色的建筑符号分析　　表5-10

项目	特色	平面分析图	透视图
吉隆坡城市中心（1992～1996）	建筑平面演变生成图	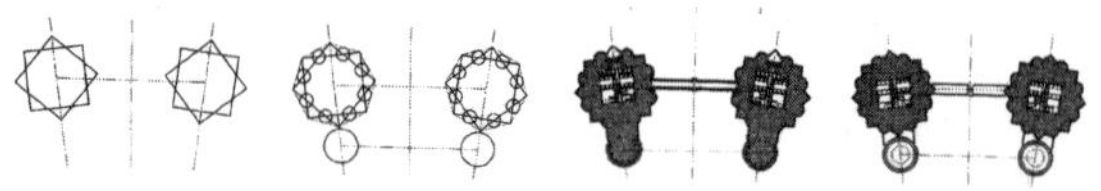	
	建筑平面与鸟瞰透视图	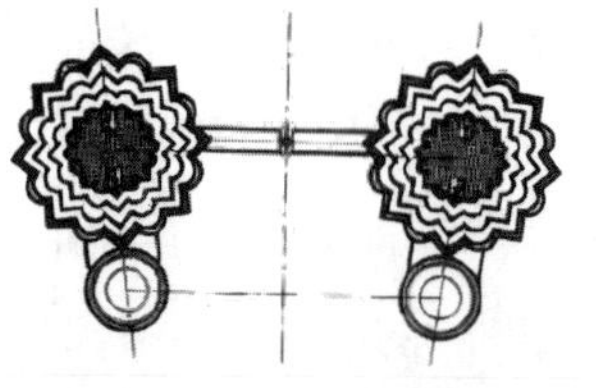	 
马来西亚国家清真寺广场	树池与旱池雕塑		

（来源：左下、右下图为自摄；其他来自《吉隆坡城市中心》）

加而不断收分，形成挺拔的建筑形体。当时马来西亚总理马哈蒂尔对这个图形创意的定案起了决定性作用，可见文化符号的象征意义所产生的影响非常广泛。

5.3 建筑创作中对地方价值与信仰文化的融合

由于战争、商贸、殖民等原因，融合一直是各文明之间的一种普遍现象，两地建筑在发展过程中也必然受到多元文化融合的影响。文化的多元性体现在城市建筑之中，尤其在建筑的形式中表现地方价值与信仰文化相互交织的特点，既包括纵向对自身文化发展历程的传承，也包括横向对其他地域文化的吸收。

5.3.1 两地创作对多元文化价值的融合

岭南与马来半岛的建筑和城市形态往往被看作一种工具，一种向民众传递文化融合的载体，通过城市风貌及形象的塑造唤起民众的归宿感与身份认同感。

在横向上，两地建筑创作融合本土与外来文化。以岭南地区1951年华南土特产展览交流大会建筑群为例，建筑群采取集体合作分工负责的方法，具有代表性的有夏昌世设计的水产馆，还有郭尚德、陈伯齐、黄远强、冯汝能、朱石庄等建筑师分别创作出的手工业馆、省际馆、水果蔬菜馆、食品馆、物质交流馆等建筑。这些作品在建筑造型、立面、色彩、材质等方面都表现为鲜明纯粹的现代建筑形式，同时又具有岭南本土文化的特色，明确表现出对西方现代主义建筑文化的融合与认同，给当时行业内带来了强烈的视觉冲击和思考。同为外来文化与本土融合的表现，马来半岛的代表案例有森美兰清真寺，在地域文化及宗教文化的表达中吸纳西方现代主义的粗野美学，以双曲面凹形的混凝土壳屋顶造型和质朴的材料展示现代主义的地域化特征。

在纵向上，两地建筑创作融合文化理想与现实需求。在两地文化转型重要时期的建筑创作中，均表现了历史主义与现代主义价值观的融合，一方面反思与继承自身建筑形式的历史价值，另一方面探索现代主义功用与形式的创新。

岭南代表建筑师莫伯治在建筑格调的糅合中表达对文化理想与现实需求融合的理解，认为文化融合在建筑创作中体现为保留特点并寻求共性，将具有不同格调的构成捏在一起，经过糅合的作用，互相融合，从而产生一种不同于原来两者的新格调。莫伯治在运用现代结构技术、材料与形式的同时，注重历史要素和文化符号的引入，使建筑能够兼有现代主义的简洁高效及传统文化的底蕴深厚，形成浓郁的地方特色，展示空间的丰富文化内涵。

以马来西亚国家博物馆为例，其整体设计概念和外部形式由第一位总督谭斯里·穆宾·谢泼德（Tan Sri Mubin Sheppard）提出，总督要求设计在融合传统马来民族文化、现代主义文化、殖民文化的基础上展开创作。国家博物馆成为马来西亚的标志性纪念建筑，其屋顶组合形式成为该地区的特色，国家博物馆以文化融合展示了丰富的文化特色，于建筑形象的塑造中强化了马来半岛民众的国家认同感。

两地文化融合的区别主要体现在价值理念差异：岭南地区重商务实，在文化融合中对于外来文化的吸收秉持以人为本的原则，重在世俗生活的和谐；马来半岛以民族精神表达为先，在文化融合吸收中注重吸纳外来优秀文化，表现为多文化融合下的建筑综合创新。两地建筑师在建筑创作中充分吸收外来文化，以开放兼容的姿态博采众长，在建筑造型、风格、符号等多方面表现上有着文化交融的综合特征。

岭南地区多文化融合的代表案例有华南理工大学图书馆新馆。图书馆前身为杨锡宗于1952年设计的原国立中山大学图书馆，原馆采用了基座、建筑主体、重檐歇山顶的传统建筑三段式样，为中国固有式建筑风格。夏昌世等建筑师接手后进行二次改造，将中国传统固有式与岭南地域特点结合，同时吸纳西方现代主义文化，对原方案的平面布置做了诸多调整，加入岭南建筑的特色元素，调整平面柱网以满足多样化的功能需求，在建筑内部增设多重互相渗透的庭院，在屋顶铺设岭南特色大阶砖作为隔热层。从杨锡宗的传统固有式建筑特色，到夏昌世的岭南现代主义建筑表现，建筑从注重形式的庄严到功能合理，充分利用建筑自身的各个元素，包括与历史与周围环境的关系，体现了对传

图5-19 马来西亚语言与文化局大楼壁画
（来源：作者自摄）

图5-20 马来西亚语言与文化局大楼
（来源：作者自摄）

统文化的继承和对现代主义建筑文化的吸纳，反映了文化融合下的建筑创新。

从1962年开始，马来半岛的壁画艺术家尝试在多元文化的建筑中进行艺术创作（图5-19、图5-20）。诸如马来西亚语言与文化局大楼的壁画，其特点是由多族群的代表人物所组成的具象构图，其目的在于捕捉和表达一种民族叙事，将马来西亚的印度人、中国人和马来人这三个主要民族，通过视觉图像融合成相互交流的集体，呈现独特的视觉效果。马来西亚语言与文化局大楼的外立面壁画将民族主义元素与现代主义意识糅合于一体，表现了多文化融合下的建筑综合创新。

总体而言，岭南与马来半岛创作中对于多元文化价值的融合的共同点表现为横向上对其他地域文化的吸收，纵向上对自身文化的继承发展，在建筑创作上有着文化融合的综合表现；差异性表现为岭南地区的文化价值融合重在世俗生活的和谐，马来半岛地区的文化价值融合则强调多民族多宗教的兼容。

5.3.2 岭南地区：根植于世俗生活的文化和谐

岭南文化从本质上来讲是世俗文化，具有很强的开放兼容特征。由于岭南远离政治中心，其丰富的物质生产格局、长期的对外贸易交流和文化传播要素多元化等多方面的影响，使岭南在制度文化上与中国其他地域相比较为宽松。近现代以广东为代表的岭南地区，制度文化有较大的发展空间，在中国是典型的平民社会，粤人也以其平民化风范而自豪。在岭南改革开放的进程中，平民性与重商性等岭南文化的价值支柱是共生的，共同产生社会主义市场经济的重要基础。岭南平民化、商业化社会追求人性的自然和俗世生活的享乐，并深刻地反映在现代建筑创作中，成为显著的特点①。

① 李权时. 岭南文化[M]. 广州：广东人民出版社，1993.

5.3.2.1 营造世俗生活休闲的场所氛围

追求世俗生活享乐是岭南文化的显著特征，岭南地区园林酒家的设计布局，恰到好处地体现与诠释了这种文化特性。广州园林酒家巧妙地运用园林布局，为市民营造了一个舒适放松的环境，满足了人们的生活享乐需求，也体现出建筑创作对更高层次审美文化体验的追求。

以广州泮溪酒家为例，通过传统园林手法广泛运用景观要素体现岭南地方风格，营造出世俗生活氛围的建筑空间。该酒家建筑采取内院分割式的布局，各个院落空间互相渗透，运用借景手法将荔湾湖的风景线运用到建筑设计中，使湖光楼影映入建筑空间。以景观线路组织整体布局，充分考虑建筑的平面及剖面设计，其中的山石花木成为庭园重要的组成要素，以庭园再现自然空间，激发人们的联想。

郭沫若先生在泮溪酒家时曾有诗句“槛外亭亭入画图”“隔窗堆就南天雪”，描绘了酒家雅致的用餐环境，窗外园林的亭台植物等组成了一幅美丽的图画，可见泮溪酒家环境的舒适（表5-11）。岭南酒家将餐饮建筑融合在园林之中，使人们在就餐时味觉、视觉、嗅觉与听觉相结合，调用丰富的感官去体会周边环境，从而获得丰富的综合体验。

广州泮溪酒家分析　　表5-11

项目	特色	平面与细部	鸟瞰与室内
广州泮溪酒家（1961）	建筑临水，环境优雅	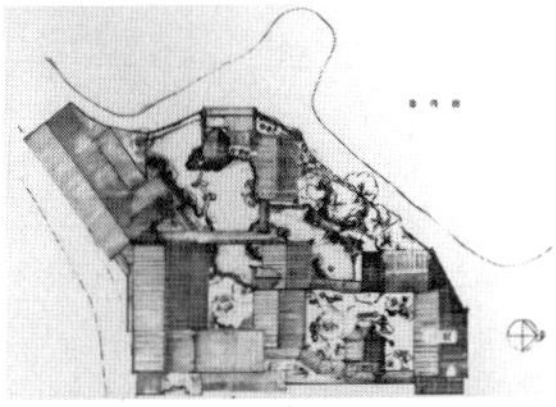	
	桥廊使各建筑相连，室内装饰古色古香		

（来源：左上、右上图来自《岭南近现代优秀建筑·1949—1990卷》；左下、右下图为自摄）

5.3.2.2 情感加工创造寓意深刻的空间情境

岭南文化中一个基本特点是开放性，即以开放兼容的姿态接受新的文化观念，岭南建筑师从建筑形体设计初衷层面分析，在实践中自觉地表达出民族文化和地方元素，通过情感加工实现理性与诗意的融合，在建筑创作中表现出深刻的文化思考。

情感的加入使想象力得以无限延展，既可以将现有的建筑形态联系起来，又可以联想到非具象的建筑意境，从而使内心情感产生共鸣，并叠加到创作的焦点中。苏珊·朗格在其经典著作《情感与形式》中提出，“艺术就是对情感的处理，在我称之为符号，科林伍德称之为‘语言’的东西中，它包含了情感的详尽叙述和表现”。在情感加工的基础上，建筑师结合自身积累通过发散性思维，从特定的角度把握建筑物的深层文化内涵，创作出传情达意的建筑作品。经过建筑师对作品的情感组织而使其形成个性，表现出各式各样的建筑形象，而且内心情感和想象之间还体现出互相协助的关系。

建筑师根据自己长期形成的审美标准和特定情境，自主选择符合自己审美需要的建筑艺术形象及表现特征。以广州的白天鹅宾馆为例（表5-12），共享中庭将岭南传统庭园引入，形成优美的室内环境和空间意境，“故乡水”勾起客人的情愫，激起游子的共鸣，通过中庭庭园着力塑造特定情感的空间意境，也影响了莫伯治晚期创作中对空间主题涵意的追求。庭园融入现代建筑的实践，通过感情移入，使人身居都市而实现“复归自然”的精神自足，既吸收了现代主义思想中注重形式与功能相适应的思想，又避免了现代主义风格建筑的僵硬化设计，使建筑与所在地方的自然环境、社会文化和价值取向相适应。

广州白天鹅宾馆分析　　表5-12

项目	特色	平面与中庭	建筑外观与剖透视
广州白天鹅宾馆	现代建筑空间与岭南特色风格的完美结合	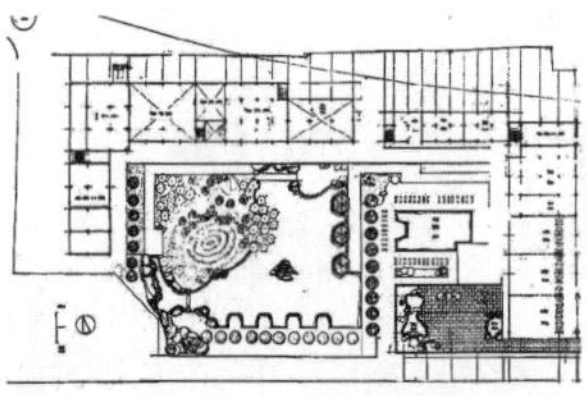	
	中庭内的流水、置石、植物搭配		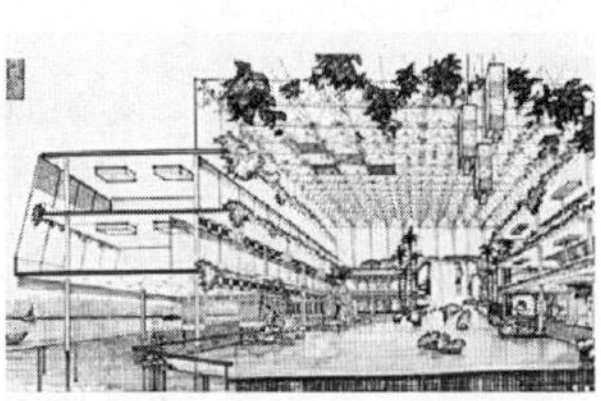

（来源：左上图来自《建筑学报》；左下图为自摄；右下图来自《莫伯治大师建筑创作实践与理论》）

建筑师在对文化内涵深层理解的基础上，创作出富有情感意义的空间，是岭南建筑师对现代主义地域化理解与完善的重要表现。在岭南现代建筑的空间情节表达中，情感建构的过程体现出岭南建筑师的价值观，创作主体对建筑表达的选择也是一种情感选择，建筑的性质、功能与目的等自身属性从总体上决定了情感的取向。在对建筑属性的深入分析的基础上，创作主体的生活背景、知识修养、兴趣爱好、情感取向等也会在很大程度上影响创作的情感选择。创作主体的自主性决定了对建筑的情感选择的差异性，面对同一设计的前提条件，不同的创作主体对其艺术形象及表现特征的情感选择也呈现出差异性。

莫伯治在《梓人随感》一文中引用汤普逊的话表达自己的观点："建筑师的设计，必须对人们的喜悦或恐惧，孤独感或占有感，混乱与明朗，妥协与果断等加以调整"[①]。蕴藏在岭南建筑作品之中的文化内涵，不仅能够激发人们的外在审美思想，而且还深刻地展现出建筑师的创作思想，引起情感上的共鸣，以此给人带来强烈的视觉冲击和艺术感受。适应建筑关联人群的特定情感需求，通过情景、情境与情思三个层面空间环境的营造，追求给人以超越形式的审美享受，达到使人"忘老、忘归、忘倦"的情感境界。

岭南建筑师在情感选择的基础上进行契合主题的创作情感加工，从空间、形式、材质等方面进行情感再创造，并赋予建筑深刻的人文意义，空间表达情感化情景的设定突出建筑外部生态环境对人的感染，营造复归自然的氛围。建筑作品的创作通过空间形成序列、景观与环境相结合、加入主导的文化意识的方式，引导人们产生对自然观与空间感之间的联系，使得整个建筑空间富有生命力，从而使游览者在游览欣赏建筑时产生丰富的建筑审美联想和想象，以及情感和思想价值的共鸣。

5.3.2.3 塑造富有地域文化内涵的鲜明主题

建筑创作的主题特征体现着地域的多元文化，并决定了建筑创作的整体方向，岭南艺术创作中"取意"的文化源远流长，并广泛存在于文学、绘画、雕塑等领域。现代建筑常常作为经济发展、社会进步的象征，因而被要求赋予更多的意义，往往以地域特色文化表现在建筑创作中。在建筑空间场所中设置综合集成的艺术，围绕叙事的主题营造氛围渲染情境，如黄鹤楼、岳阳楼等中国传统建筑名胜之所以具有穿越时代的感染力，是因为建筑与自然环境、文学创作、人文风情等融汇为一个整体。建筑与诸多艺术的综合集成可以形成更强烈的艺术震撼，而其中融汇的关键是境界相通[②]。岭南建筑师在建筑空间场所中设置主题道具、雕塑、绘画、符号或诗文点题，以真求幻、以实求虚，从眼前有限实物片断，诱致无限的意想空间。

其一，雕塑主题与建筑文化相得益彰，共同体现岭南建筑创作的融合性特征。雕塑参与空间意境的营造和主题的深化。1980年代初的广州文化"园中院"，该园的设计没有采用之前与传统庭园结合的方式，而是突出"文"的主题，设计以古老的羊城传说为主题，加入"五羊仙""荔枝女"等雕塑作为点题，营造出五羊仙造化穗城的空间意境。另外，多方面探索雕塑技艺在庭园的推陈出新，在中国传统雕塑的基础上结合国外的雕

---

① 莫伯治．梓人随感[M]．莫伯治文集．北京：中国建筑工业出版社，2012：249-254.

② 吴良镛．人居环境与审美文化——2012年中国建筑学会年会主旨报告[J]．建筑学报，2012（12）：2-6.

广州文化公园“园中院”分析　表5-13

项目	特色	平面图	现状外观
广州文化公园“园中院”	造景主题突出“文”字，体现多元文化	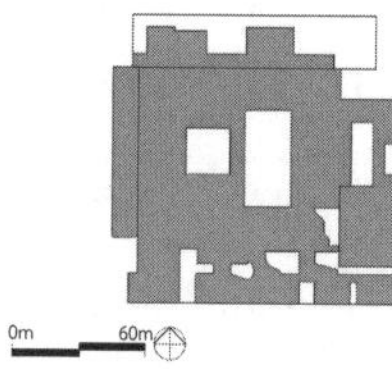	
	剖面示意图	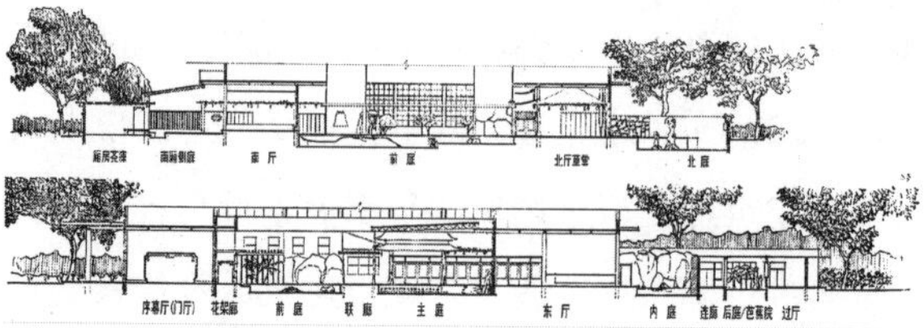	

（来源：左上图根据相关资料自绘；右上图来自《岭南近现代优秀建筑·1949—1990卷》；左下图来自《前进中的广州庭园建设》；其他来自《广州文化公园“园中院”》）

塑艺术，用自然的太湖石、英石、腊石等传统石景与浮雕、圆雕相结合。如两处人物雕塑，一为传统造型的“荔枝女”，一为国外童话中的美人鱼，不同的姿态与不同的文化，体现出文化公园主题文化的多元融合特征（表5-13）。

其二，诗文为空间点化意境，以明确的语言表达建筑空间的主题意义。建筑师为赋予建筑空间以生命力，通过诗意和感伤等文化意识，创造以观赏感受为中心的意境，引起一种诗情画意的共鸣。岭南传统庭园有很多成熟的做法，如可园“草草草堂”的题名，草堂的对联是“草草原非草草，堂堂敢谓堂堂”，表达了园主风野戎马之趣；余荫山房主题对联“馀地三弓红雨足，荫天一角绿云深”，暗含园名且描绘了园中美景。岭南建筑师在创作过程中，经常把传统文化的经验运用起来，例如双溪别墅乙座的客厅面向山体陡壁，壁上刻“读泉”二字以画龙点睛，内院景物使人从有限联想到无限。如王国维所云，词以境界为最上，有境界则自成高格①，在具体运用中，诗文与空间环境追求高格境界上的一致。

5.3.3　马来半岛：多民族和多宗教的文化兼容

马来半岛国家独立后的时期，推动国家认同的战略工作重点在于树立属于马来西亚人独特的建筑和城市形象，向新国家的国民灌输多元文化背景身份的概念。建筑造

① 王国维．人间词话[M]．上海：上海古籍出版社，1998.

型具有艺术象征意义和情感感召力，可以推动马来西亚人统一国家表达，打破各种文化障碍以制造其统一国家的形象。马来半岛国家封建历史中的乡土建筑类型如民居、宫殿、清真寺等①，这些传统形式与现代建筑相互碰撞产生了更为丰富的融合建筑形式，融合文化是城市建筑形式表达的深刻方式之一，其形式发展成为建筑语汇要素并为很多地区采用。

5.3.3.1 以混合性包容广泛族群

在多民族、多宗教的马来半岛社会现状中，文化背景之间的相互冲突是客观存在的。马来西亚处于不断的谈判和融合状态，拥有独特的多元文化人口，其中53%的人口由马来人的背景组成，而中国人、印度人和其他少数民族种族占其余的47%。因为多元分立的文化之间的矛盾会导致族群矛盾激化，所以建筑表现形式面临着巨大的挑战，在一些重要建筑的象征性意义方面，常会出现两种以上的文化意象。因此，重要的“国家建筑”不应特别直接引用一个族群的形象元素，使其成为高于其他族群的信号，应该用多元混合的建筑创作方式包容所有族群，使其能被马来的全体族群接受，并能在“马来西亚建筑语言”问题上达成共识。

国家清真寺正是表达了进步性和普遍性需要，即主张一种进步主义、民族主义和摒弃折衷主义传统的意志。马来西亚国家清真寺中央委员会成立于1958年，在正式开幕致辞中，当时的马来西亚总理东姑阿都拉曼赞扬了所有马来人的慷慨行为，并强调了相互包容的精神，赞扬了人民在建设统一的多民族和多宗教马来亚之中所起的主要推动作用。

马来西亚国家清真寺建筑的设计考虑一个能被马来西亚所有民族接受的标志，可以起到国家民族统一的作用，而不是与单一族群或宗教相关的图像或建筑形式。该建筑没有重复模仿中东和印度的清真寺建筑以象征伊斯兰教，而是采用混合风格的现代建筑创作，体现马来西亚多族群的文化价值。因此其屋顶标志性元素采用折叠伞形，一个十六角的混凝土折叠屋顶和旁边22.3米高的尖塔，使人联想到马来西亚风格的打开的伞，而旁边的尖塔则是折叠伞的意象。作为马来西亚独特的符号象征，伞具有显著的图像表达特征，其符号象征意义主要有两方面：其一，马来的苏丹在传统上受印度教习俗的影响，当苏丹出来的时候，太阳伞会在头顶上庇护他，伞象征着苏丹在这里，总理和苏丹等人物出席重要活动也是有撑伞的仪式；其二，合伞和开伞是马来人的传统，伞具有遮风挡雨的实用功能。可见，马来西亚建筑将传统文化中的物品物件抽象转译为建筑形体，而且伞的形式与屋顶的功能属性也很接近，因此这种抽象提炼是很成功的（表5-14）。

① SHIREEN JAHN KASSIM, NORWINA MOHD NAWAWI. Modernity, nation and urban-architectural form—the dynamics and dialectics of national identity vs regionalism in a tropical city[M]. Palgrave Macmillan, 2018.

马来西亚国家清真寺分析　　　　表5-14

项目	特色	分析图	建筑外观
马来西亚国家清真寺（1963）	其屋顶标志性元素为折叠伞形	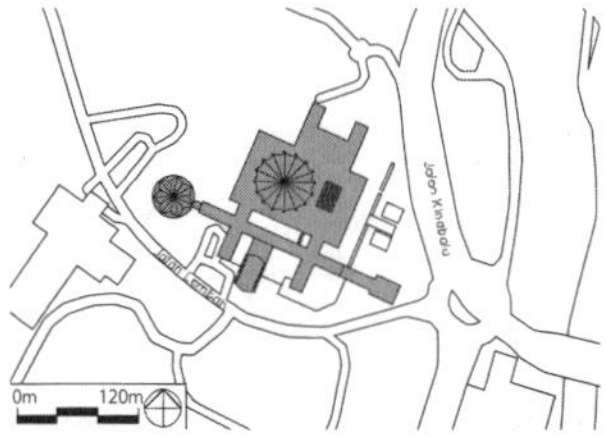	
	马来西亚总理和苏丹撑伞的照片		
	马来西亚国家清真寺走廊与建筑外观		

（来源：左上图根据相关资料自绘；右上、左下图为自摄；左中图来自马来西亚联邦酒店展厅；右下图来自*Shapers of Modern Malaysia*）

多元文化的建筑信息具有广泛的包容性，象征着不同文化的共同凝聚力。国家清真寺是国家标志的融合，充分体现了其寻求身份与现代，统一和民主综合之间的混合的意图。国家清真寺传达出多元文化社会的希望，努力试图超越“折衷”的“圆顶和拱形”的刻板印象，以探索一种新的象征语言，寻求与本国教众情感的呼应。国家清真寺不强调归属于任何特定族群或文化价值，反映了马来西亚为了凝聚多宗教和多族群所作出的努力。其现代主义的设计手法仍然适用于当今马来西亚社会文化和当代环境，强调功能以及时间和地点的精神，刻意回避在殖民时期清真寺建筑风格，转而采取现代建筑风格，国家清真寺被认为是马来西亚建国初最著名的建筑之一①。

当地的传统伞符号成为一个象征元素，反映了建筑设计师在寻求国家身份与现代建筑之间的综合平衡考虑的意图。建筑创作将当地多民族和多宗教的建筑符号综合考虑，混合性建筑形式与不同的族群联系在一起，代表了新独立国家所渴求的进步愿望。设计语言的中立性使得人们能够感知到，清真寺不仅表达了新马来西亚的国家象征性态度，也代表了新时代的进步形象。

① TENG NGIOM LIM. Shapers of modern Malaysia: the lives and works of the PAM gold medallists[M]. Kuala Lumpur: Malaysian Institute of Architects, 2010.

5.3.3.2 以地域性构建国家认同

面对多元文化代表性之争和国家身份认同问题，马来地区以其本土地域代表性文化构建新独立国家的认同感。建筑地域主义一般被描述为致力于寻找对特定地方、文化和气候的独特反映，在1960年代的现代主义时代之前，该地区对国家身份的追求就已经开始了，多元文化形式的共存与发展反映了其民族的相对多样性，多分支和派生从一开始就是马来西亚建筑谱系发展的特征。为寻求国家身份的普遍认同，需要在城市层面和公共建筑中展现一定的纪念性，以维护其国家身份象征意义。

国家建筑需要以地域性方式蕴含和表达更普遍的价值观和理想，"国家认同"成为多民族国家独立时期的普遍信仰。在多元文化的后殖民社会中，新兴阶层的需求为不断发展的城市注入了创造新身份的动力，某些形式的公共建筑成为象征性语言的焦点，"形式"和"立面"都被深入解读，以获得大多数公众的认可，城市建筑形式成为统一的工具，而不再仅仅是某个民族的特权。马来西亚力求创造出地域形式与独立意义统一的成功作品。马来西亚在1957年独立后，亟待建设一个国际机场成为独立国家的象征。因为机场候机楼是通往特定地区或国家的门户，作为表现一个国家、城市或地区特质的场所，它的形式必须反映一个民族的特定性格。

马来西亚吉隆坡苏邦国际机场的建立被视为国家门户的定位，作为国家的重要交通枢纽与场所和身份认同有着特殊的联系。苏邦国际机场建于1963年，由金顿·路（Kington Loo）领导的BEP Akitek公司设计的，灵感来自菲力克斯·坎德拉设计的建筑霍奇米洛克餐厅（Felix Candela），该形式的概念是基于一个富有表现力的现代主义"蘑菇"结构。机场航站楼设计为一个大的开放体块，而不是封闭的形式，机场的结构倾向于暴露出自己简单的水平的柱状结构。候机大厅的中央是一个优美的螺旋形坡道，大屋顶由一系列优雅的尖拱支撑，屋顶实际上是60个相互连接的壳形屋顶，双曲抛物面壳体是建立壳体的一种模块化方法。建筑形式反映了一定程度的合理性，坡道的曲率和拱门的节奏创造了一种与"功能主义"形式相反的力量，平衡了柱状设计的刻板表达。宽敞的候机厅模仿了传统马来房屋的"安贞"（anjung）形式①，表达出行者将带着他们的亲人一起出国的寓意，接送公众的活动空间一直延伸到候机楼上层的长廊，提供了人们出发前的交流空间（表5-15）。

重要建筑以文化象征手段传承国家身份的使命，同时将技术的合理性和传统象征意象巧妙融合，吉隆坡苏邦国际机场成为独立国家的象征，标志性建筑的形式反映出国家的特定身份认同和城市本质特征。建筑成为国家身份的承载者，以具有文化象征意义的地域性表达融合了现代主义建筑技术手段，构建出国家身份的广泛认同，预示着国家独立初期的公民愿景和国家身份的形成。

---

① CHEE KIEN LAI, CHEE CHEONG ANG. The merdeka interviews: architects, engineers and artists of Malaysia's independence[M]. Pertubuhan Akitek Malaysia, 2018.

马来西亚吉隆坡苏邦国际机场分析　表5-15

项目	特色	分析图	建筑外观
吉隆坡苏邦国际机场（1963）	其屋顶标志性元素为折叠伞形	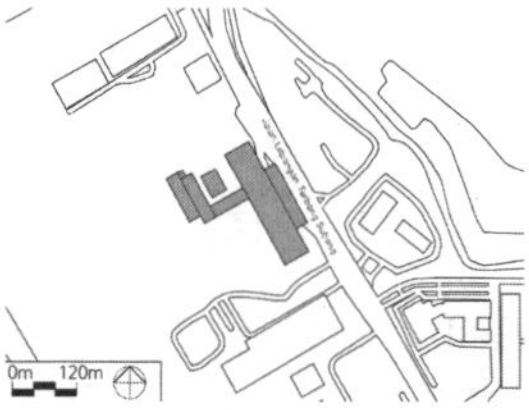	
	灵感来源：菲力克斯·坎德拉设计的霍奇米洛克餐厅		
	灵感来源：马来西亚常见民房“安贞”		

（来源：左上图根据相关资料自绘；右上图来自*Shapers of Modern Malaysia*；其余图来自*archdaily*）

5.3.3.3 以新形式重塑国家精神

马来半岛的现代城市建筑在建设中综合处理各方要素，在该地区城市的历史潮流与现代主义的碰撞中表达综合的价值意义。在国际城市化潮流中，为了加强城市的代表性意义，需要一种更强烈的象征性语言，赋予城市以独特身份。变革的大门开启了传统与现代的交流途径，当地社区和社会进行了重组，并改造成具有独立意义的新国家实体。在新独立国家的背景下，现代主义被视为国家建设的务实工具，现代进步的建筑语言与传统文化共融，可以激发民族精神和爱国主义精神。

马来半岛地区通过公共建筑表达社会意义，新加坡会议厅和工会大厦是新国家独立后具有创新意义的重要里程碑（表5-16）。建筑主要由五个巨大的矩形服务核心筒组成，呈拉长的五边形排列，核心筒作为巨型柱来支撑一个巨大的蝶形屋顶，显示了“野兽主义”或“功能表现主义”的影响。新加坡会议厅将从城市环境中提炼出来的新建筑风格进行演绎，建筑外部采用现代热带建筑设计语言，大型蝴蝶屋顶辅以两个巨大的遮阳篷，成为区别和统一的建筑的特色。新加坡会议厅和工会大楼建于殖民主义与现代化之间过渡的时期，建筑师将区域独特性与理性主义进行平衡处理，该建筑也是有组织的

新加坡会议厅和工会大厦　　表5-16

项目	特色	平面分析图	建筑外观
新加坡会议厅和工会大厦（1964）竞赛获奖作品	代表了早期对表达新兴国家意义的建筑风格的探索	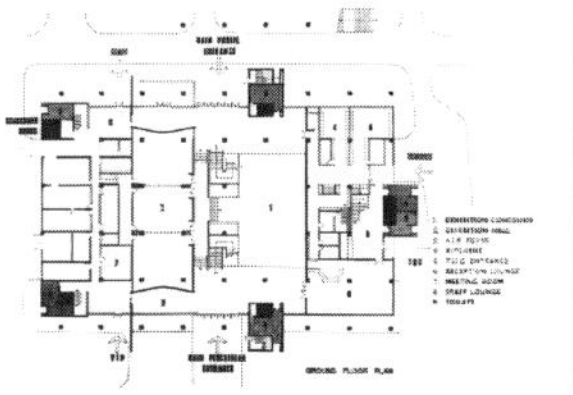	
	平面图与效果图	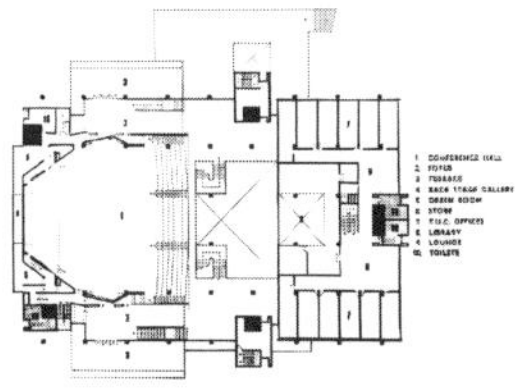	
	剖面图	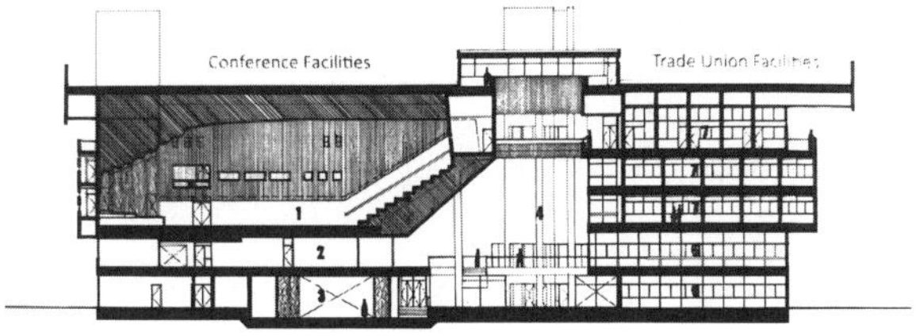	

（来源：右上图来自网络资料；其他来自*Building Memories: People Architecture Independce*）

劳工与李光耀人民行动党政府之间短暂联盟的产物①。建筑强调对通透内部结构的表现，例如通过玻璃幕墙清晰可见的倾斜座椅，从而明显地展示建筑物的各种功能、结构和空间，借此表达政治机构透明、平易近人的迫切愿望。

在独立后的新国家，重要建筑成为团结各族群和推动未来融合的象征，新加坡会议厅和工会大厦的设计代表了早期批判性表达新兴国家意义的建筑风格探索。1965年10月15日会议厅和工会大厦正式开放时，李光耀总理在开幕式上发表的声明表达了他的自豪之情："当我走进这个房间时，我感到骄傲，为我的同胞们的能力感到骄傲：那个大厅、屋顶，还有那些装置……当你走过地板时，看看木板连接是否整齐，然后你就会知道人们是否有活力、能力和自豪感②"。该建筑实现了同步的目标：它的规划空间使地域功能现代化，它的形式和表面处理使现代建筑盒子地域化，通过为工人、雇主和政府提供空间场所，预示着新加坡独立初期的公民愿景和国家身份的形成。

① WENG HIN HO, DINESH NAIDU, KAR LIN TAN. Our modern past: a visual survey of Singapore architecture 1920s—1970s (Post-war years 1945—1965) [M]. Singapore: Copublished by Singapore Heritage Society and SIA Press Pte Ltd, 2015.

② LAI CHEE KIEN, KOH HONG TENG, CHUAN YEO. Building memories: people architecture independce[M]. Singapore: Achates 360 Pte Ltd, 2016.

具有批判继承传统身份的城市建筑形式，表达出现代建筑模式在设计构图等各方面对传统建筑形式产生巨大影响。在多元文化的马来半岛，建筑师脱离单一种族的建筑语言形式，而将自己的传统积累与现代主义艺术潮流密切联系，确保形成综合的具有“秩序”感的城市新建筑。

第6章 结论与讨论

通过对两地现代建筑创作从自然适应性、社会适应性和人文适应性这三个维度展开，归纳其共性为适应自然气候环境的地域特征彰显、尊重社会现实需求的时代精神表达、融合多元文化价值的人文艺术追求。对当代岭南的启示主要有三方面：回归真实朴素的现代主义价值取向，构建根植于岭南本土的创作理论体系，理性回应环境的创作实践方法，具体表现为以理性回应气候作为普遍的基础原则、从城市层面营造建筑的地域特色以及以现代建筑遗产延续城市的历史文脉。

本书对岭南与马来半岛地区1950~1970年代现代建筑创作的比较研究，从自然适应性、社会适应性和人文适应性这三个维度展开，在总结比较研究成果的基础上，归纳其共性、个性以及对当代岭南建筑发展的启示。

6.1 结论

6.1.1 适应自然气候环境的地域特征彰显

两地建筑师在创作中适应自然气候环境的目标在于彰显建筑的地域特征，具体体现为气候、地理环境、本土自然资源三方面。地域化的努力首先体现为坚持气候适应性，将自然通风的走廊注入建筑形式中，这些空间呈直线排列，带有狭窄的通道以促进热压通风。这些早期建筑适应当地气候的许多做法都成为经典，诸如狭窄的通道、宽大的遮阳百叶、外置的走廊和可控的大面积通风设备等，这些设计与设施共同协作，在形式和技术上取得了统一的效果。

岭南与马来半岛传统建筑中对于气候适应的表现包括底层架空以及开放走廊的形式。岭南建筑师夏昌世对现代建筑中的遮阳设计手法进行本土化，逐渐形成适应岭南气候的建筑遮阳手段，马来半岛的建筑师接受了关于热带建筑设计的培训。传统建筑中的气候适应性语汇与现代主义气候适应性建筑理论共同构成了两地建筑气候适应特色发展的理论渊源，并在两地的建筑设计中大量体现。另外，岭南地区建筑讲求通透畅通的空间布局，而马来半岛的建筑针对多样化立体遮阳进行了多种形式的探索。

岭南与马来地区相似的地形地貌、现代主义所倡导的建筑形式与自然结合的有机建筑思想影响着两地建筑师的创作。两地在陡峭坡地上将建筑形体嵌入山体中，尊重场地的场所特质，注意场地与建筑的关系，结合地势微差形成丰富的空间变化。岭南地区复杂多变的地形地势常常成为建筑师进行创作的灵感触发点，他们以虚实手法借入场地外远景或将场地内景作为建筑布局的中心，将场地的地理因素纳入整体考虑的范畴，塑造出具有场所感的建筑。马来地区通过建造场地之上的平台空间创造丰富多变的立体空间等手段，强调建筑对场所空间的主导思想以建筑塑造多层次的环境空间，经济条件的限制、地理环境影响的处世方式是造成这种差异的主要原因。

在地方材料方面，除了运用常规的工业化材料外，岭南地区与马来地区均通过选用地方材料来形成建筑的独特性，其中岭南地区用在室外建筑表皮较多，通过组合各种地方材料以丰富空间；马来地区则多用在室内，进行少量点缀。在日照方面，岭南地区侧重于将光线引入建筑内部，运用到中庭、门厅、走廊及私密小院等位置，将室内室外联系在一起，给人独特的视觉效果与心理感受；马来地区以遮阳要求作为光影设计的出发点，侧重用光塑造建筑形体，给予建筑形体丰富的层次和优雅的韵律。在水环境方面，两地建筑师都将方形水池作为平面构图的重要元素，但岭南多用静水，马来地区多采用动水。在绿化方面，岭南地区喜用植物衬托建筑，达到与建筑形象协调相处的状态；马来地区则是采用立体绿化，植物与建筑融为一体。究其原因，岭南地区在1950～1970年代还未走出经济短缺，动水设备捉襟见肘，绿化也只能采用成本最低的方式，另外，更重要的是民族文化与信仰决定的民族性格也体现在了建筑创作理念中，岭南推崇自然平和，而马来半岛注重开放独立。

6.1.2 尊重社会现实需求的时代精神表达

两地建筑师关注建筑对社会、民族和国家的意义，以宏大叙事的手法关注共性与普遍性，在特殊重要的建筑中强调表达国家和集体的理性观念，同时以微观叙述的手法关注个性和特殊性，表达个体和少数群体的价值追求。英雄主义建筑常常打动我们之处，除了建筑本身，还在于承载情感的丰富，充分表达了建筑师和当事人的情绪，就像文学作品一样，而当代的很多建筑因为各种因素的束缚而压制了情感的表达。

中国岭南与马来半岛地区的建筑在尊重社会现实需求的基础上表达了不同的时代精神，两地在社会变革的促进下加快了文化建筑的建设，其中岭南地区更关注个性，在建筑上表现出为市民服务的意识，而马来半岛的文化建筑则更侧重表达社会独立意识，体现象征的作用大于实际的功能使用。政府统一控制管理集体住房的开发与私人企业进行商业开发的不同，使岭南集体住房呈现低层低密度的建筑形式，而马来半岛表现为高层高密度的综合开发模式。

国家经济、技术水平及政府组织意识的差异导致了两地在控制建筑成本的共性方法上各有特色。岭南与马来半岛建筑师顺应国家起步期的拮据经济状况，秉承理性实用主义创作理念，运用低成本建筑材料及全面把控施工过程来控制建筑成本。不同之处在于，岭南地区通过创新改造利用旧建筑、提升建筑空间利用率及灵活运用有限的建筑材料等方法，最大化节省建筑的单体造价以适应经济短缺。马来半岛公共部门建筑师则大力推广标准化的类型设计、采用模块化的类型设计及单元组合来应对国家建设投入紧张的局面。

建筑创作受到政策调控和权力机制的直接影响，岭南与马来半岛在国家成立之初都以国营经济为主，政策的扶持促进了本土建筑师的成长，现场设计的工作方式也是促成建筑精品的一个重要原因。两地的各自特色在于：岭南地区以“旅游设计组”这样跨越时间长的创作群体为特定项目进行持续创作，而马来半岛的私人事务所通过一系列的建筑竞赛在现代建筑运动中开创了新局面，逐步发挥了重要的作用。

6.1.3 融合多元文化价值的人文艺术追求

文化多元是历史悠久地区的普遍现象，岭南与马来半岛的多元体现各有特色。岭南的多元是在文化渊源上的多样性，到了现代这种多元已经融汇成一个整体的岭南文化，而马来半岛的多元体现为多个族群文化，到现在依然是相对独立的并存，多民族、多宗教的特点对马来半岛的政治、经济和文化都产生深远的影响，也成为建筑创作文化表达时需要考虑的重要因素。

基于共同的现代主义建筑理念，岭南与马来半岛两地对现代主义地域化的探索实践有一些共同表现，如采用方正的几何形体、水平带状的条窗与高效便捷的平面流线，两地对现代主义建筑理论也有着不同程度的发扬。岭南建筑师深刻理解人在建筑中的重要地位，把以人为本、以人的尺度为准则等理念切实落实到建筑创作的各个方面，体现岭南建筑人文关怀的价值。岭南建筑师林克明认为综合客观存在的人、事、物这三者条件，首要是满足人的要求，在满足基本的建筑功能后，还需要不断优化拓展。现代主义建筑所蕴含的理想主义对刚独立有着多元文化背景的马来半岛民众有着普遍的吸引力，对现代主义粗野的形体、竖向的倾斜、以曲线造型展现质朴结构本体等建筑手法的运用，表现了马来半岛英雄主义和民族独立的精神。

岭南与马来半岛建筑师在1950～1970年间都在寻找一种独特的本土建筑语言，在现代性的基础上表达出本地特有的传统文化意蕴，两地均表现出民族性的共同趋势，即从传统民居和传统大屋顶形式中寻求灵感。岭南建筑师地方化的思维方式和价值取向，使他们以庭园空间表达民族文化，采用在现代建筑中突出空间的时间性、有无相生的庭园理景手法以及人文小品等，表达出时空结合的设计思维与情景交融的隐喻象征。马来半岛则借助符号抽象传承传统建筑，在屋顶形式、建筑立面、室内装饰等方面集中表达建筑的象征意义和民族的独立性。

岭南与马来半岛因战争、商贸、殖民等原因都存在着文化交融的现象，建筑往往被看成一种向民众传达文化融合意义的媒介，以城市风貌及形象的塑造唤起民众的归宿感和身份认同感。两地创作在横向上融合本土与外来文化，在竖向上融合文化理想与现实需求，具体表现为多文化融合下的建筑综合创新。岭南文化是一种世俗文化，具有很强的开放兼容特征，其平民化、享乐化、商业化的社会状态反映在现代建筑创作中。岭南地区建筑师通过营造世俗生活的娱乐场所、创造情感加工寓意深刻的空间情境以及塑造地域内涵丰富的多元主题，体现岭南建筑表达文化和谐的思想。马来半岛因其多元文化背景的身份，以混合性包容广泛族群、以地域性构建国家认同、以多元性重组文化观念，推动马来西亚人打破文化障碍，制造统一国家的形象。

6.2 启示

在岭南和马来半岛地区比较研究得出成果的基础上，对当代岭南的启示主要体现在价值取向、理论体系和实践方法三方面。

6.2.1 回归真实朴素的现代主义价值取向

当代商业化、时尚化的建筑市场往往是快速和欠缺真实的，图片传播中优先胜出的常常是感官视角而非深层内涵。在一个不断竞争的循环中，建筑师就像上了快车道，超速竞赛而难以安心创作；决策层在很多时候既不是从专业出发，也并非从自己的审美经验出发，而是揣摩上级和舆论的喜好。于是这个循环再反复下去，并非哪类人或哪个环节的问题，而是整体环境价值取向的偏差使然。

回顾1950～1970年代岭南和马来半岛地区的建筑，采用真实朴素的现代主义思想，从现实出发，首要满足功能和需求，适当地表现文化，形式、结构、材料、空间和功能，建筑和材料都表现出诚实的品质。建筑真实的美不在于炫耀和模仿形式，而是结构和材料的诚实，空间和功能的适用，每栋建筑都有自己独特的形式或结构，与光与影混合在一起，使其与众不同。当建筑创作从实际功能需求出发，解决共同面对的气候、环境等问题，建筑之间自然而然地形成协调和统一，最后城市的整体风貌也很适宜。例如岭南的夏昌世和马来半岛的林冲济，他们在建筑创作中表达出简洁与诚实的建筑理念，回归建筑的基本精神，根据形式、功能和相关经济学的基本原则，现代主义主张的经济性、功能性和简洁的形式应当是当代建筑创作的原则。

岭南建筑对社会和文化意义的表达存在负担过重的现象，尤其是文化建筑在表现主义的风潮下，建筑造型过度借用形式符号以表现主题概念。去掉不必要的装饰，真实体现结构的审美特征，现代建筑的经济性、工业化以及朴素简约的美学原则更符合中国国情的现实。

提倡回归真实朴素的现代主义价值取向，并非以一种单一价值观取代当代丰富的建筑文化，而是在多元化的基础上引导专业群体与大众，也并非是要求所有建筑都脱离发展实际，回到清一色的无差别年代，而是提倡创作回归建筑的基本精神。根据形式、功能和相关经济学的基本原则，让建筑本体的朴素美成为多元文化中的重要组成部分，让更多建筑放下意义的重负，让建筑创作回归到建筑自身，在不间断的持续探索中逐步累积，以使价值理念有更深厚的积淀。

6.2.2 构建根植于岭南本土的创作理论体系

在1980年代后的马来半岛地区，很多建筑师对于移植传统形式的创作手法进行了及时反思，提出鲜明的创作理论体系。例如新加坡的郑庆顺在《论现代亚洲热带语言的理论前提》一书中提出"线条、边缘和阴影"的建筑语言，与温带地区现代主义建筑中的体积、平面和光线的强调形成鲜明对比。马来西亚的建筑创作以杨经文的建筑创作实践和理论而独树一帜，他在柯布西耶等人理论的基础上，进一步基于对特定地区的气候和景观做系统分析，将这些原则转化为建筑形式和表达策略，提出关于环境过滤器的理论。

相对于马来半岛地区持续累积的理论探索，岭南现代建筑在1980～1990年代期间出现一定程度上的偏差，较多作品既不真正源自传统，也与现代主义的自我调适没有瓜葛，显示了特殊时代背景下建筑创作的彷徨。大量的作品失去岭南特色，使得岭南业界也不断反省：岭南建筑怎么了？在1950～1970年代执现代主义大旗的岭南代表建筑师，有的也陷入了形式表现的怪圈，对个人探索而言，多样化的探索即使不正确或走弯路，都是一种不无裨益的成长，而对于地区而言，当集体偏差成为一种趋势，付出的代价巨大且后遗症会延续较长时间。

所幸从1990年代末开始，随着改革开放的持续深入，岭南建筑创作逐步消化了纷呈而至的建筑思潮，既弥补了现代主义的学习过程，也加深了对本土和传统的认知。岭南建筑师开始探索和构建理论体系，例如何镜堂总结提出"两观三性"的建筑创作思想①，强调建筑的整体观与可持续发展观，创作表达建筑的地域性、文化性和时代性，并在文化展览型公共建筑、校园规划及建筑设计两个领域取得经验不断累积。孟建民提出了以"健康、高效、人文"为三要素的"本原设计"思想，强调以全方位人文关怀为核心观念，最终实现建筑服务于人②。也出现了一系列根植于本土的现代主义优秀作品，例如广州城市规划展览中心以抽象的形体表现出对气候环境、城市空间与本土文化的综合表达，还有进行中的深圳国际交流学院，以悬浮平台和立体绿化表达亚热带城市的建筑身份。

与普遍适用的宏观理论体系相比，发展出适于岭南本土的建筑理论具有现实的积极意义，既有益于促进地域理论交流的丰富与发展，也可更清晰地回应岭南本土的问题，对岭南建设与发展形成直接的指导，换言之是一个根植于岭南本土的中观理论体系。

---

① 何镜堂．现代建筑创作理念、思维与素养[J]．南方建筑．2008（01）：6-11.

② 孟建民．本原设计[M]．北京：中国建筑工业出版社，2015.

6.2.3 总结理性回应环境的创作实践方法

6.2.3.1 以理性回应气候作为普遍的基础原则

影响建筑创作的前提条件有很多，以一个地区共性的气候特征作为指导实践的普遍基础，能够巧妙地形成一种整体和谐。回顾热带建筑的被动冷却策略，旨在解决20世纪中期发展中国家的资源稀缺与技术昂贵问题，随着机械冷却技术的成本降低与运用普及，在1980年代之后，建筑气候适应性理论与实践已变得不再是必需，有些建筑不考虑具体气候条件，没有任何被动降温的措施，造成电力、维护等严重的能源损耗，有些建筑以生态的名义投入很多华而不实的技术和设备，事实上是另外一种形式的浪费。

不是倡导拒绝空调，而是要适当合理地节能，在炎热地区，建筑结合自然通风所创造的舒适性往往要好于仅凭借空调及机械通风营造的环境。当建筑满足了气候的适应要求，即满足了基本的使用需求，以适应气候作为普遍的基础原则，从功能性、经济性和舒适性为主的角度考虑建筑形式及空间，建筑最终往往会呈现出独特的形式和特征。

气候不仅仅与自然相关，通过与传统经验和地方文化的关联，气候可以在建筑创作中占据重要的地位，如同马来西亚杨经文对“气候”和“文化”之间的结合的持续探索，基于对特定地区的气候和景观做系统分析，将这些原则转化为建筑形式和表达策略，以对抗传统形式的直接转移。气候的威力在于一种无形巨大的包裹，看不见却渗透进每一个地方，不需要创作惊世骇俗的形体，而是每一处细致入微的综合考量，使建筑群体体现一种对人的关怀，从而整体呈现出一种感人的力量。

6.2.3.2 从城市层面营造建筑的地域特色

马来半岛的热带环境、地域化身份的概念与绿色植物的作用紧密相连，绿色植物构成了马来半岛地方身份不可分割的一部分。例如新加坡通过一系列尝试，找寻到适宜当地气候环境又能解决城市问题的形式，他们认为系统的种植是改变城市面貌最经济有效的方式，而不是通过标志性建筑的兴建，新加坡的城市绿植已成为新加坡的城市特色，并塑造了城市居民的共同身份。新加坡政府多年来不断更新城市空间和高层建筑园林绿化的“LUSH计划”，目前为自2017年11月开始执行的3.0版本①，计划旨在促进空中绿化的开发，并鼓励更多的可持续性功能。于是，我们看到新加坡的许多高层建筑出现巨大的空中花园与立体垂直绿化，一栋建筑也许会让人惊奇它的创意与尺度，而当一个城市由于制度的引导而形成一种趋势，在高密度的城市环境中形成无处不在的绿色，热带城市的生态特色也就自然而然形成了。

① https://www.ura.gov.sg/Corporate/Guidelines/Circulars/dc17-06.

自1960年代林西考察东南亚回来，就在广州大力推行城市绿化与种植①，然而，广州成为著名的“花城”，最主要得名于春节时鲜艳夺目的花市，并没能实现林西前辈的夙愿。在植物生长的自然条件上，广州也可以像新加坡一样成为立体绿色的花园城市，建筑巨大的空中架空与立体绿化在创作和实施上都并非难事，在广州金融城、琶洲西区的城市设计中也可以看到类似的引导，而现实中立体绿化的建筑却非常少。究其原因，开发监管是一个巨大的潜在因素，再有创意的空中绿化或是架空空间，也会在后期使用中被围闭而作为其他功能使用。因此，广州要实现立体绿色花园城市的构想，其主要问题不在于设计创意，而在于政策的执行与后续监管。城市的特色可以不止于空中绿化，但前提是相关管理机构的全方位统筹，在这个前提之下，建筑创作才可以更好地发挥其创造价值。

6.2.3.3 以现代建筑遗产延续城市的历史文脉

岭南与马来半岛地区1950～1970年代的现代建筑生动地再现了当时的城市生活，建筑细节揭示了丰富多样的城市文化和集体记忆。对城市居民来说，建筑形象会引起回忆或归属感，对城市来说，建筑是时代的容器，记录了过往众多有价值的信息。优秀的现代建筑除了具有优良的实用性之外，往往在其建成时发挥着重要的社会功能或引起过巨大的社会关注，其影响力已不再局限于建筑功能本身，而是延伸到经济、社会、文化等各方面。

虽然当代对传统的历史建筑保护日益重视，而对距今不远的现代建筑遗产却还没有予以足够关注，许多现存建筑在1990年代的后现代装饰风潮中荡然无存，例如广州友谊剧院经过度的装修装饰而被破坏，所幸后来又再次改建恢复成为原貌，新加坡会议厅和工会大厦也在使用中被改变原貌，在新建筑的不和谐映衬下失去昔日风采。这些重要的现代建筑遗产在其主要特征被改变之后，才引发我们发掘失去的重要价值，因为这些建筑曾定义了国家和地区发展的关键时期，与公民产生过共鸣。

马来半岛的现代建筑遗产保护为我们提供了许多经验和教训。例如新加坡已开展立法保护工作，针对一些独立后的重要现代建筑，于1986年成立的新加坡遗产协会也开展大量工作，建筑师林少伟是第一任主席，而马来西亚在这方面的成果不佳，被列为保护的现代建筑非常少。

新加坡和吉隆坡政府在1980年代末通过一项政府法令，陆续将许多1950～1970年代的现代建筑涂上了鲜艳亮丽的颜色，希望改善和保护日渐老化的混凝土原始材质，使得原本粗犷的清一色混凝土材质变为柔滑和红黄绿等鲜艳的涂料。于是人们看到新加坡人

---

① 谢宇新，陈小鹏. 忆林西：献给向绿色生态追梦的前辈[M]. 广州：广东人民出版社.

民综合体、马来西亚综合医院等很多建筑，都从英雄主义情怀的建筑变为商业市井的通俗建筑，令人十分惋惜，只有马来西亚总理会堂和马来西亚国家银行总部等少量建筑还保持原貌，给人以情感的触动。事实上，通过适当清理修复和清水混凝土保护剂就可以达到完善的保护，所幸岭南地区还没有类似的“保护性破坏”措施，应当引以为深刻教训。广州在多年城市三旧改造的探索后，设置了全国首个城市更新局①，意味着城市更新成为城市发展的主要方式，现代建筑遗产的保护也将延续城市的历史文脉。

综合而言，对岭南与马来半岛地区1950～1970年代现代建筑创作的借鉴，带来真实朴素的现代主义价值观回归，促进岭南本土建筑理论体系与创作实践方法的总结，以史鉴今，砥砺前行。

6.3 创新之处

其一，本书立足于大量实地调研，基于对现代主义建筑发展的反思，从文化互动、华侨联系、商贸交往、气候地理相近等多层面论析了岭南建筑和马来半岛建筑在1950～1970年代推进现代主义建筑地域化进程中的学理可比性，作为创作主体的两地建筑师都面对国家从孱弱走向独立自主、经济从困境走向发展等相同背景，在空间上分别以中国和东南亚作为宏观背景，以广州、新加坡与吉隆坡这三个现代建筑实践丰富的城市作为聚焦，从而建立起共时性比较研究的逻辑框架。

其二，研究借鉴建筑适应性理论，将岭南与马来半岛地区1950～1970年代现代建筑创作的比较研究从自然适应性、社会适应性和人文适应性这三个维度展开，在适应自然气候环境、尊重社会现实需求与融合多元文化价值的共同理念基础上，两地创作表现出丰富的差异：岭南建筑体现为与自然环境浑然一体、融入人本主义世俗生活与追求多元文化的和谐共存；马来半岛建筑则表现为营造多层次的空间环境、彰显英雄主义城市精神并兼容表达多族群的交汇碰撞。

其三，在总结两地1950～1970年代建筑创作比较研究成果的基础上，本书归纳了其共性与个性对当代岭南建筑发展的启示：回归真实朴素的现代主义价值取向，构建根植于岭南本土的创作理论体系，总结回应客观环境的创作实践方法，具体表现为以理性回应气候作为普遍的基础原则、从城市层面营造建筑的地域特色以及以现代建筑遗产延续城市的历史文脉。

① 王世福，沈爽婷. 从“三旧改造”到城市更新——广州市成立城市更新局之思考[J]. 城市规划学刊. 2015（03）：22-27.

6.4 研究展望

比较研究的挑战是客观存在的，至少从调研、查找和分析等工作来说，都将是两倍以上的放大，例如笔者在马来半岛的调研就是在多方面的限制条件中展开，其中包括与商场、法院、政府机构等各类保卫的沟通交涉，有时只能妥协，但也收获很多惊喜。同时，比较研究又具有巨大的想象空间，通过比较，对原本熟悉的事物可以有更新的视角和更深刻的认知，而对原本陌生的事物也可以通过参照体系，相对快速地掌握其全貌与重点。

关于本书论题，笔者认为还可以在时间、空间和视角三个维度进行延展。首先在纵向维度上，可将岭南与马来半岛地区的建筑创作比较向本书研究时期的前后延展，尤其是从1980年代至今，两地社会经济的快速发展以及中国-东盟自由贸易区的紧密互动，都使两地建筑创作的背景变得更为复杂多元，对其研究也具有促进当代建筑的即时意义。其次在空间维度上，可将与岭南对比的地区向国内外延展，例如国内的东北地区以及南亚的斯里兰卡、印度等国家或地区，不同的关联地区将会带来全新的研究成果。最后是在研究视角上，建筑是时代背景众多因素的重要体现，对于建筑创作的比较研究可以从美学、技术、意识形态等更多的视角切入，以挖掘建筑创作更为深厚的内涵。

受学识与能力所限，本书研究尚有不成熟之处与可拓展的空间，笔者在后续工作中将加倍努力，同时也期待更多学术同仁关注与加入该领域研究，从而促进学术交流并不断向前发展。

附录

附录1　马来半岛1950～1970年代表建筑作品概录

（新加坡）

<table>
<tr><th>时间（年）</th><th>项目／建筑师</th><th colspan="2">建筑外观</th><th>技术图纸</th></tr>
<tr><td rowspan="3">1954</td><td rowspan="3">新加坡亚洲保险公司

建筑师：
黄庆祥</td><td colspan="2"></td><td>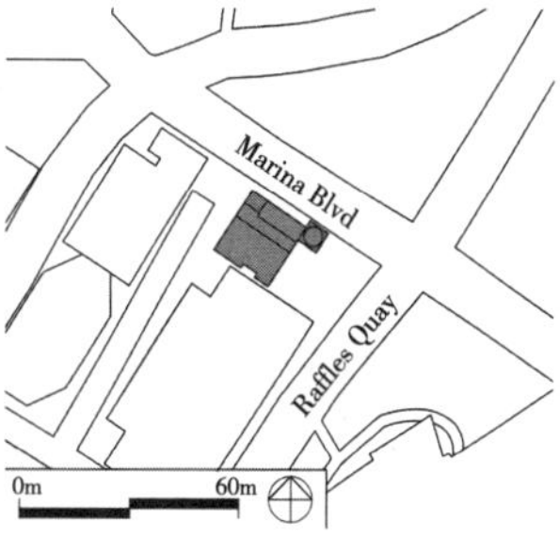
</td></tr>
<tr><td>指标/地址</td><td colspan="2">17层/Finlayson Green与Raffles Quay两路交叉口</td></tr>
<tr><td>备注</td><td colspan="2">新加坡早期现代建筑的代表作品，作为历史建筑，建筑外观保存完好，内部经过重新装修，作为雅诗阁公寓式酒店正在经营</td></tr>
<tr><td rowspan="3">1960</td><td rowspan="3">新加坡国家图书馆

建筑师：
Lionel Bintley（PWD）</td><td colspan="2"></td><td>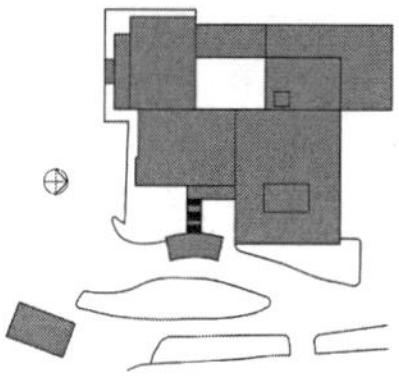</td></tr>
<tr><td>指标/地址</td><td colspan="2">2100平方米/2005年已被拆除</td></tr>
<tr><td>备注</td><td colspan="2">中央设置露天庭院，建筑外墙以当地的红砖装饰，建于缓坡地</td></tr>
<tr><td rowspan="3">1960</td><td rowspan="3">新加坡国家剧院

建筑师：
黄铭贤（Alfred Wong）</td><td colspan="2"></td><td>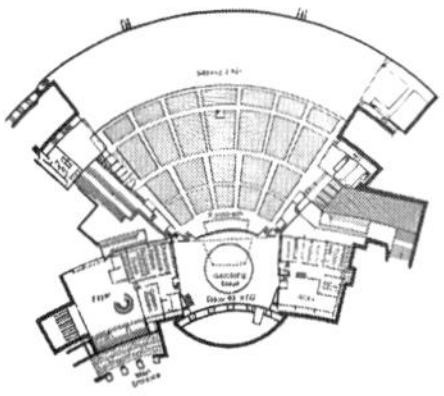</td></tr>
<tr><td>指标/地址</td><td colspan="2">Fort Canning/1986年被拆除</td></tr>
<tr><td>备注</td><td colspan="2">半露天剧院，利用山坡地势作为观众区，扇形悬臂式钢结构屋顶悬挑在有遮盖的座位上，五角形的立面代表新加坡国旗的五颗星</td></tr>
</table>

续表

时间（年）	项目 / 建筑师	建筑外观	技术图纸
1961 ~ 1965	新加坡会议大厅 建筑师： 林冲济、林少伟、 曾文辉		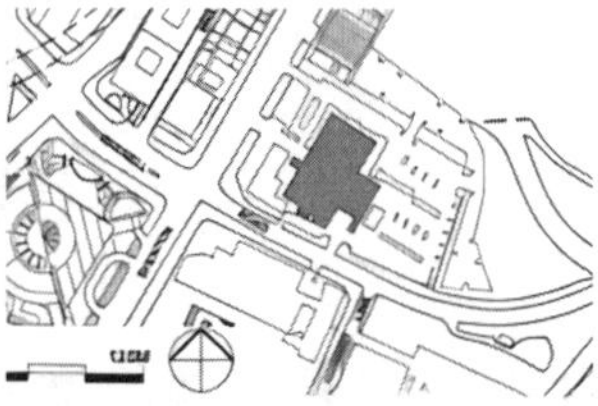
		指标/地址	13621平方米/5F/7 Shenton Way
		备注	大厅空间开放可自然通风，五个核心筒作为巨型柱支撑巨大的蝶形屋顶，象征新加坡独立自主的国家身份
1960	南侨女子高中礼堂 建筑师： 詹姆斯·费里 （James Ferrie）		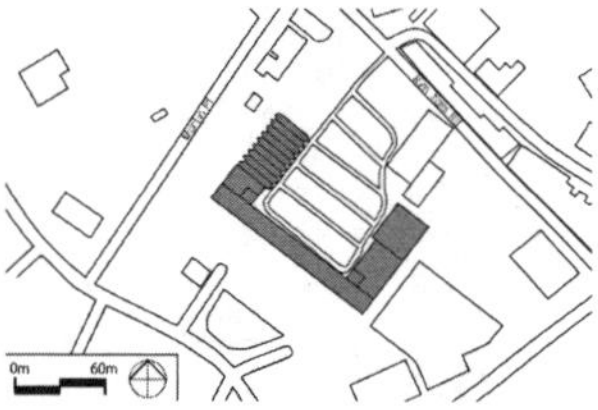
		指标/地址	2000平方米/3F/RiverValley
		备注	屋顶上9个混凝土外壳形成尖拱顶，展现当地学校建筑的热带特征，现状保存完整，作为培训学校使用
1970	新加坡航空公司大楼 建筑师： 林冲济		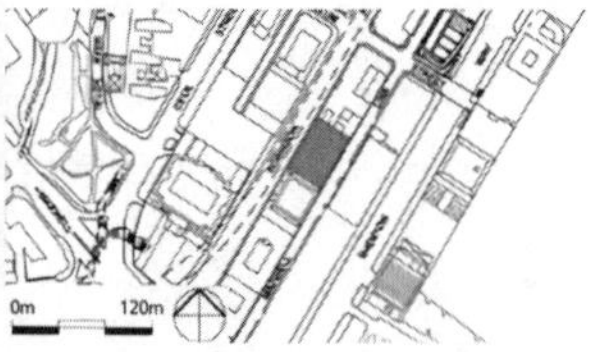
		指标/地址	shenton way/已拆除
		备注	裙楼平台上，核心筒和三个长方体块组合成清晰有力的建筑形式，屋顶有飞机尾翼的意向
1969 ~ 1973	KATONG购物中心 建筑师： DP事务所		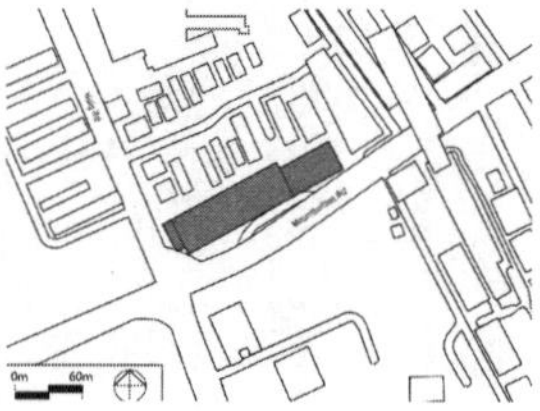
		指标/地址	8F/865 Mountbatten Rd
		备注	由零售和娱乐空间、办公和停车场组合的多功能建筑，逐层悬挑

续表

时间（年）	项目 / 建筑师	建筑外观	技术图纸
1970	新加坡希尔顿酒店 建筑师： 王英雄 （Ong Eng hung）		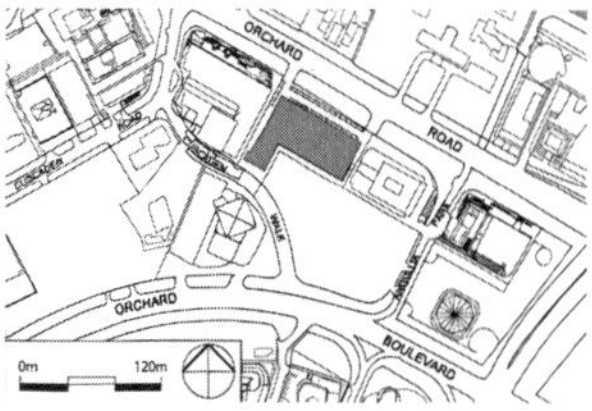
		指标/地址	37887平方米/25F/581 orchard road
		备注	顶部楼层悬挑形成遮阳，入口处的裙楼外立面设置17幅浮雕壁画，采用当地本土文化题材
1971	新加坡香格里拉酒店 建筑师： 何厚铧、陈泽安 （Heah Hock Heng & Chan Tse Ann）		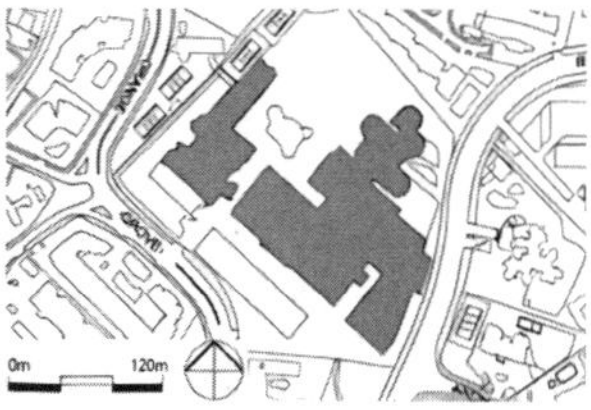
		指标/地址	52415平方米/24F/orange grove road
		备注	设计定位为“城市度假村”，钢筋混凝土穹顶和种植阳台是酒店的标志性特征，宽大阳台将植物引入室内
1972	莱福士学院 建筑师： 何柏图、亚瑟·西、沈泰 （Ho pak toe, Arthur seah & Sim-Tay）		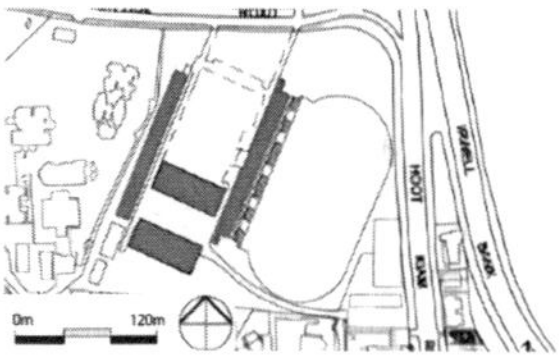
		指标/地址	55000平方米/6F/51 grange road
		备注	通往学校的道路被一个形式主义的庭院包围，阳台作为观景台，可以俯瞰球场上的体育赛事，中部升起观景塔
1973	黄金坊综合体 建筑师： Gan Eng Oon，William Lim & Tay Kheng Soon		
		指标/地址	13525平方米/16F/5001 beach road
		备注	建筑退台形成独特的阶梯形式，倾斜的中庭促进了自然通风、采光和室内活动，大型柱支撑退台倾斜架空结构和悬挑的楼梯

续表

时间（年）	项目 / 建筑师	建筑外观	技术图纸
1973	新加坡国家体育场		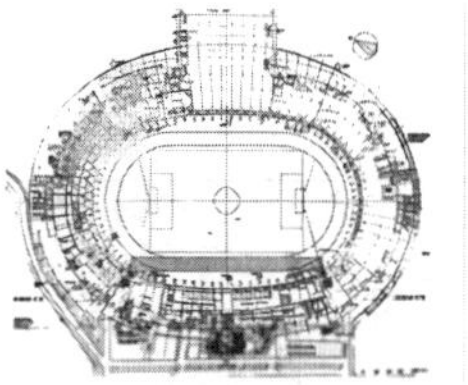
		指标/地址	2006年已拆除
		备注	纯粹用钢筋混凝土表达的大型结构，支撑着巨大的耙式座位
1973	裕廊市民中心 建筑师： 林冲济		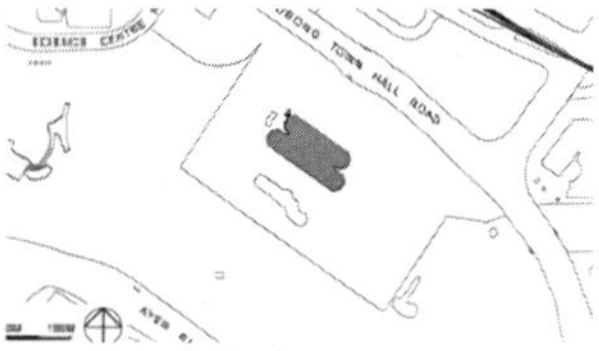
		指标/地址	119000平方米/5F/9jurong town hall road
		备注	现代卫城的形象，在裕廊镇中心的山顶上，由两个不等长的五层倾斜体块组成，形成一个圆形通道和一座皇冠，上层采用悬臂式斜墙
1975	托帕约镇中心 建筑师： 住房和发展委员会 （Housing & Development Board）		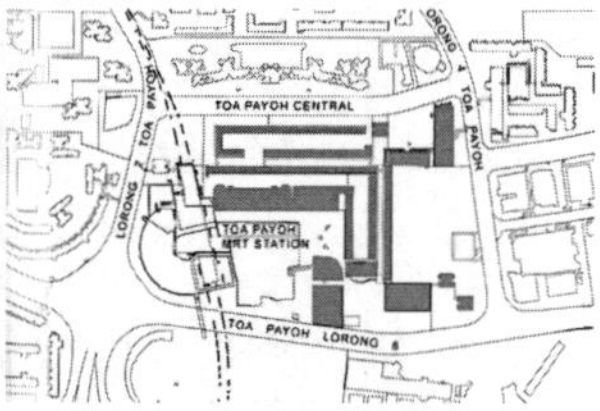
		指标/地址	161874平方米/4–25F/toa payoh central
		备注	新加坡早期住区原型的代表，小镇中心周围环绕着独立的社区，每个街区都有自己的购物设施和社区中心
1970 ~ 1975	下属法院 建筑师： Victor Chew	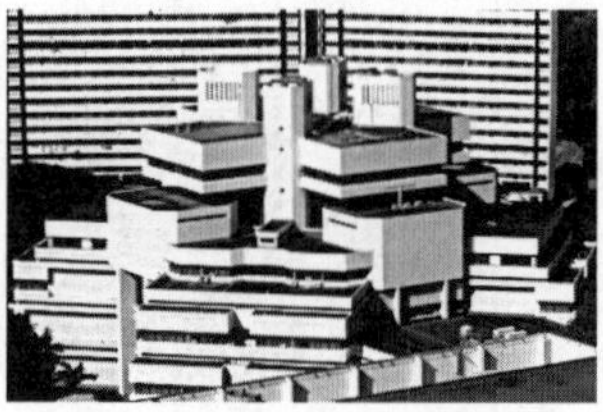	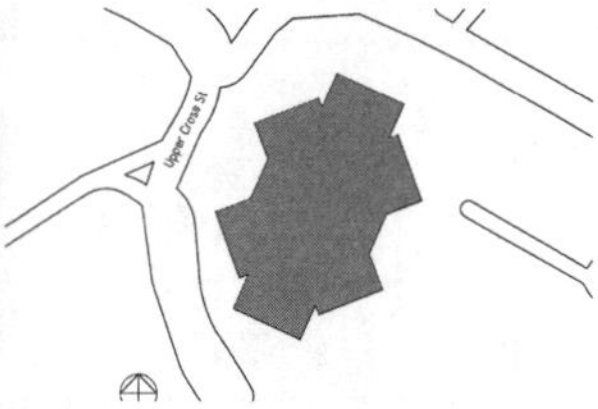
		指标/地址	Upper cross st
		备注	以典型的野兽派风格来突出强调主要的功能和服务空间，审判室外部表现为从中庭水平伸出的多层体块，它们相互成90度和45度角

时间（年）	项目 / 建筑师	建筑外观	技术图纸
1971 ~ 1975	新加坡科学中心 建筑师： 雷蒙德·胡 （Raymond Woo）		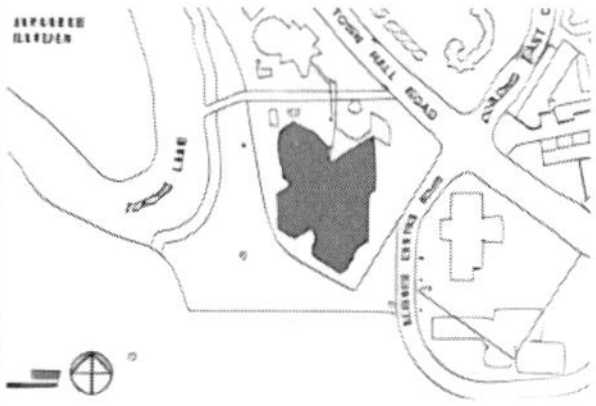
		指标/地址	34983平方米/4F/15 science centre road
		备注	使用八角形作为组织形式，外部体量围绕核心旋转成90度和45度角，中央中庭引入自然光，主馆形体向上倾斜
1975	新加坡发展银行（DBS） 建筑师： 林冲济		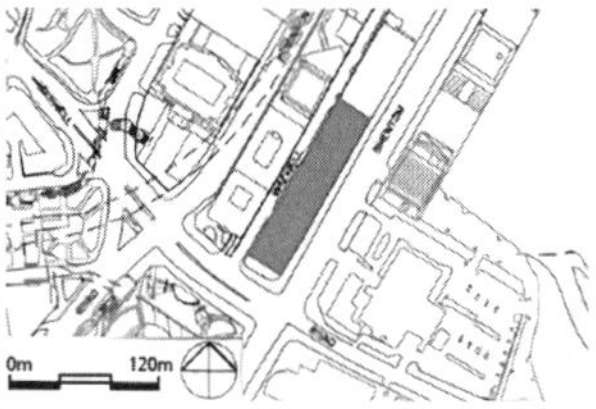
		指标/地址	81893平方米/50F/6 shenton way
		备注	混凝土框架网络化，塔楼由三个鲜明的矩形堆砌块组成
1976	珍珠银行公寓 建筑师： 谭成祥		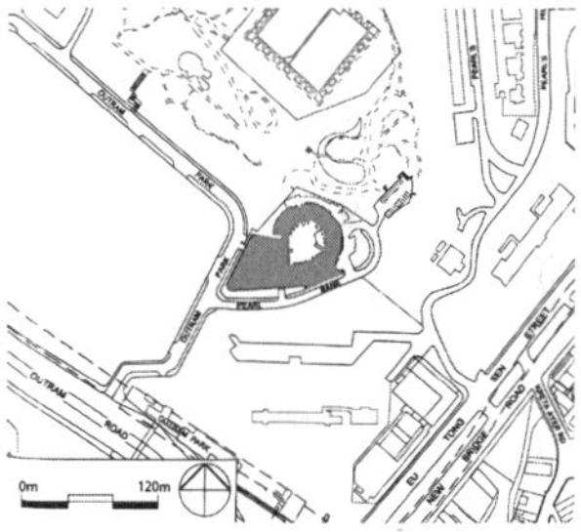
		指标/地址	55636平方米/38F/1 pearl hill
		备注	超高层高密度住宅的典范，马蹄形平面为容纳尽可能多的单元，以实现经济性，公寓围合形成庭园，所有户型为错层式
1977	丹戎巴葛坊 建筑师： 莫赫德·阿萨杜兹·扎曼 （Mohd Asaduz Zaman）		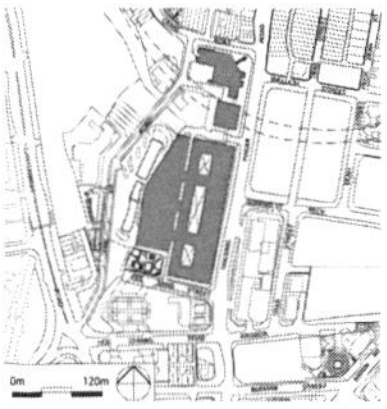
		指标/地址	122125平方米/27F/Tanjong Pagar Road
		备注	庭院是该综合体的公共中心，为裙楼区域提供光线和通风

续表

时间（年）	项目／建筑师	建筑外观	技术图纸
1971 ~ 1978	新加坡PUB大厦 建筑师： 谭培华与王金碧 （Tan Puay Huat & Ong Chin Bee）		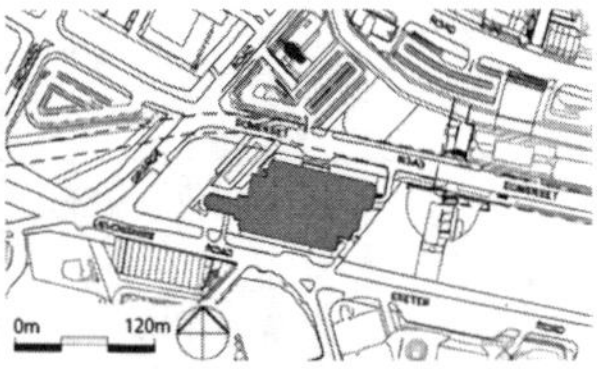
		指标/地址	81893平方米/50F/6 shenton way
		备注	具有中央服务核心和自然通风电梯大堂，H形街区概念，交错的阶梯式立面，钢筋混凝土结构框架
1978	潘丹谷公寓 建筑师： 谭成祥		
		指标/地址	80937平方米/19F/ulu pandan road
		备注	住宅跌级退台，高低层组合形成阶梯式街区，建筑契合峡谷起伏的地势，平面围合出具有内聚性的公共空间
1979	新加坡理工学院 建筑师： Alfred Wong		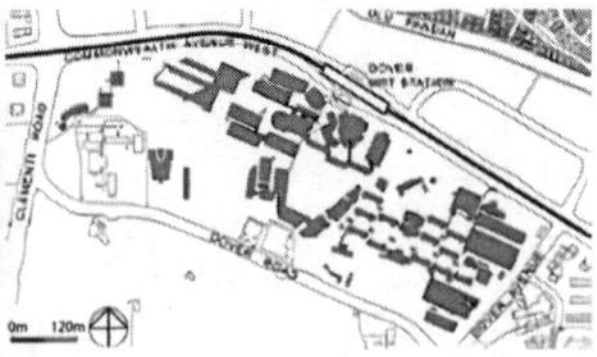
		指标/地址	74320平方米/6F/500 dover road
		备注	各个部门的建筑物作为灵活的模块化建筑单元，插入选定的地点；服务等功能区置于边缘地带，并通过外围环路连接到街区
1975 ~ 1981	森林大厦 建筑师： DP事务所		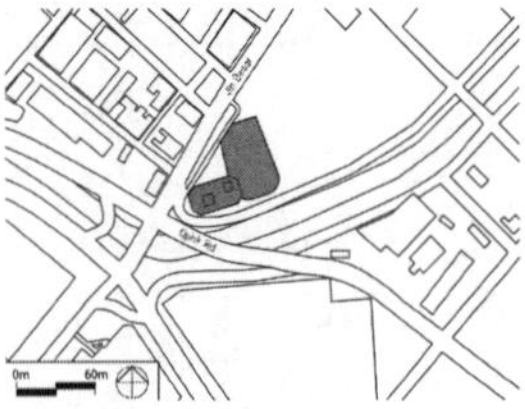
		指标/地址	23000平方米/11F/10 Jln Besar
		备注	水平向的栏板遮阳，商业综合体功能

续表

<table>
<tr><th>时间（年）</th><th>项目／建筑师</th><th colspan="2">建筑外观</th><th>技术图纸</th></tr>
<tr><td rowspan="3">1977
~
1982</td><td rowspan="3">新加坡瑞金特酒店

建筑师：
王恩洪
（Ong Eng Hung）
顾问Portman</td><td colspan="2"></td><td>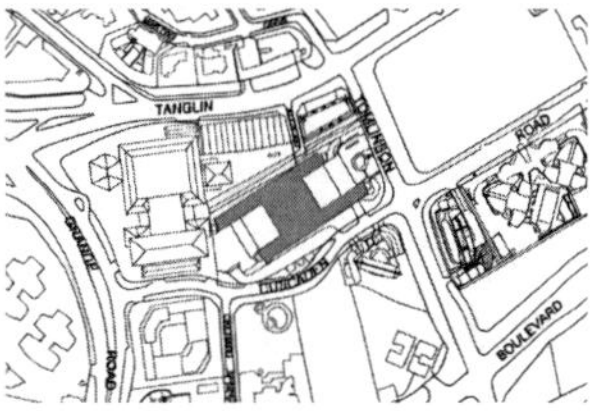</td></tr>
<tr><td>指标/地址</td><td colspan="2">42482平方米/14F/1 cuscaden road</td></tr>
<tr><td>备注</td><td colspan="2">新加坡第一家采用封闭式内部中庭概念的酒店，两幢14层高的平行板块，户外阳台被郁郁葱葱的绿植盘绕，使得混凝土表面变得柔和</td></tr>
<tr><td rowspan="3">1980</td><td rowspan="3">新加坡半岛广场

建筑师：
王洪耀</td><td colspan="2"></td><td>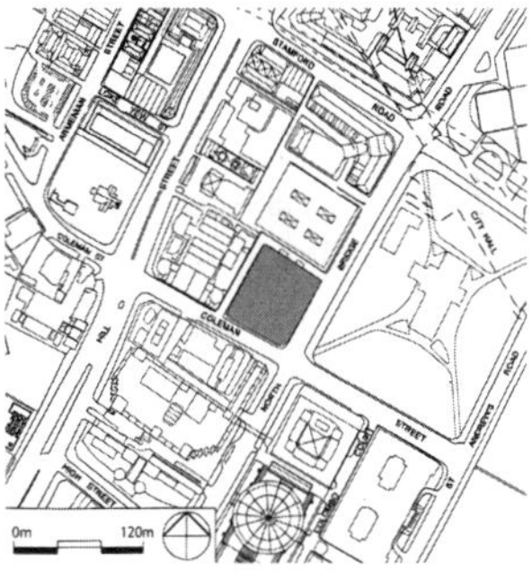</td></tr>
<tr><td>指标/地址</td><td colspan="2">50051平方米/30F/111 north bridge road</td></tr>
<tr><td>备注</td><td colspan="2">呼应马路对面的圣安德鲁大教堂，外立面采用一系列富有冲击力的三维立柱拱门，框架结构的柱子布置在四周，建筑内部柱子较少</td></tr>
</table>

（马来西亚）

<table>
<tr><th>时间（年）</th><th>项目／建筑师</th><th colspan="2">建筑外观</th><th>技术图纸</th></tr>
<tr><td rowspan="3">1953</td><td rowspan="3">Chin Woo体育场

建筑师：
李允石
（Lee Yoon Thim）</td><td colspan="2"></td><td></td></tr>
<tr><td>指标/地址</td><td colspan="2">Jalan Hang Jebat, Kuala Lumpur</td></tr>
<tr><td>备注</td><td colspan="2">以其装饰艺术风格为典范，建筑外观结构“鼓”形的处理方式和主厅混凝土结构的表达体现了体育馆的国际风格</td></tr>
</table>

续表

时间（年）	项目 / 建筑师	建筑外观	技术图纸
1954	马来西亚联邦办公 建筑师： 李允石 （Lee Yoon Thim）		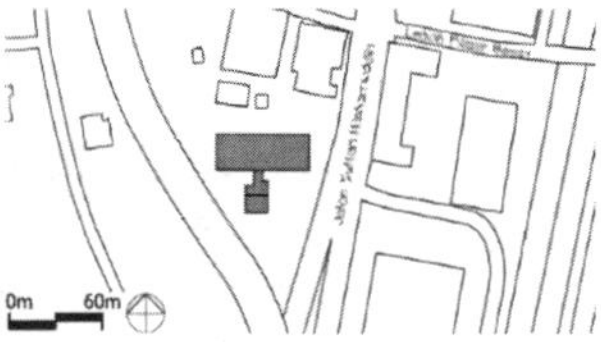
		指标/地址	Jalan Sultan Hishamuddin, Kuala Lumpur
		备注	采用非对称的造型，大面积窗户，立面按开间和层高分割，简洁明确表达了建筑的内部结构
1957	吉隆坡联邦旅馆 建筑师： 李允石 （Lee Yoon Thim）		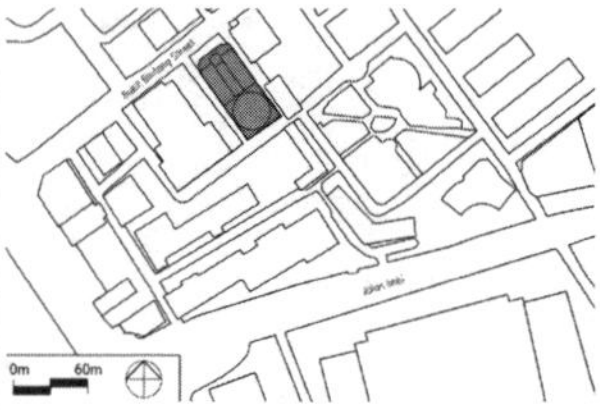
		指标/地址	35, Jalan Bukit Bintang, Bukit Bintang
		备注	主建筑是一个矩形体块，每个房间都有凹进去的窗户，简单和富有表现力的设计赋予了酒店现代化的特色
1958	联邦大厦 建筑师： 霍华德·阿什利和梅勒 （H. I. Ashley & S. P. Merer）		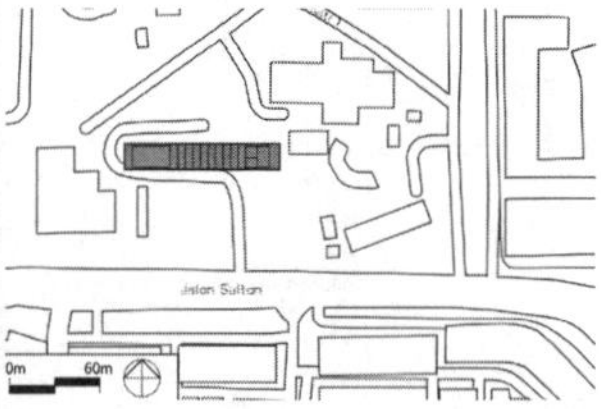
		指标/地址	Jalan Sultan
		备注	屋顶的十个混凝土拱顶呈现美丽的轮廓，蜂窝状和蛋架形的幕墙附着在建筑物的结构框架上
1958	吉隆坡苏邦国际机场 建筑师： 金顿·路 （Kington Loo）		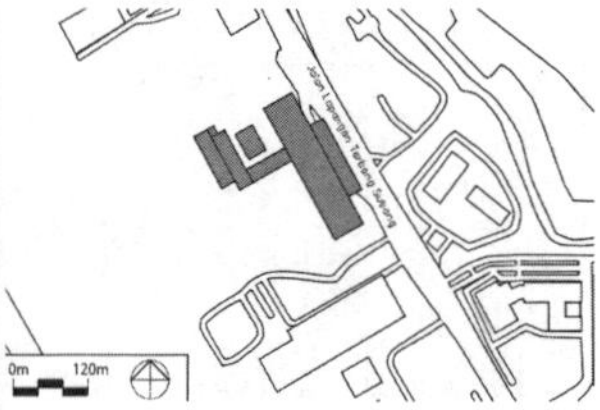
		指标/地址	Subang jaya selangor
		备注	设计是一个水磨石包裹的混凝土柱结构；高耸的独立立柱支撑巨大的屋顶，立柱直通天花板；候机大厅的中央是优美的螺旋旋形坡道

时间（年）	项目 / 建筑师	建筑外观	技术图纸
1958	JKR办公楼 建筑师： 公共工程部 （Public Works Department）		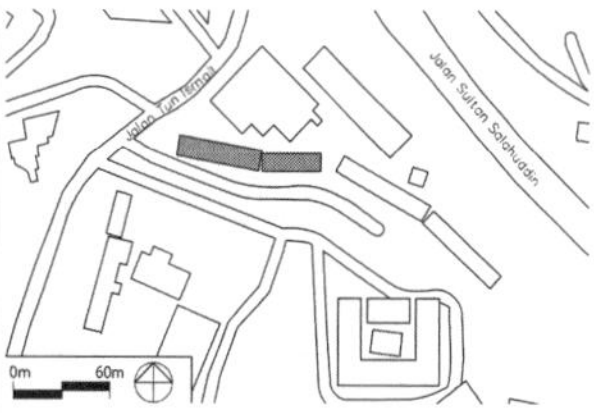
		指标/地址	Jalan Sultan Salahuddin
		备注	基于标准办公室计划，其功能性方法以最少的时间和成本构建有效利用空间，楼梯位于两端，通过开放式悬臂走廊连接每一层
1959	马来西亚语言与文化局大楼 建筑师： 李允石 （Lee Yoon Thim）		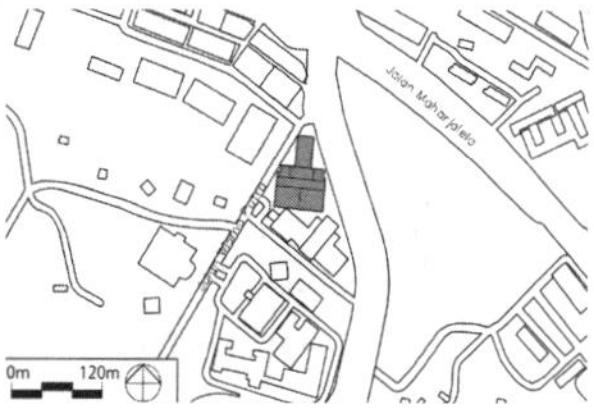
		指标/地址	Jalan Dewan Bahasa, Bukit Petaling
		备注	简洁风格的现代主义建筑，借用了装饰艺术风格，将马来西亚、中国和印度三个国家的人物图案运用在建筑外墙的壁画上，显示国际间民族团结
1962	吉隆坡渣打银行大楼 建筑师： 金顿・路 （Kington Loo）		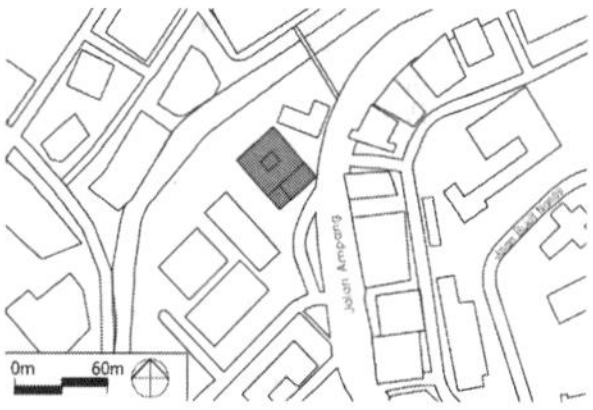
		指标/地址	Wisma AmanahRaya No. 2, Jalan Ampang
		备注	建筑造型属于早期现代风格。大尺度的悬臂式梁板作为形象的标志，也有遮阳板的作用
1962	国家体育场 建筑师： 公共工程部 （Public Works Department）		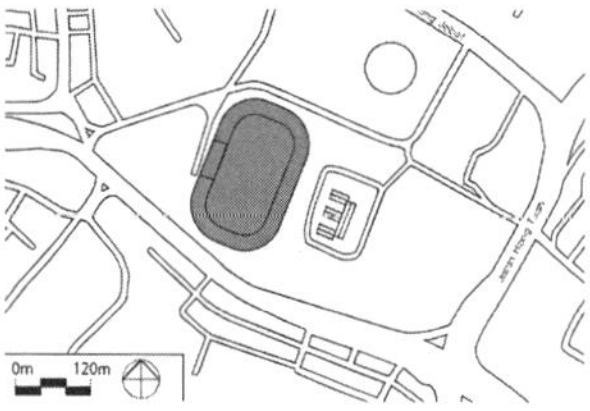
		指标/地址	Jalan Davidson
		备注	国家体育馆造型为一个土制的碗，内部四面分布有混凝土梯形座位

续表

时间（年）	项目 / 建筑师	建筑外观	技术图纸
1957 ~ 1963	马来西亚国会大厦 建筑师： 艾弗·希普利 （W.Ivor Shipley）		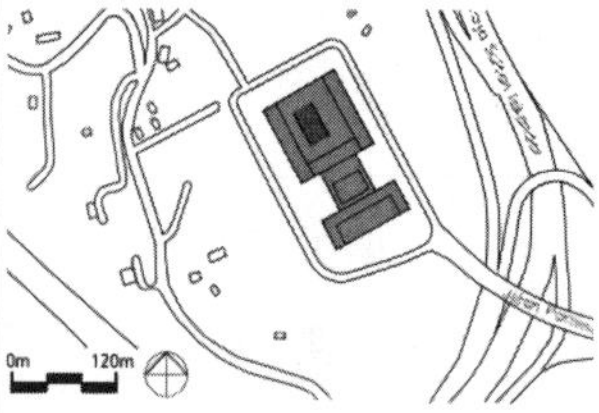
		指标/地址	Taman Duta
		备注	塔楼外立面采用类似于具有蜂窝状的耐热和吸光玻璃，悬臂式楼板支撑预制遮阳篷或拱肩，屋顶的三角形预制混凝土取形于马来屋顶
1960 ~ 1965	Getah Asli Building 建筑师： Indeterminate		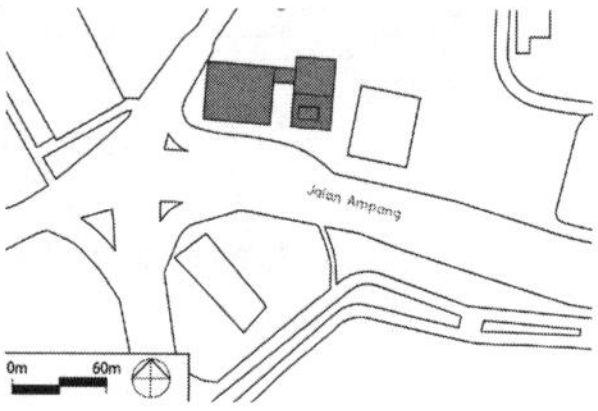
		指标/地址	Jalan Sultan Salahuddin
		备注	四层平台带有一个凸起屋顶的中央庭院
	Hilton Hotel 建筑师： 金顿·路 （Kington Loo）		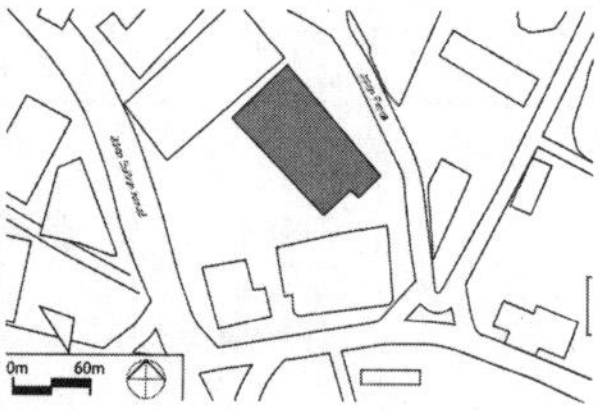
		指标/地址	Jalan Sultan Ismail/2014年已被拆除
		备注	现代主义作品，裙楼屋顶取型于马来亚传统民居
1963	马来西亚国家博物馆 建筑师： 何国霍		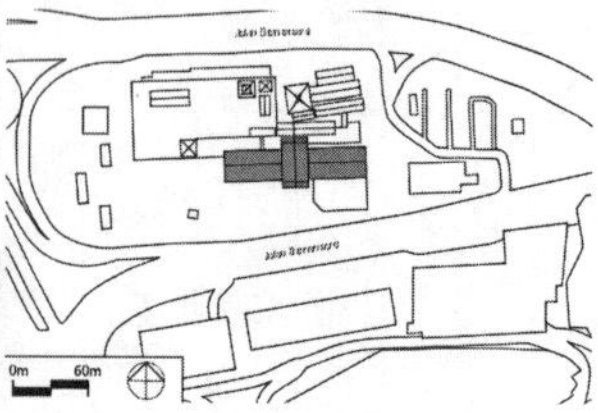
		指标/地址	Jalan Damansara, Tasik Perdana
		备注	通过陡峭的马来屋顶、特色的屋顶山墙和顶尖交叉装饰来表现马来亚民族特色；建筑正立面的大型壁画描绘了该国的历史和文化

续表

时间（年）	项目 / 建筑师	建筑外观	技术图纸
1965	马来西亚国家清真寺 建筑师： PAM		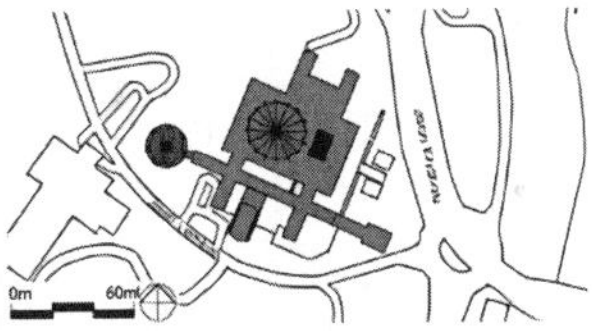
		指标/地址	Jalan Perdana, Tasik Perdana
		备注	顶部是独特的折叠式遮阳伞式屋顶；伊斯兰几何图案的格子被用于立面，中央的圆形大厅，周边围绕大厅的是由廊道构成的仪式空间
1966	吉隆坡综合医院（KLGH） 建筑师： 威尔斯和乔伊斯		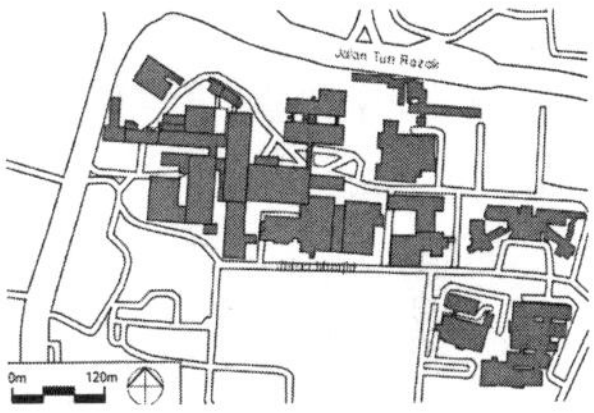
		指标/地址	23, Jalan Pahang
		备注	以坡道联系场地建筑，内部空间灵活。立面采用矩形混凝土百叶窗，混凝土箱覆盖建筑表面
1963 ~ 1967	Negari Sembilan State Mosque 建筑师： 马来亚建筑师事务所		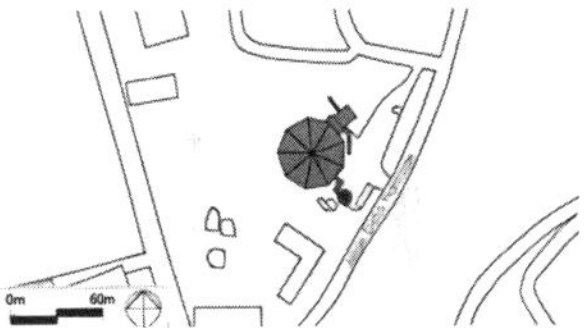
		指标/地址	Jalan Dato Hamzah Seremban
		备注	钢筋混凝土作为主要结构，围护墙体使用大面积的弧形玻璃墙，屋顶为双曲面凹形的混凝土壳
1966	马来西亚大学总理会堂 建筑师： 金顿·路 （Kington Loo）		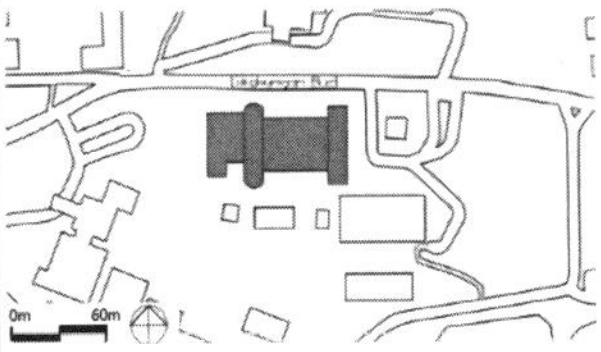
		指标/地址	825, Lingkungan Budi
		备注	裸露的混凝土墙面赋予了建筑质朴的外观，与马来西亚热带炎热天气形成鲜明对比，外立面为厚实的混凝土防晒屏

续表

时间（年）	项目 / 建筑师	建筑外观	技术图纸
1966	TNB大楼 建筑师： LLN建筑部 （LLN Architects Department）		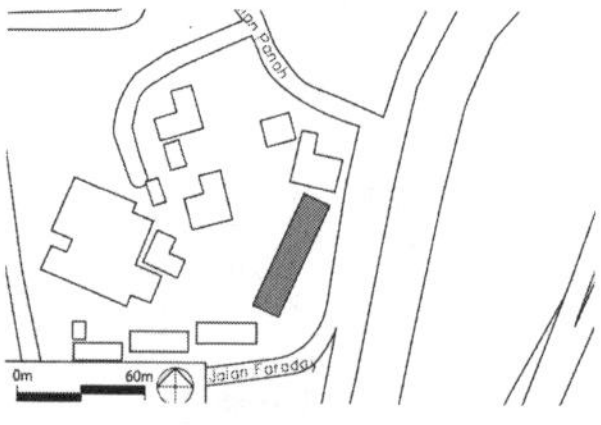
		指标/地址	Jalan Bangsar
		备注	建筑带边的扇形鸡蛋箱蜂窝状遮阳篷具有承重功能，是野兽派和地区现代主义建筑的结合
1968	马里亚大学医学中心（UMMC） 建筑师： 简・古比特 （Jams Gubit）		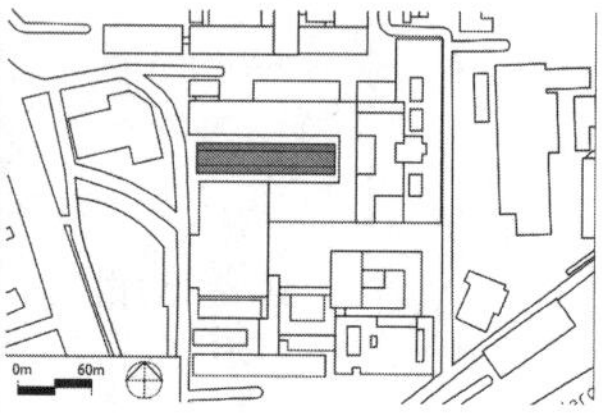
		指标/地址	Bangunan Utama, Pusat Perubatan University
		备注	塔楼为板式高层，与水平向的裙楼衔接，塔楼上翘的混凝土屋顶借鉴于米南加保地区的屋顶
1968	马来西亚广播中心 建筑师： 帕帕斯事务所 （N.J Pappas and Associates）		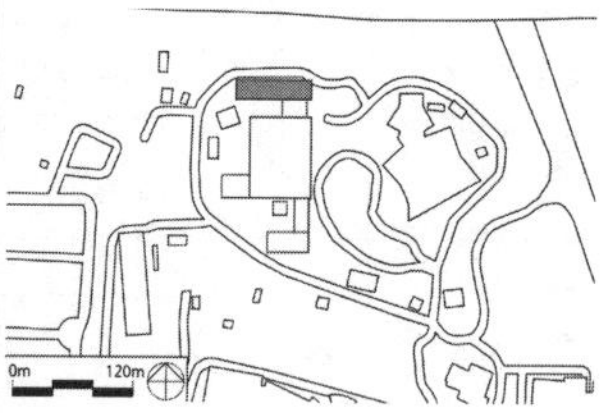
		指标/地址	Jalan Pantai Dalam, Bukit Putra
		备注	水磨石混凝土“盾”形结构制成的防晒构件，钢筋混凝土结构的七个桶状拱顶形成入口大厅
1964 ~ 1968	马来西亚大学地质馆 建筑师： 马来亚建筑师事务所		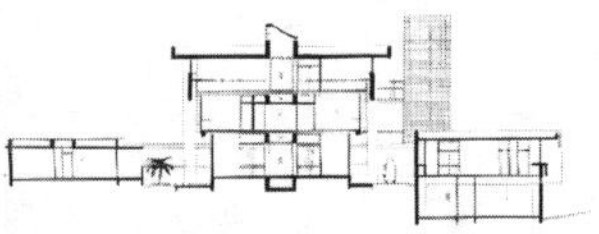
		指标/地址	马来西亚大学
		备注	造型三级层次，大屋顶遮阳，建筑内形成两个庭院

时间（年）	项目 / 建筑师	建筑外观	技术图纸
1970	马来西亚国家银行总部 建筑师： 尼克·穆罕默德·马哈茂德公共工程部 （Nik Mohamed Mahmood Public Works Department）		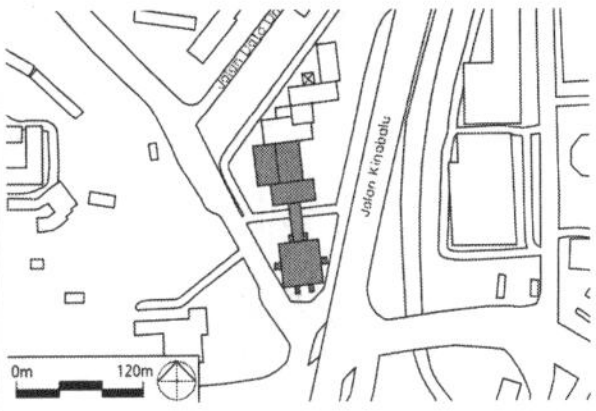
		指标/地址	Jalan Kuching
		备注	阳刚的直线结构形式和裸露的混凝土饰面，建筑形象突出地展现了国家银行作为中央金融机构的稳健
1976	吉隆坡市政厅		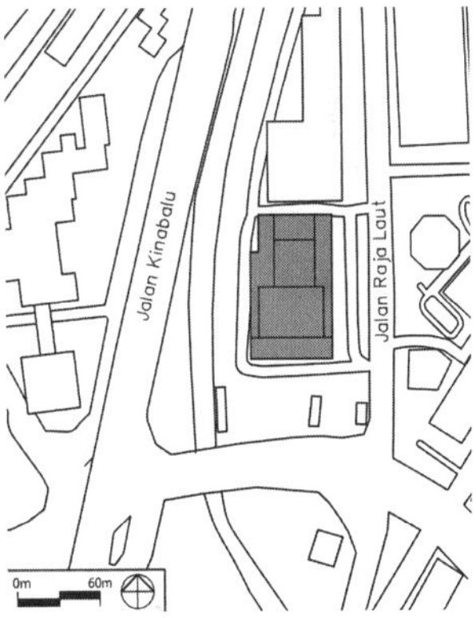
		指标/地址	Dewan Bandaraya
		备注	主楼建筑挺拔，外立面遮阳构件阵列，整栋楼朝向广场的立面在夜晚作为显示屏，展现国旗和国徽，裙楼形体厚重，屋顶绿化
1977	八打灵再也市民中心 建筑师： 珀杰克·阿泰克 （Projek Akitek）		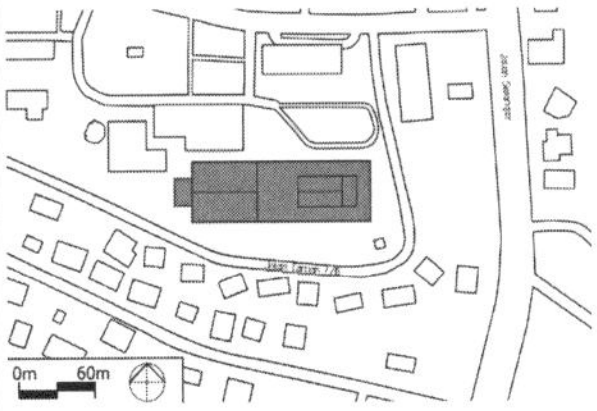
		指标/地址	No. 1, Jalan Yong Shook Lin, Selangor
		备注	整座建筑犹如嵌入大地的远洋巨轮。将混凝土构件的工程性功能和审美性美观统一

附录2　岭南地区1950～1970年代表建筑作品概录

时间（年）	项目 / 建筑师	建筑外观	技术图纸
1951	华南土特产展览交流大会 建筑师： 林克明等		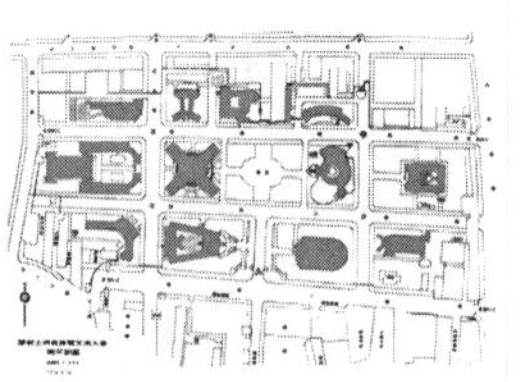
		指标/地址	广州市西堤二马路37号
		备注	规划采用井字形路网，分别在规整的地块上建12座展馆
1951	华南土特产展览交流大会水产馆 建筑师： 夏昌世		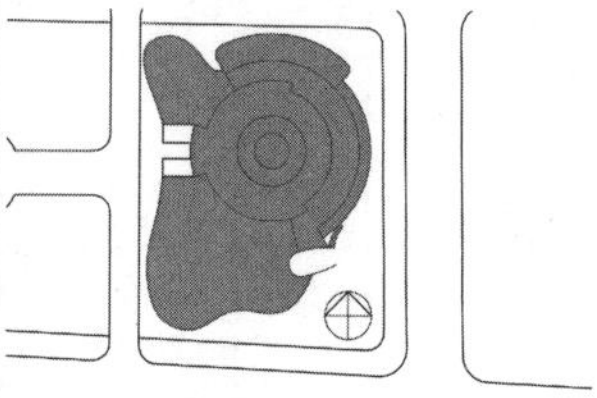
		指标/地址	1056平方米/6.5米/1F
		备注	造型以圆形为母题，设计以“水”为主题
1952	广州第一人民医院英东门诊部 建筑师： 佘畯南		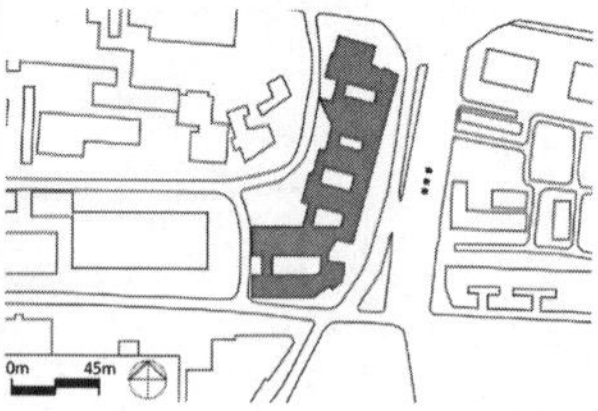
		指标/地址	广州市人民北路
		备注	充分利用东南风，组织自然通风；门诊的公用设施位置居中，交通路线短；主要候诊室邻外墙，朝向、采光、通风良好
1952	华南理工大学图书馆新馆 建筑师： 夏昌世		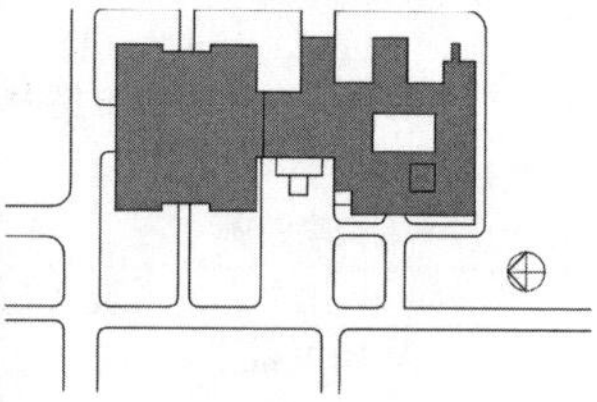
		指标/地址	4F/五山路华南理工大学
		备注	采用较为宽敞的走廊纵横贯穿，带进穿堂风；东、西两立面部分采用了外廊的形式；建筑造型结合竖向遮阳板设计

续表

<table>
<tr><th>时间（年）</th><th>项目 / 建筑师</th><th colspan="2">建筑外观</th><th>技术图纸</th></tr>
<tr><td rowspan="3">1954</td><td rowspan="3">鼎湖山教工疗养所

建筑师：
夏昌世</td><td colspan="2"></td><td>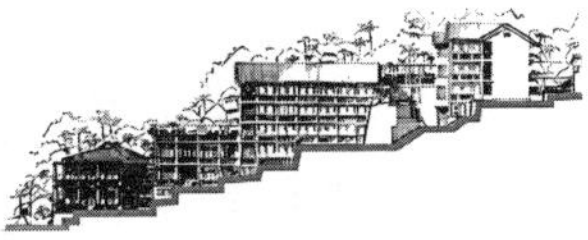</td></tr>
<tr><td>指标/地址</td><td colspan="2">2580平方米/9F</td></tr>
<tr><td>备注</td><td colspan="2">边设计，边施工，分段流水作业，旧料整理加以利用</td></tr>
<tr><td rowspan="3">1956</td><td rowspan="3">中山医一附院

建筑师：
夏昌世</td><td colspan="2"></td><td>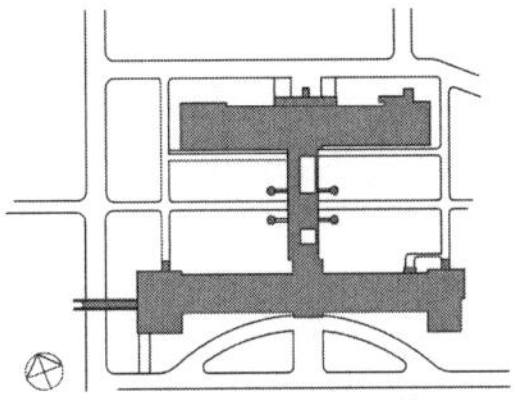</td></tr>
<tr><td>指标/地址</td><td colspan="2">广州市中山二路</td></tr>
<tr><td>备注</td><td colspan="2">采用了南面单侧候诊的布局方式；使用了龙骨结构体系；设计了百叶遮阳和砖拱隔热层天面的构造做法</td></tr>
<tr><td rowspan="3">1957</td><td rowspan="3">中山医科大学生化楼

建筑师：
夏昌世</td><td colspan="2"></td><td>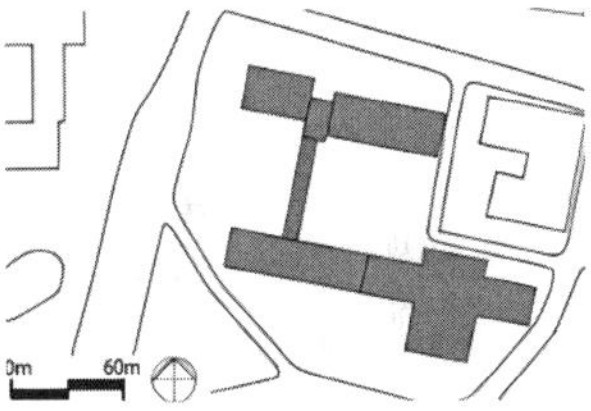
</td></tr>
<tr><td>指标/地址</td><td colspan="2">广州市中山二路</td></tr>
<tr><td>备注</td><td colspan="2">立面采用竖向遮阳板以应对岭南炎热气候</td></tr>
<tr><td rowspan="3">1957</td><td rowspan="3">广东科学馆

建筑师：
林克明</td><td colspan="2"></td><td>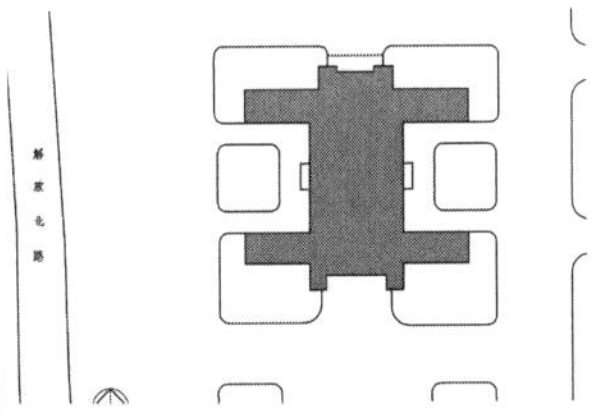</td></tr>
<tr><td>指标/地址</td><td colspan="2">广州市连新路171号</td></tr>
<tr><td>备注</td><td colspan="2">平面设计呈中袖对称的“工”字形布局；设计较小的屋顶并配衬屋檐装饰线以配合中山纪念堂的建筑风格</td></tr>
</table>

续表

时间（年）	项目 / 建筑师	建筑外观	技术图纸
1958	北园酒家 建筑师： 莫伯治		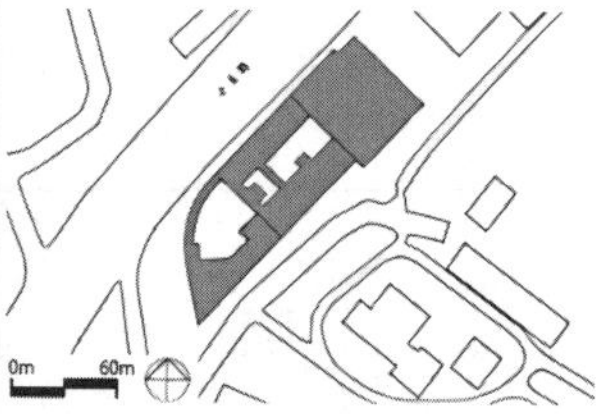
		指标/地址	2700平方米/广州市小北路
		备注	注重对原有的园林风格和地方色彩的保持；建筑单体布置在地块的东、南、北侧，围合成内院，沿内院设跑马廊串联各个用房
1961	泮溪酒家 建筑师： 莫伯治		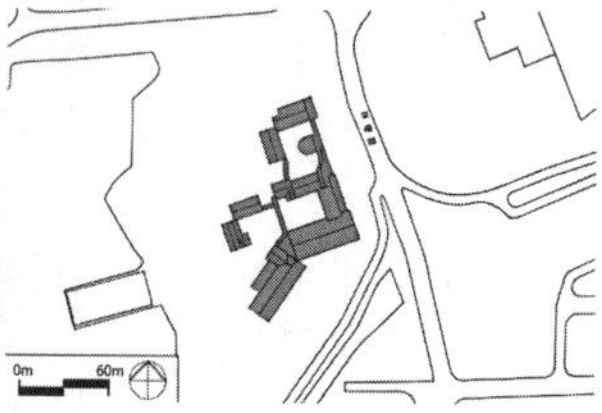
		指标/地址	2700平方米/广州市龙津西路
		备注	以岭南庭院布局中水石庭方式组织建筑群和园林的空间，构筑壁山，壁下筑庭挖潭，壁上造阁
1963	双溪别墅 建筑师： 莫伯治		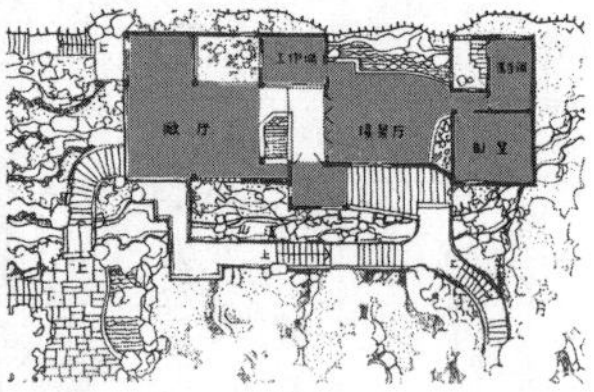
		指标/地址	广州市白云山风景区
		备注	开敞、自然地拓展了空间视野，将自然的空间层次延伸到远处；别墅分别修筑于陡坡之上，内庭高差达15米，通过阶梯联系
1964	韶山毛泽东故居陈列馆 建筑师： 陈伯齐、黄远强、夏昌世		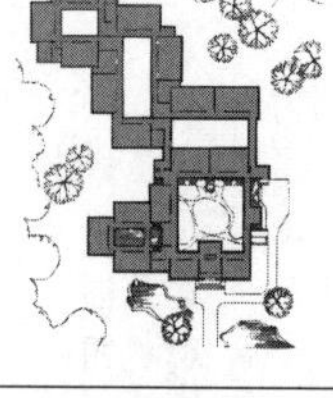
		指标/地址	湖南韶山，距毛泽东故居500余米的引凤山下
		备注	建筑沿坡而建，置于丛林之中，建筑与大自然充分结合，保持了韶山的淳朴风貌

续表

时间（年）	项目 / 建筑师	建筑外观	技术图纸
1964	桂林伏波楼 建筑师：莫伯治		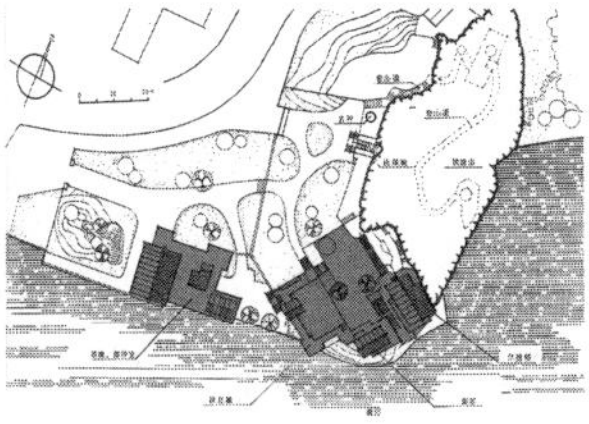
		指标/地址	桂林伏波山公园
		备注	运用大玻璃窗和挑出的大阳台，整座建筑完美地融入青山、秀水、烟波、渔舟的背景中
1957 ~ 1964	广州华侨新村 建筑师：林克明		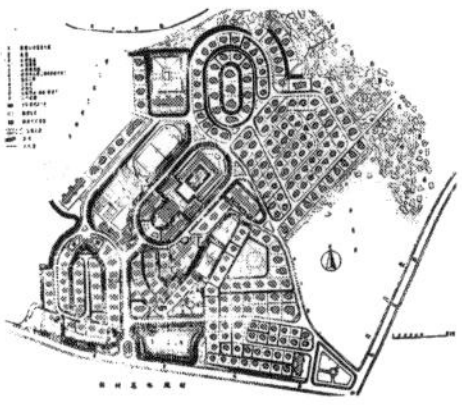
		指标/地址	11万平方米/广州市环市东路
		备注	独院式的庭院住宅；采用转角、线条、花池等结合不同外墙材料及色彩的处理取得建筑形态的美观
1965	友谊剧院 建筑师：佘畯南		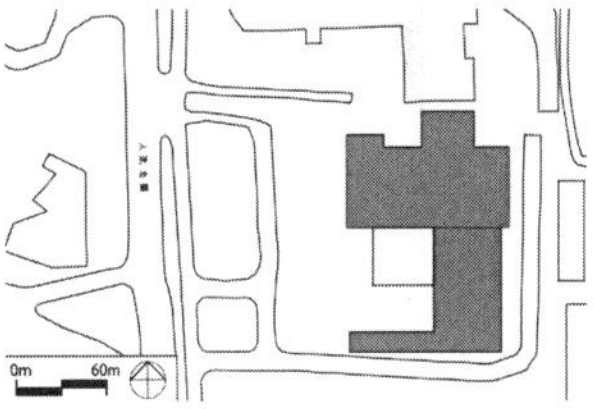
		指标/地址	6370平方米/广州市人民北路
		备注	剧院平面紧凑，布局合理；观众厅为两个钟形平面
1965	新爱群大厦 建筑师：莫伯治		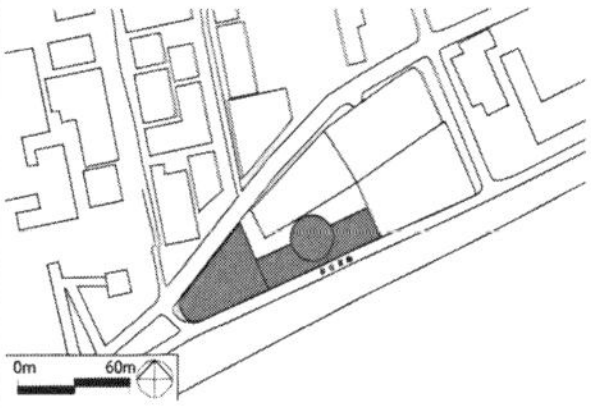
		指标/地址	18F/广州市沿江西路
		备注	采用新旧对比的形式，着意用水平线条处理

时间（年）	项目 / 建筑师	建筑外观	技术图纸
1965	广州宾馆 建筑师： 莫伯治		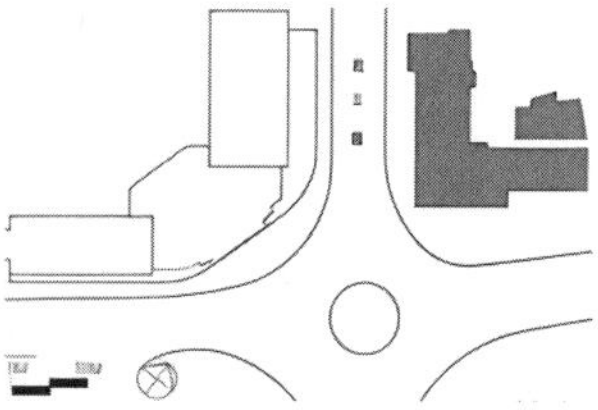
		指标/地址	32000平方米/9-27F/广州市起义路
		备注	不对称的总平面布局；造型采用高低层结合的处理办法
1965	黄婆洞度假村 建筑师： 佘畯南		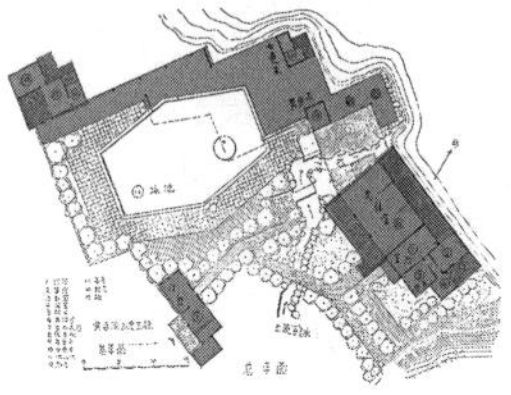
		指标/地址	广州白云山
		备注	以取山居的情调，引上游之水，穿堂入舍，经客厅而流入湖
1965	白云山山庄旅舍 建筑师： 莫伯治		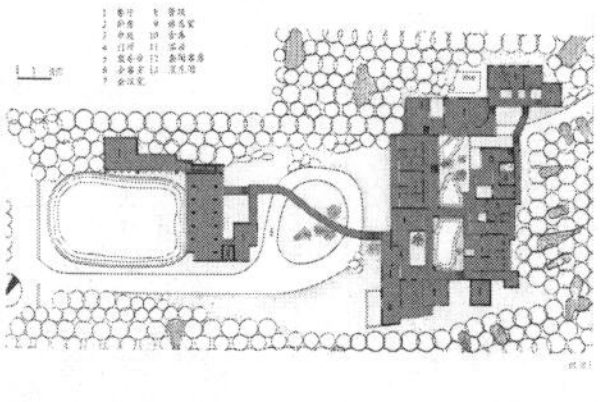
		指标/地址	1930平方米/广州市白云山风景区
		备注	建筑围绕不同标高的庭院分散布局，建筑群依“前坪-前院-中庭-内庭-后院”的庭院空间序列展开，沿溪谷向西南蜿蜒上行
1972	东方宾馆扩建 建筑师： 佘畯南		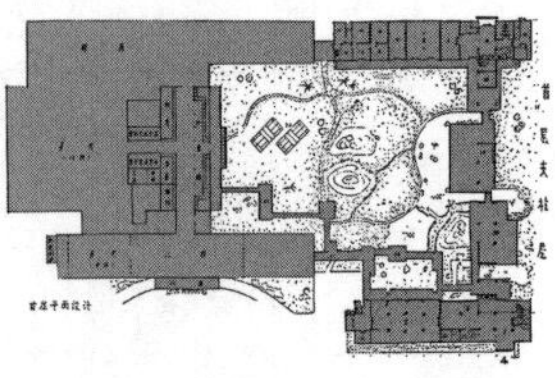
		指标/地址	45600平方米，广州市越秀区流花路120号
		备注	把岭南庭院与现代高层旅馆建筑空间融合的设计手法

续表

时间（年）	项目 / 建筑师	建筑外观		技术图纸
1974	广州出口商品交易会 建筑师： 佘畯南			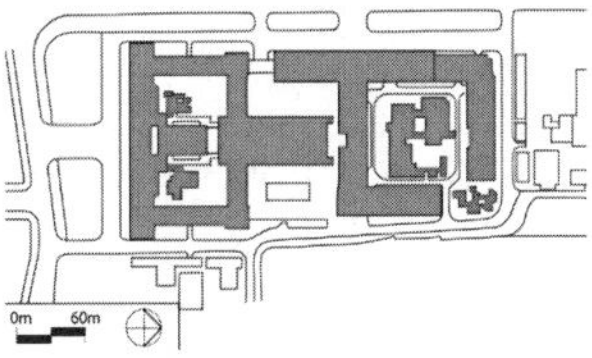
		指标/地址	11.05万平方米/广州市流花路	
		备注	各楼在建筑布置上可独立成馆，便于管理，又互相通连，方便参观全馆；南立面采用大片的玻璃幕墙	
1976	矿泉别墅 建筑师： 莫伯治			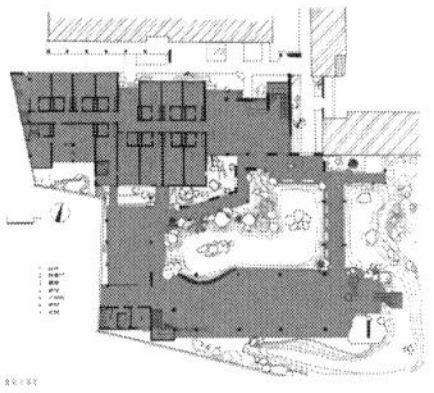
		指标/地址	5358平方米/广州市三元里大道	
		备注	平地造园，列石凿池，用建筑底层架空组建成的水庭空间	
1961	湛江国际海员俱乐部 建筑师： 佘畯南			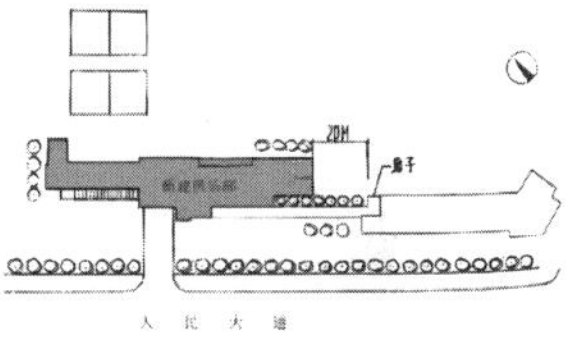
		指标/地址	1800平方米/2-4F/湛江市人民东二路	
		备注	设计汲取湛江地区的传统手法，采用阳台与挂落遮阳的做法；立面处理注重凹凸、虚实结合，层次分明	
1976	顺德中旅社 建筑师： 莫伯治、林兆璋	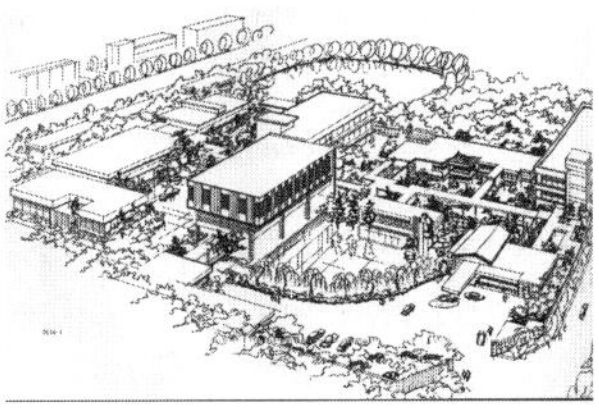		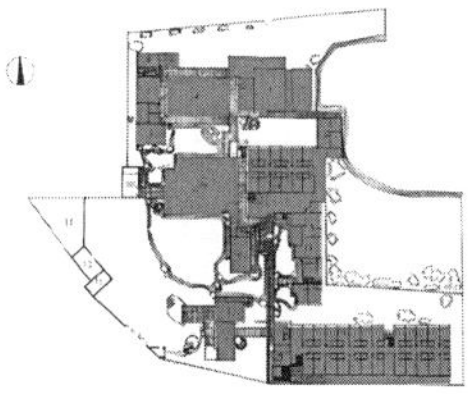
		指标/地址	8340平方米/佛山市顺德区	
		备注	以廊道串联，局部架空，使建筑空间与水面、庭院交错，布局自由有序；已被拆除	

续表

时间（年）	项目 / 建筑师	建筑外观	技术图纸
1979	广州文化公园“园中院” 建筑师：何光濂、郑祖良		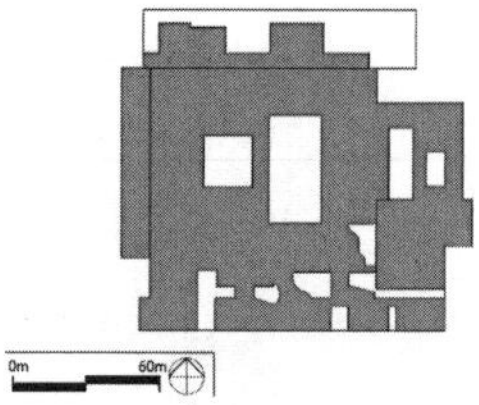
		指标/地址	4095平方米/4F
		备注	采用传统的具有中轴线的多院落庭式；厅堂中有大型壁画和巨型浮雕；将现代庭园从室外逐步引入室内
1980	中山温泉宾馆 建筑师：旅游设计组		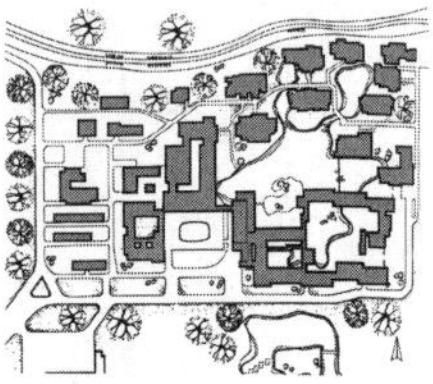
		指标/地址	27000平方米/国道省中山市三乡镇雍陌村
		备注	以建筑环绕水面的组织功能空间，形成环山抱水的格局
1981	华侨医院 建筑师：夏昌世、杜汝俭		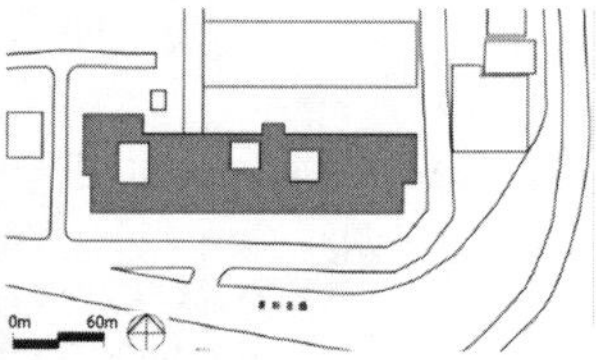
		指标/地址	广州真如东路
		备注	建筑空间围绕庭园空间排列，庭园空间起到调节建筑内部小气候的作用
1982	广州南湖宾馆 建筑师：郭怡昌		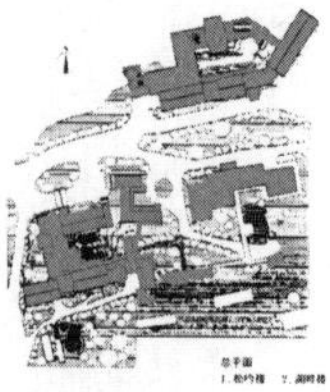
		指标/地址	22700平方米/广州市广州大道北
		备注	高底错落的体量组合，利用建筑群的展开，组成或大或小的园林空间和室内庭院，内外渗透

续表

<table>
<tr><th>时间（年）</th><th>项目 / 建筑师</th><th colspan="2">建筑外观</th><th>技术图纸</th></tr>
<tr><td rowspan="3">1979
~
1982</td><td rowspan="3">白天鹅宾馆

建筑师：
莫伯治、佘畯南</td><td colspan="2"></td><td>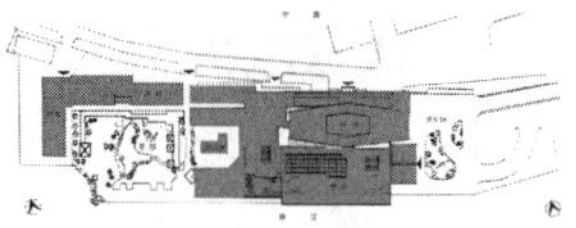</td></tr>
<tr><td>指标/地址</td><td colspan="2">25F/广州市沙面南街</td></tr>
<tr><td>备注</td><td colspan="2">以“前庭-中庭-后花园”组成直线展开的空间序列结合，以景导人南墙面设大面积玻璃幕墙；每个客房单元均设有观景阳台</td></tr>
</table>

附录3　马来半岛1950～1970年代建筑典型遮阳做法

A　马来半岛横线条遮阳

新加坡昆士城公寓

新加坡公务员住宅

新加坡圣安东尼修道院

新加坡理工大学

新加坡健康研究所

新加坡亚洲保险大厦

吉隆坡Sime总部大楼

马来西亚国家银行总部

吉隆坡大东方大厦

马来西亚JKR办公楼

吉隆坡渣打银行大楼

马来西亚萨兰支行

B　马来半岛个体遮阳

新加坡港口工人住宅

新加坡香港街商店屋

新加坡改良信托局

续表

马来亚大学Eusoff学院	康丹克尔巴特妇产医院	新加坡Kallang住宅区

马来西亚精武体育馆	新加坡裕廊联合住宅	吉隆坡Sime总部大楼
C　马来半岛拱顶遮阳		

新加坡南侨女子中学	马来西亚广播中心	马来西亚国家清真寺
	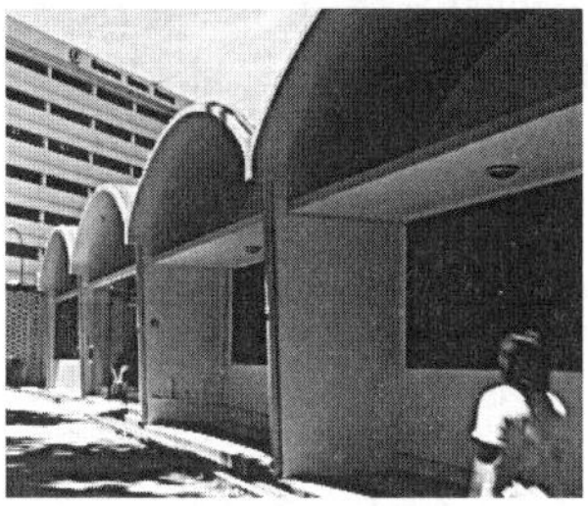	
马来西亚联邦大厦	新加坡总医院	新加坡香格里拉酒店
D　马来半岛格网遮阳		
		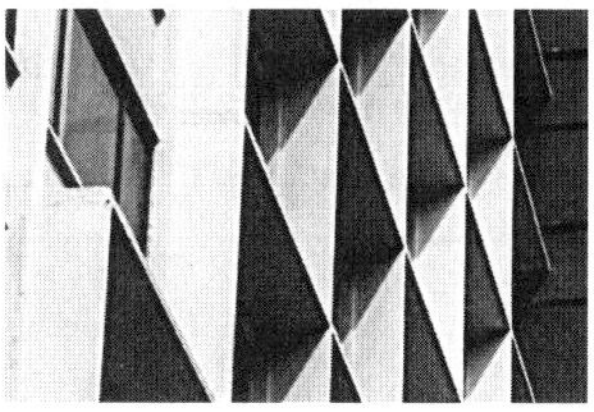
Syed putra 联邦大厦	吉隆坡妇产医院	协和酒店

续表

马来西亚邮政总局	新加坡总医院	马来西亚联邦大厦

马来西亚综合医院	马来西亚综合医院	沙捞越州议会大楼

马来西亚联邦酒店	马来西亚综合医院	吉隆坡渣打银行大楼

马来西亚综合医院	马来西亚联邦大厦	马里亚大学医学中心
E　马来半岛艺术化遮阳		

马来西亚国会大厦	马来西亚广播中心	新加坡商店

续表

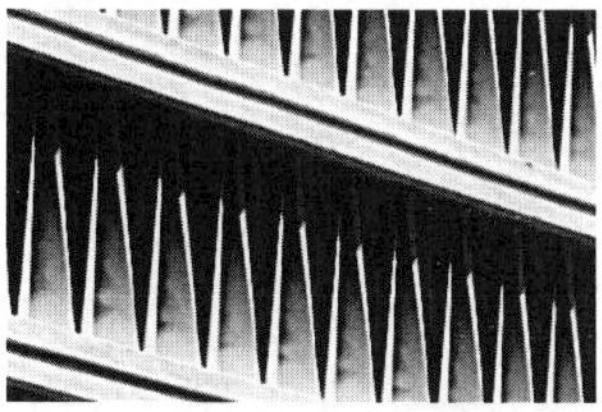		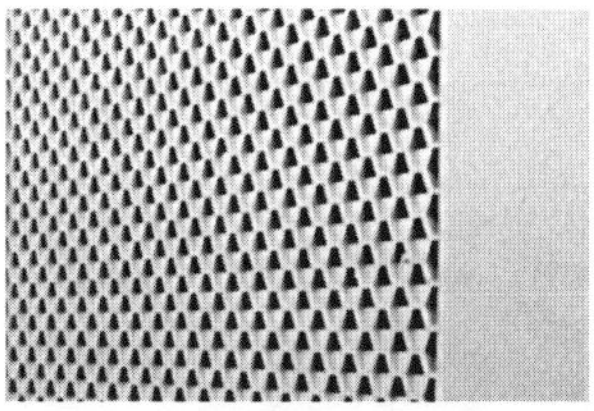
新加坡永安人寿大厦	马来西亚联邦大厦	新加坡商场街停车场

马来西亚综合医院	马来西亚国家体育馆	马来西亚TNB总部大楼
		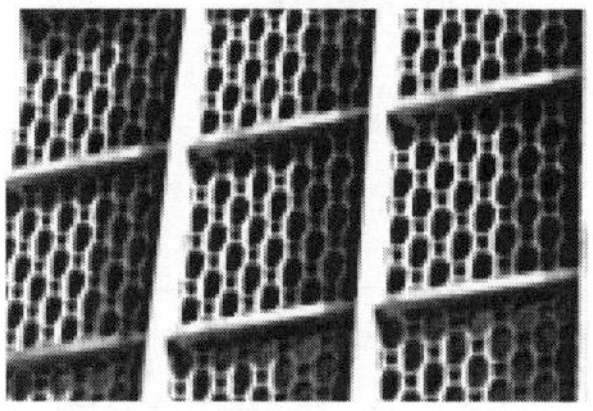
新加坡Monks hill中学	新加坡Monks hill中学	新加坡国家图书馆
		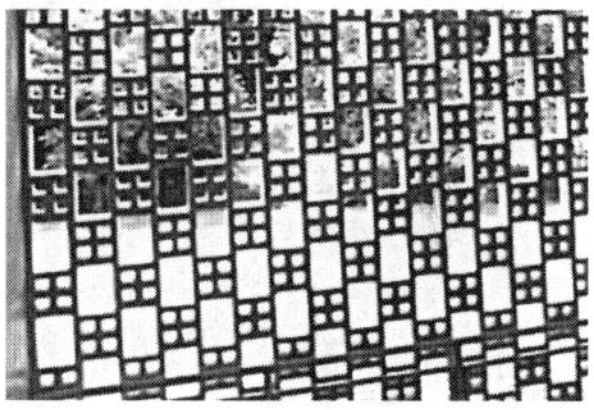
马来西亚国家清真寺	新加坡芽笼住宅	新加坡聋哑人学校

马来西亚大学总理会堂	马来亚大学新加坡校区	吉隆坡市政厅

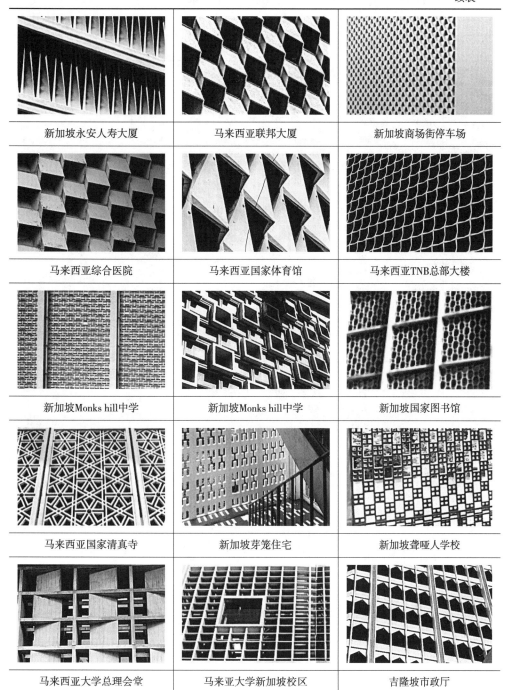

附录4　岭南地区1950～1970年代建筑典型遮阳做法

A　岭南地区横线条遮阳		
	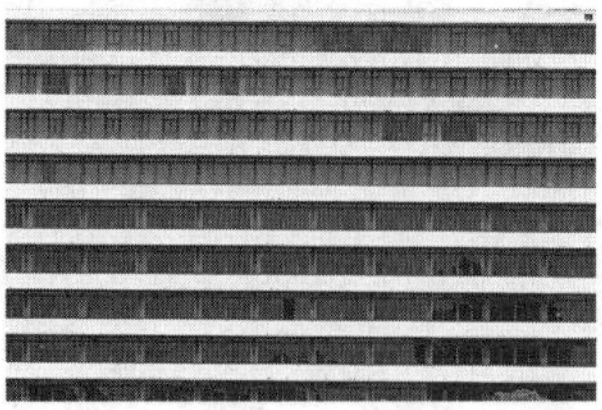	
白云宾馆	新爱群大厦	广州宾馆

中山医一附院后座	华侨医院	中山医一附院
B　岭南地区个体遮阳		

鼎湖山疗养所	鼎湖山疗养所	华工化工楼南向个体式

华南理工大学图书馆	华南土特产物质交流馆	广东省农业展览馆
C　岭南地区拱顶遮阳		

中山医学生宿舍	中山医一附院	中山医一附院后座

续表

D　岭南地区网格遮阳		
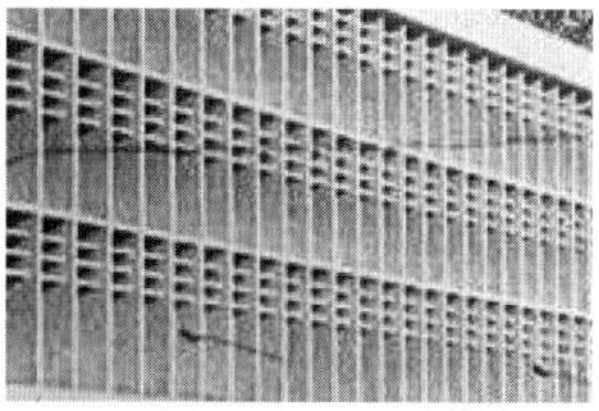	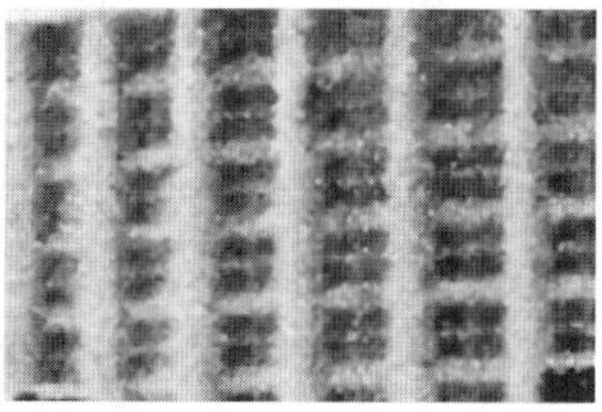	
广州出口商品交易会	华南土特产手工馆	广州火车站
		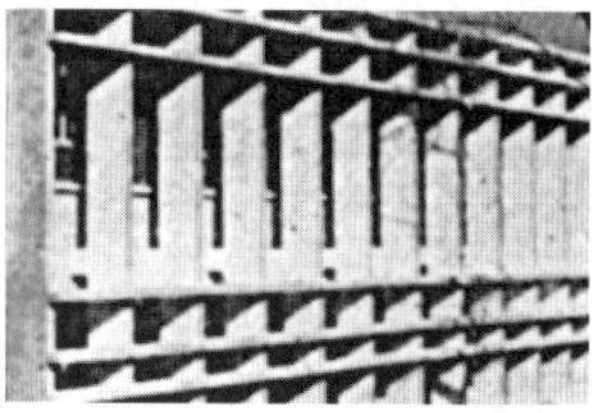
中山医药物楼	中山医生化楼	中山医解剖科楼

华工化工楼东向综合式	华工化工楼西向垂吊式	中山医生化楼
E　岭南地区艺术化遮阳		

广州出口商品交易会	中山医一附院	湛江国际海员俱乐部

参考文献

[1] EDWIN MAXWELL FRY. Tropical architecture in the dry and humid zones[M]. Krieger Pub Co, 1962.

[2] STANLEY S. BEDLINGTON. Malaysia and Singapore: the building of new states (politics and international relations of Southeast Asia)[M]. Cornell Univ Pr, 1978.

[3] Architecture and identity published for the aga khan award for architecture by Concept Media Pte Ltd, Singapore.

[4] YAP KIOE SHENG, MOE THUZAR. Urbanization in Southeast Asia: issues and impacts[M]. Institute of Southeast Asian Studies, 2012.

[5] PHILIP GOAD, ANOMA PIERIS. New directions in tropical Asian architecture[M]. Singapore: Periplus Editions(HK)ltd, 2014.

[6] JIAT-HWEE CHANG, IMRAN BIN TAJUDEEN. Southeast Asia's modern architecture: questions of translation, epistemology and power[M]. NUS Press, 2019.

[7] WONG YUNN CHII. Singapore 1∶1-city[M]. Singapore: Urban Redevelopment Authority, 2005.

[8] WONG YUNN CHII. Singapore 1∶1-island[M]. Singapore: Urban Redevelopment Authority, 2007.

[9] JANE BEAMISH, JANE FERGUSON. History of Singapore architecture: the making of a city[M]. Singapore: Graham Brash(Pte.) Ltd, 1985.

[10] BAY JOO HWA PHILIP. Contemporary Singapore architecture 1960s～1990s[M]. Singapore Institute of Architecture, 1998.

[11] ROBERT POWELL, ALBERT LIM. Singapore: architecture of a global city[M]. Archipelago Press, 2000.

[12] ROBERT POWELL. Singapore architecture: a short history[M]. Pesaro Publishing, 2003.

[13] LIM WILLIAM S. W. Architecture art identity in Singapore[M]. Singapore: 1st Edition, 2004.

[14] SINGAPORE INSTITUTE OF ARCHITECTS. RUMAH-50 years of SIA 1963—2013 story of the Singapore architectural professio[M]. SIA Press, 2013.

[15] CHYE KIANG HENG. Singapore 50 years of urban planning[M]. WSPC, 2016.

[16] VIRGINIA WHO. Architecture and the architect: image-making in Singapore[M]. ORO Editions, 2016.

[17] SINGAPORE INSTITUTE OF ARCHITECTS. RUMAH-50 years of SIA 1963—2013 story of the Singapore architectural professio[M]. Singapore: SIA Press, 2013.

[18] DARREN SOH. Before it all goes arhcitecture from Singapore's early independence years[M]. Singapore: Dominie Press Pte Ltd, 2018.

[19] WENG HIN HO, DINESH NAIDU, KAR LIN TAN. Our modern past: a visual survey of Singapore architecture 1920s—1970s (post-independence 1966—1980)[M]. Singapore: Copublished by Singapore Heritage Society and SIA Press Pte Ltd, 2015.

[20] WENG HIN HO, DINESH NAIDU, KAR LIN TAN. Our modern past: a visual survey of Singapore architecture 1920s—1970s(Post-war years 1945—1965)[M]. Singapore: copublished by Singapore Heritage Society and SIA Press Pte Ltd, 2015.

[21] YEOH SAB, WONG T. Over Singapore 50 years ago: an aerial view in the 1950s[J]. Monthly Notices of the Royal Astronomical Society, 2007.

[22] DP ARCHITECTS. DP architects 50 years since 1967[M]. Singapore: Artifice Books on Architecture, 2017.

[23] KOH KIM CHAY, EUGENE ONG. Singapore's vanished public housing estates[M]. Singapore: Als Odo Minic, 2017.

[24] LAI CHEE KIEN, KOH HONG TENG, CHUAN YEO. Building memories: people architecture independce[M]. Singapore: Achates 360 Pte Ltd, 2016.

[25] KEN YEANG. The architecture of Malaysia[M]. Pepin Press, 1992.

[26] NGIOM AND LILLIAN TAY. 80 Years of architecture in Malaysia[M]. PAM Publication, 2000.

[27] TENG NGIOM LIM. Shapers of modern Malaysia: the lives and works of the PAM Gold Medallists[M]. Kuala Lumpur: Malaysian Institute of Architects, 2010.

[28] AR AZAIDDY ABDULLAH. The living machines: Malaysia's modern architectural heritage[M]. Kuala Lumpur: Pertubuhan Akitek Malaysia in Collaboration with Taylor's University, 2015.

[29] SHIREEN JAHN KASSIM, NORWINA MOHD NAWAWI. Modernity, nation and urban-architectural form—the dynamics and dialectics of national identity vs regionalism in a tropical city[M]. Palgrave Macmillan, 2018.

[30] CHEE KIEN LAI, CHEE CHEONG ANG. The merdeka interviews: architects, engineers and artists of malaysia's independence[M]. Pertubuhan Akitek Malaysia, 2018.

[31] RUTH IVERSEN ROLLITT. Iversen: architect of ipoh and modern Malaya[M]. Malaya: Areca Books, 2015.

[32] VERONICA NG FOONG PENG. Theorising emergent Malaysian architecture[M]. Malaysia: Pertubuhan Akitek.

[33] SHIREEN JAHN KASSIM. The resilience of tradition: Malay allusions in contemporary architecture[M]. Malaysia: Areca Books, 2017.

[34] MA L. Create a harmonious environment together of ecological architecture design method[J]. Procedia Environmental Sciences, 2011, 10(Part B): 1774–1780.

[35] DAMIATI S A, ZAKI S A, RIJAL H B, ET AL. Field study on adaptive thermal comfort in office buildings in Malaysia, Indonesia, Singapore, and Japan during hot and humid season[J]. Building and Environment, 2016.

[36] FERIADI H, WONG N H, CHANDRA S, ET AL. Adaptive behaviour and thermal comfort in Singapore's naturally ventilated housing[J]. Building Research&Information, 2003, 31(1): 13–23.

[37] OFORI, GEORGE. Construction industry and economic growth in Singapore[J]. Construction Management and Economics, 1988, 6(1): 57–70.

[38] MAKAREMI N, SALLEH E, JAAFAR M Z, ET AL. Thermal comfort conditions of shaded outdoor spaces in hot and humid climate of Malaysia[J]. Building & Environment, 2012, 48(none): 7–14.

[39] MILNE R S. "National Ideology" and Nation–Building in Malaysia[J]. Asian Survey, 1970, 10(7): 563–573.

[40] DJAMILA H, CHU C M, KUMARESAN S. Field study of thermal comfort in residential buildings in the equatorial hot–humid climate of Malaysia[J]. Building and Environment, 2013, 62(Complete): 133–142.

[41] JAMALUDIN N, MOHAMMED N I, KHAMIDI M F, ET AL. Thermal comfort of residential building in Malaysia at different micro–climates[J]. Procedia–Social and Behavioral Sciences, 2015, 170: 613–623.

[42] ISMAIL A S, RASDI M T M. Mosque architecture and political agenda in twentieth–century Malaysia[J]. The Journal of Architecture, 2010, 15(2): 137–152.

[43] ESMAEILI H, SANTANO D. Aerial videography in built heritage documentation: the case of post–independence architecture of Malaysia[C] International Conference on Virtual Systems&Multimedia. IEEE, 2015.

[44] KUSNO, ABIDIN. Tropics of discourse: notes on the re–invention of architectural

regionalism in Southeast Asia in the 1980s[J]. 2010.

[45] BEYNON, DAVID. "Tropical" architecture in the highlands of Southeast Asia: tropicality, modernity and identity[J]. Fabrications, 2017, 27(2): 259–278.

[46] LAI C K. Beyond colonial and national frameworks: some thoughts on the writing of Southeast Asian architecture[J]. Journal of Architectural Education, 2010, 63(2): 2.

[47] LIM W S W. Development and culture in Singapore and beyond[J]. Sojourn Journal of Social Issues in Southeast Asia, 1999, 14(1): 249–261.

[48] LIN H, LUYT B. The national library of Singapore: creating a sense of community[J]. Journal of Documentation, 2014, 70(4): 658–675.

[49] CHANG J H. Deviating discourse: Tay Kheng Soon and the architecture of postcolonial development in tropical Asia[J]. Journal of Architectural Education, 2010, 63(2): 6.

[50] AFLAKI A, MAHYUDDIN N, AL–CHEIKH MAHMOUD Z, ET AL. A review on natural ventilation applications through building fade components and ventilation openings in tropical climates[J]. Energy and Buildings, 2015, 101: 153–162.

[51] MOOSAVI L, MAHYUDDIN N, GHAFAR N. Atrium cooling performance in a low energy office building in the tropics, a field study[J]. Building and Environment, 2015, 94: 384–394.

[52] LOO Y M, LONDON U C. Architecture and urban form in Kuala Lumpur[J]. Journal of Architectural Education, 2013, 69(1): 135–137.

[53] BOELLSTORFF T. The politics of multiculturalism: pluralism and citizenship in Malaysia, Singapore, and Indonesia[J]. American Anthropologist, 2008, 105(2): 422–423.

[54] KAHN J S. Southeast Asian identities: culture and the politics of representation in Indonesia, Malaysia, Singapore, and Thailand[J]. Pacific Affairs, 1998, 72(4): 606.

[55] 林少伟. 亚洲伦理城市主义[M]. 王世福，刘玉亭，译. 北京：中国建筑工业出版社，2012.

[56] 王受之. 建筑手记——马来西亚速写[M]. 北京：中国建筑工业出版社，2002.

[57] 缪朴. 亚太城市的公共空间[M]. 北京：中国建筑工业出版社，2007.

[58] 克鲁克香克. 弗莱彻建筑史[M]. 北京：知识产权出版社，1996.

[59] 林少伟，泰勒，弗兰姆普敦. 20世纪世界建筑精品集锦（1900年—1999年）（第10卷）：东南亚与大洋洲[M]. 北京：中国建筑工业出版社，1999.

[60] 亚洲建筑师协会. 当代亚洲建筑[M]. 辽宁：辽宁科技出版社，2004.

[61] 布萨利. 东方建筑[M]. 北京：中国建筑工业出版社，2010.

[62] 杨昌鸣．东南亚与中国西南少数民族建筑文化探析[M]．天津：天津大学出版社，2004.
[63] 梅青．中国建筑文化向南洋的传播[M]．北京：中国建筑工业出版社，2004.
[64] 塔林．剑桥东南亚史（共两卷）[M]．昆明：云南人民出版社，2003.
[65] Lonely Planet公司．东南亚[M]．华风翻译社，译．上海：生活·读书·新知三联书店，2007.
[66] 梁英明．东南亚近现代史（上下）[M]．昆明：昆仑出版社，2005.
[67] 奥斯本．东南亚史[M]．郭继光，译．北京：商务印书馆，2012.
[68] 贺圣达．东南亚文化发展史[M]．昆明：云南人民出版社，2011.
[69] 朱杰勤．东南亚华侨史[M]．北京：中华书局，2008.
[70] 周伟民，唐玲玲．中国和马来西亚文化交流史[M]．海口：海南出版社，2002.
[71] 林远辉，张应龙．新加坡马来西亚华侨史[M]．广州：广东高等教育出版社，1991.
[72] 余定邦，黄重言．中国古籍中有关新加坡马来西亚资料汇编[M]．北京：中华书局，2002.
[73] 韩方明．华人与马来西亚现代化进程[M]．北京：商务印书馆，2002.
[74] 颜清湟．新马华人社会史[M]．粟明鲜，等，译．北京：中国华侨出版社，1991.
[75] 邹晖．碎片与比照——比较建筑学的双重话语[M]．北京：商务印书馆，2012.
[76] 格鲁特．建筑学研究方法[M]．王晓梅，译．北京：机械工业出版社，2005.
[77] 舒马赫．小的是美好的[M]．李华夏，译．北京：译林出版社，2007.
[78] 亚伯．建筑与个性：对文化和技术变化的回应[M]．北京：中国建筑工业出版社，2003.
[79] 赖德霖．中国近代思想史与中国建筑史学[M]．北京：中国建筑工业出版社，2016.
[80] 朱剑飞．中国建筑60年（1949—2009）：历史理论研究[M]．北京：中国建筑工业出版社，2009.
[81] 柯林伍德．历史的观念[M]．北京：商务印书馆，1998.
[82] 克罗齐．历史学的理论和历史[M]．田时纲，译．北京：中国社会科学出版社，2005.
[83] 塔夫里．建筑学的理论和历史[M]．郑时龄，译．北京：中国建筑工业出版社，2010.
[84] 谢宇新，陈小鹏．忆林西：献给向绿色生态追梦的前辈[M]．广州：广东人民出版社，2016.
[85] 夏昌世，莫伯治．岭南庭园[M]．北京：中国建筑工业出版社，2008.
[86] 夏昌世．园林述要[M]．广州：华南理工大学出版社，1995.

[87] 林克明．世纪回顾——林克明回忆录[M]．广州：广州市政协文史资料委员会，1995.
[88] 杜汝俭，陆元鼎，郑鹏，等．中国著名建筑师林克明[M]．北京：科学普及出版社，1991.
[89] 莫伯治．莫伯治文集[M]．北京：中国建筑工业出版社，2012.
[90] 吴宇江，莫旭．莫伯治大师建筑创作实践与理念[M]．北京：中国建筑工业出版社，2014.
[91] 曾昭奋．佘畯南选集[M]．北京：中国建筑工业出版社，1997.
[92] 石安海．岭南近现代优秀建筑・1949—1990卷[M]．北京：中国建筑工业出版社，2010.
[93] 林其标．亚热带建筑气候・环境・建筑[M]．广州：广东科技出版社，1997.
[94] 陆元鼎．岭南人文・性格・建筑（第二版）[M]．北京：中国建筑工业出版社，2015.
[95] 曾昭奋．郭怡昌作品集[M]．北京：中国建筑工业出版社，1997.
[96] 林兆璋．林兆璋建筑创作手稿[M]．北京：国际文化出版公司，1997.
[97] 刘管平．岭南园林[M]．广州：华南理工大学出版社，2013.
[98] 唐孝祥．岭南近代建筑文化与美学[M]．北京：中国建筑工业出版社，2010.
[99] 彭长歆．现代性・地方性——岭南城市与建筑的近代转型[M]．上海：同济大学出版社，2012.
[100] 李权时．岭南文化[M]．广州：广东人民出版社，1993.
[101] 司徒尚纪．广东文化地理[M]．广州：广东人民出版社，1993.
[102] 邹德侬，王明贤，张向炜．中国建筑60年（1949—2009）：历史纵览[M]．北京：中国建筑工业出版社，2009.
[103] 杨永生．建筑百家回忆录[M]．北京：中国建筑工业出版社，2000.
[104] 吴良镛．广义建筑学[M]．北京：清华大学出版社，2011.
[105] 支文军，张兴国，刘克成．建筑西部：西部城市与建筑的当代图景（理论篇）．北京：中国电力出版社，2008.
[106] 李梅清．中国建筑现代转型[M]．南京：东南大学出版社，2004.
[107] 薛求理．建造革命：1980年以来的中国革命建筑[M]．北京：清华大学出版社，2009.
[108] 彼得・罗，关晟著．承传与交融——探讨中国近现代建筑的本质与形式[M]．成砚译．北京：中国建筑工业出版社，2004.
[109] 曾坚．建筑美学[M]．北京：中国建筑工业出版社，2010.

[110] 万书元．当代西方建筑美学[M]．南京：东南大学出版社，2001.
[111]（明）计成．园冶读本[M]．北京：中国建筑工业出版社，2013.
[112] 柯蒂斯．20世纪世界建筑史[M]．本书翻译委员会，译．北京：中国建筑工业出版社，2011.
[113] 吉迪恩．空间·时间·建筑：一个新传统的成长[M]．王锦堂，孙全文，译．武汉：华中科技大学出版社，2014.
[114] 弗兰姆普敦．现代主义：一部批判的历史[M]．张钦楠，译．北京：三联书店，2004.
[115] 楚尼斯，勒费夫尔．批判性地域主义：全球化世界中的建筑及其特性[M]．王丙辰，译．北京：中国建筑工业出版社，2007.
[116] 博奥席耶，等．勒·柯布西耶全集[M]．牛燕芳，程超，译．北京：中国建筑工业出版社，2005.
[117] 加斯特．路易斯·I·康：秩序的理念[M]．马琴，译．北京：中国建筑工业出版社，2007.
[118] 赛维．建筑空间论——如何品评建筑[M]．张似赞，译．北京：中国建筑工业出版社，2006.
[119] 劳森．空间的语言[M]．杨青娟，韩效，卢芳，李翔，译．北京：中国建筑工业出版社，2012.
[120] 舒尔茨．建筑——存在、语言和场所[M]．刘念雄，吴梦姗，译．北京：中国建筑工业出版社，2013.
[121] 培根．城市设计[M]．黄富厢，朱琪，译．北京：中国建筑工业出版社，2003.
[122] 芦原义信．街道的美学[M]．尹培桐，译．天津：百花文艺出版社，2007.
[123] 亚伯．建筑技术与方法[M]．项琳斐，译．北京：中国建筑工业出版社，2009.
[124] 拉斯姆森．建筑体验[M]．刘亚芬，译．北京：知识产权出版社，2003.
[125] 扬·盖尔．交往与空间[M]．何人可，译．北京：中国建筑工业出版社，2002.
[126] 苏珊·朗格．情感与形式[M]．刘大基，傅志强，周发祥，译．北京：中国社会科学出版社，1986.
[127] 斯来塞．地域风格建筑[M]．彭信苍，译．北京：中国建筑工业出版社，1982.
[128] 全峰梅，侯其强．居所的图景：东南亚民居[M]．南京：东南大学出版社，2008.
[129] 谢建华，屈炫，黄振宁．热土的回音：东南亚地域性现代建筑[M]．南京：东南大学出版社，2008.
[130] 谢小英．神灵的故事：东南亚宗教建筑[M]．南京：东南大学出版社，2008.
[131] 莫海量，李鸣，张琳．王权的印记：东南亚宫殿建筑[M]．南京：东南大学出

版社，2008.
[132] 陈玉，付朝华，唐璞山. 文化的烙印：东南亚城市风貌与特色[M]. 南京：东南大学出版社，2008.
[133] 张庭伟，吴浩军. 转型的足迹：东南亚城市发展与演变[M]. 南京：东南大学出版社，2008.
[134] 马裕华. 新加坡建筑师及建筑实践介绍[J]. 世界建筑，2000（01）：36-41.
[135] 李晓东. 当代新加坡建筑回顾[J]. 世界建筑，2000（01）：26-29.
[136] 李晓东. 从主观表达到客观描述——新加坡新建筑[J]. 世界建筑，2009（09）：18.
[137] 诺·哈雅蒂·胡赛因，维罗妮卡·吴. 马来西亚现代建筑发展史[J]. 世界建筑，2011（11）：16-21.
[138] 马来西亚建筑风格[J]. 规划师，1994（02）：2-62.
[139] 郝燕岚. 传统与创新——马来西亚城市建筑[J]. 北京建筑工程学院学报，1995（01）：10-17.
[140] 陈谋德. 马来西亚新建筑的启示——传统与现代结合之路[J]. 新建筑，1997（04）：62-63.
[141] 张钦楠. 马来西亚建筑印象[J]. 世界建筑，1996（04）：12-15.
[142] 焦毅强. 马来西亚现代建筑的国际化与地域性[J]. 世界建筑，1996（04）：16-19.
[143] 金瓯卜. 对阿卡·汗建筑奖发奖大会和一些得奖项目的介述[J]. 建筑学报，1984（02）：75-79.

后记

本书是以自己的博士论文为基础修改而成的。不管成败得失、努力或退缩，时光都没有一刻停留，求学七年如白驹过隙。攀登学术之峰时那些山底的担忧、半山的彷徨与冲顶的竭尽全力似乎都变得遥远，而那些给予我帮助与支持的人却在岁月的洗礼中更为清晰，在此致以诚挚感谢与深切敬意。

感谢我的博士生导师唐孝祥教授，在学业上严格督促，在事业上真诚关照，在人生智慧上开导启迪，传授我以美学的研究和生活态度。从前期的基础工作，到框架的逻辑体系，再到成稿前后的不断优化，以至于每次学术交流的观点表达，都倾注了导师的心血与付出，这不仅是本书研究的核心支撑，也对我的工作和生活给予极大的增益。感谢郭谦教授从研究伊始就一直给予的关心和帮助，高屋建瓴的指导总能使我豁然开朗。感谢开题专家组成员何镜堂院士、吴硕贤院士、吴庆洲教授和肖大威教授，感谢陆琦教授、彭长歆教授、林广思教授、郭卫宏教授的宝贵建议，感谢答辩专家组成员程建军教授、何锦超教授级高工、王国光教授的悉心指导。

感谢新加坡的陈霄星总建筑师、马来西亚的Michelle C.和Hueyy，全力及时的帮助使我在国外的调研工作得以顺利展开，泰国的Keerine yut和菲律宾的Ross dedeles提供了重要的资料和研究指引，感谢“东南亚建筑与城市丛书”的作者谢小英博士、侯其强、谢建华、陈玉等教授级高工，热情给予的真知灼见使我少走许多弯路。感谢同门郭焕宇副教授在研究中的长期帮助和指导，感谢博士班的同学，辗转于图书馆和教学楼的岁月里，因为相互激励而变得更有勇气。感谢我的父亲和母亲，永远的支持与深厚的关爱令我无惧困难与挑战，感谢我的妻子周羽博士，为家庭的付出和对调研的协助给我极大支持，也感谢我的儿子铭轩，小小年纪的殷切关注令我不敢懈怠。

感谢中国建筑工业出版社唐旭主任、陈畅编辑提出的宝贵意见及付出的艰辛努力，感谢中国建筑工业出版社提供的平台，保证了本书的顺利出版。感谢所有的良师益友，感谢所有的牵挂、鼓励与帮助，感谢所有相识的因缘！心怀感恩，踏上新的征程。

2023年3月于广州